Sylvia Hipp-Wallrabe

Existenzgründung für Frauen

Sylvia Hipp-Wallrabe

Existenzgründung für Frauen

Ihr Start in die Selbstständigkeit

REDLINE | VERLAG

Bibliografische Information der Deutschen Nationalbibliothek
Die Deutsche Nationalbibliothek verzeichnet diese Publikation in der Deutschen National-
bibliografie. Detaillierte bibliografische Daten sind im Internet über http://dnb.d-nb.de
abrufbar.

ISBN 978-3-86881-039-4

© 2009 by Redline Verlag, FinanzBuch Verlag GmbH, München
www.redline-verlag.de

Redaktion: Leonie Zimmermann, Landsberg am Lech
Lektorat: Kerstin Weigel, München
Umschlaggestaltung: Weiss Werkstatt München
Umschlagabbildung: plainpicture – clupp images
Satz: Jürgen Echter, Landsberg am Lech
Printed in Austria

Inhaltsverzeichnis

Anmerkung

Um das Arbeiten mit diesem Buch für Sie möglichst einfach und effizient zu gestalten, haben wir wichtige Textpassagen mit folgenden Icons gekennzeichnet:

   Achtung, wichtig

   Aufgabe, Übung

   Das sollten Sie auf jeden Fall vermeiden.

   Beispiel

   Tipp

Einführung

Frauen besitzen gute Voraussetzungen, unternehmerisch tätig zu sein. Viele der als »typisch weiblich« geltenden Eigenschaften wie Kommunikationsfähigkeit, Organisationstalent, Flexibilität und Belastbarkeit zählen zu den unternehmerischen Kernkompetenzen. Qualitäten wie Motivationsfähigkeit und emotionale Kompetenz, die viele Frauen Männern voraushaben, sprechen für die Eignung von Frauen als Chefinnen.

Frauen sind erfolgreichere Gründerinnen als ihre männlichen »Kollegen«: Auf ihrem Weg in die Selbstständigkeit geben sie seltener auf und die »Überlebensrate« ihrer Unternehmen ist höher. Unter anderem deshalb, weil sie risikobewusster sind und sich intensiver vorbereiten.

Doch trotz dieser positiven Ergebnisse und Erfahrungen wagen Frauen seltener den Schritt in die Selbstständigkeit als Männer, sei es im Vollerwerb oder im Nebenerwerb.

Die gute Nachricht: Der Anteil der weiblichen Existenzgründungen wächst. Während der Anteil der Gründungen von Frauen seit Anfang der 1990er-Jahre bei einem Drittel lag, ist dieser Anteil laut KfW-Gründungsmonitor 2008 auf knapp 40 Prozent aller Gründungen gestiegen.

Und: Der Anteil der Frauen an den Selbstständigen steigt kontinuierlich. Von 2001 bis 2006 gab es ein Plus von fast drei Prozentpunkten auf insgesamt 30,6 Prozent. Das bedeutet 1.264.000 Unternehmerinnen und entspricht ungefähr der Einwohnerzahl von München. Und diese Unternehmerinnen schaffen Wertschöpfung, sie beschäftigen Mitarbeiter und sind Kundinnen anderer Unternehmerinnen. Frauen können sich also durchaus selbstbewusst als gewichtigen Wirtschaftsfaktor verstehen.

Einige dieser starken Unternehmerinnen werden Sie in diesem Buch kennenlernen – als Beispiel dafür, dass »der Erfolg« auch weiblich ist. Als Ansporn, Ihre eigene unternehmerische Erfolgsstory in Angriff zu nehmen, um die Riege der erfolgreichen Unternehmerinnen zu verstärken, denn sie ist immer noch zu dünn; um Unternehmerinnen sichtbarer zu machen; um dem in der Öffentlichkeit noch überwiegend männlich geprägten Unternehmerbild eine weibliche Dimension entgegenzusetzen.

Aus den beispielhaften Erfolgsstorys lassen sich als Quintessenz Strategien für eine erfolgreiche Existenzgründung ableiten, die Strategien für »gewiefte Gründerinnen« (= Frauen, die selbstständig werden und es auch bleiben wollen):

- ❑ Eigene Ideen verwirklichen und eigene Kompetenzen für sich nutzen
- ❑ Stärken ausbauen und Schwächen annehmen und verbessern
- ❑ Die »weiblichen« Stärken gezielt im unternehmerischen Bereich einsetzen
- ❑ Sich umfassend informieren und sich intensiv vorbereiten
- ❑ Risikoorientiert denken und handeln
- ❑ Souverän auftreten gegenüber Geschäftspartnern und Banken
- ❑ Die Unterstützung des Partners, der Familie einfordern
- ❑ Sich mit Beharrlichkeit von Schwierigkeiten nicht abschrecken lassen
- ❑ Aus eigenen Fehlern und denen von anderen lernen
- ❑ Netzwerke für Austausch und Kooperation aufbauen
- ❑ Selbstbewusst und zielorientiert den eigenen Weg suchen und finden, um sich ein Unternehmen nach eigenen Vorstellungen und den persönlichen Voraussetzungen entsprechend aufzubauen

Darum sollten Sie dieses Buch lesen
Dieses Buch ist konzipiert als Ratgeber und begleitender Fahrplan für Existenzgründerinnen auf ihrem Weg in die Selbstständigkeit. Oder als Entscheidungshilfe für Frauen, die sich nicht sicher sind, ob

eine eigene Existenz ihr beruflicher Weg ist. Und dieser Ratgeber will Frauen motivieren, das eigene Gründungspotenzial zu entdecken und zu nutzen. Allerdings: Das Buch erhebt keinen »Monopolanspruch« auf Information, Beratung und Motivation. Im Gegenteil, Sie sind dazu aufgerufen, sich als gewiefte Gründerin möglichst vieler Informationsquellen zu bedienen.

Was Ihnen dieses Buch bietet
Motivation pur – Unternehmerinnen, die es geschafft haben: Im ersten Kapitel berichten selbstständige Frauen, wie sie erfolgreich eine eigene Existenz aufgebaut haben, über ihre Gründungsmotive, Strategien, Stolpersteine und familiäre Herausforderungen.
Im zweiten Kapitel geht es um Ihr Startkapital. Stellen Sie anhand Ihres Stärken- und Schwächenprofils fest, ob Sie das Zeug zur Unternehmerin besitzen. Checken Sie Ihre finanziellen Ressourcen. Beziehen Sie Ihre Familie und Ihr Umfeld in Ihre Überlegungen mit ein.
Ob Ihre Selbstständigkeit eine Erfolgsgeschichte wird, hängt von einer aussichtsreichen Geschäftsidee ab. Testen Sie im dritten Kapitel das Marktpotenzial und schätzen Sie die wirtschaftliche Tragfähigkeit ein.
Da Frauen erwiesenermaßen sehr risikobewusst sind, wird dieses Thema in einem extra Kapitel behandelt. Im vierten Kapitel erfahren Sie deshalb von Risiken und Fallstricken, die eine erfolgreiche Existenzgründung gefährden können – praktische Lösungsvorschläge werden gleich mitgeliefert.
Im fünften Kapitel finden Sie die Hard Facts der Existenzgründung – die Informationen, die frau braucht, um sich intensiv vorzubereiten und dadurch auch souverän auftreten zu können. Mit Tipps und Checklisten können Sie Ihre Existenzgründung Schritt für Schritt abhaken.
Sicher stehen Sie jetzt schon in den Startlöchern, um etwas »zu unternehmen«. Viel Erfolg und auch viel Spaß dabei!

Sylvia Hipp-Wallrabe

1 Erfolgsstorys

Dieses Buch will gleichzeitig Praxisratgeber, Navigationsinstrument und vor allem Motivator sein. Starten wir mit der Motivation.

In diesem Kapitel lernen Sie Unternehmerinnen kennen, die es geschafft haben. Sie haben erfolgreich eine eigene Existenz aufgebaut – mit individuellen Geschäftsmodellen, aus verschiedenen Startpositionen heraus, unterschiedlich lange am Markt, in andersartigen Familiensituationen. Und das Beste: Diese Unternehmerinnen, jede einzelne eine beeindruckende, energiereiche, weitsichtige Unternehmerinpersönlichkeit, spielen keine herausgehobene Rolle auf der wirtschaftlichen, gesellschaftlichen oder politischen Bühne, es sind Frauen wie Sie und ich!

Sie erfahren über

- ❏ ihre Motive, weswegen sie sich für die Selbstständigkeit als ihren beruflichen Weg entschieden haben,
- ❏ ihre Vorgehensweise, wie sie die Gründung angepackt haben,
- ❏ Schwierigkeiten, die sie gemeistert haben,
- ❏ Strategien, die sie verfolgt haben – und noch verfolgen –, um sich am Markt zu etablieren und zu behaupten.

Dabei profitieren Sie von vielen Erfahrungen aus der Praxis. Lernen Sie aus den Erfolgen – und aus den Fehlern anderer Unternehmerinnen. Damit auch aus Ihrem Existenzgründungsvorhaben eine »Erfolgsstory« wird.

Am Ende ihrer »Story« geben Ihnen die Unternehmerinnen ihre persönlichen Tipps für das Gelingen einer Gründung.

Dr. Béatrice Hecht-El Minshawi

Interkulturelle Kompetenz seit mehr als 30 Jahren

Ihre internationalen Erfahrungen auf allen Kontinenten und in vielen Kulturkreisen sind Basis für das beeindruckende Dienstleistungsspektrum von Béatrice Hecht (interkultur, Bremen). Mit Kreativität, Weitsicht und Disziplin ist ihr gelungen, wovon sicher viele Unternehmerinnen – und Unternehmer! – träumen: eine Marktpräsenz aufzubauen und über Jahrzehnte nicht nur zu halten, sondern auszubauen. Seit einigen Jahren kommt zur beruflichen Herausforderung eine private: die Pflege ihrer schwerkranken Mutter.

Béatrice Hecht ist Expertin für Diversity-Management und interkulturelle Kompetenz mit einer breiten Palette von Publikationen, Beratungs- und Trainingsangeboten. Dabei schöpft sie aus ihrem reichen Fundus an Erfahrungen in Europa, Afrika, Arabien, Asien, Amerika, Australien und Neuseeland. Zielgruppen sind in erster Linie Führungskräfte und Fachpersonen sowohl aus Industrie und Wirtschaft als auch von öffentlichen Einrichtungen und NGOs.

Die Unternehmerin erläutert: »Unsere Dienstleistung zielt auf eine generelle Interkulturalisierung von Personal sowie der Konzepte und Strukturen, in denen es eingebunden ist. Schwerpunkte sind die Beratung und Begleitung zum Thema kulturelle Vielfalt der Personal- und Organisationsentwicklung in Unternehmen, Coaching und Training für Einzelpersonen und Gruppen. Angebote der Interkulturalisierung beinhalten nicht nur die Vorbereitung auf andere Länder oder Teamentwicklungen, sondern auch internationale Aspekte in Rhetorik und Selbstpräsentation, HRM, Qualitätsmanagement und Marketing.«

Die Philosophie hinter den Konzepten

»Kulturelle Vielfalt ist normal, damit umzugehen ist gleichsam eine Herausforderung und ein Gewinn. Ich finde es sehr spannend, kreative Lösungen anzustreben, um in den Unterschieden der

Menschen Verbindendes zu finden.« So schildert Béatrice Hecht ihre Unternehmensphilosophie.

Die Ressourcen: Interkulturelle Wurzeln und vielseitige Auslandserfahrungen

Interkulturelle Vielfalt ist ihre Bestimmung, wurde ihr praktisch in die Wiege gelegt: Béatrice Hecht stammt aus einer Familie, die international verteilt ist. Schon ihre ersten Berufserfahrungen sammelte sie nach praktischen Ausbildungen als Krankenschwester in Vietnam und Afghanistan.

Der nächste Schritt war bereits eine selbstständige Tätigkeit. Denn sie finanzierte ihr Studium der Sozialwissenschaften in den 1970er-Jahren mit interkulturellen Beratungen und Workshops. Dazu nutzte sie ihre internationale Expertise und entwickelte Konzepte über Kulturunterschiede – zu dieser Zeit eine ungewöhnliche und innovative Geschäftsidee. Bundesweit gab es nur eine Handvoll Dienstleister mit diesem Angebot. Parallel dazu betrieb sie auch ihre fachliche, methodische und persönliche Weiterentwicklung, denn Selbstständigkeit sah sie schon zu dieser Zeit als ihr berufliches Ziel.

In ihrer ersten Anstellung als Referentin für Internationales im öffentlichen Dienst war die Sozialwissenschaftlerin wieder in diversen Ländern, in Asien und Arabien, in Australien und USA, tätig.

Keine Neigung zum Angestelltendasein: Der Schritt in die Selbstständigkeit

Doch diese Zeit währte nur kurz; sie stellte fest, dass sie für das Angestelltendasein nicht geschaffen war. Sie berichtet: »Schnell war mir klar geworden, dass ich meine Fachkompetenz und internationalen Erfahrungen mit Kreativität und Disziplin auch allein auf dem Markt verkaufen kann und mich nicht hinter dem Namen des Vorgesetzten verstecken muss.«

Getreu ihrem Motto: »Nicht weil die Dinge schwer sind, wagen wir sie nicht, sondern weil wir sie nicht wagen, sind sie schwer«

(Seneca), ging Béatrice Hecht methodisch an die Vorbereitung ihrer unternehmerischen Tätigkeit: Sie resümierte und reflektierte ihre Erfahrungen, die sie als Fach- und auch als Führungsperson zunächst vor allem in Asien und Arabien gesammelt hatte. Sie analysierte ihre Kompetenzen und bereitete sie peu à peu als Produkte marktfähig auf. Sie arbeitete zum Beispiel interkulturelle Konzepte für Beratungen und Seminare aus, die sie dann ihr bekannten Organisationen erfolgreich anbot. Weitsichtig hatte sie sich schon lange vorher darüber informiert, was in diesen Organisationen diskutiert wurde und wie sie sich international aufstellten. Trotzdem war es nicht einfach, Zugang zu bekommen. Es brauchte Gewöhnung an die unterschiedlichen Organisationskulturen und Bürokratien. Und das schloss auch Fehler ein. Béatrice Hecht erklärt: »Öfter mal bin ich unabsichtlich den direkten, aber nicht immer den richtigen Weg in einer Organisation gegangen.«

»Marktfähig aufbereiten« heißt für die Unternehmerin auch, ihre Expertise über diverse Länder und Kulturen in Büchern und Artikeln weiterzugeben.

Mit Businessplan zum zielorientierten Geschäftskonzept

Bis 1995 entwickelte die Unternehmerin ihre Konzepte ohne strategischen Unternehmensplan. Dann benötigte sie eine neue technische Ausstattung und beantragte einen Kredit. Der wurde problemlos genehmigt, Bedingung war aber die Vorlage eines Businessplans. Sie kommentiert: »Das war im Grunde die zielorientierte Beschreibung dessen, was ich bereits seit Jahren getan hatte. Und so entstand interkultur.«

Strategien, sich am Markt zu behaupten

Béatrice Hecht führt aus: »Seit Mitte der 1990er-Jahre ist die Konkurrenz der Anbieter interkultureller Seminare dramatisch angestiegen. Im Jahre 2000 habe ich mich in Australien und USA in Diversity Management fortgebildet und das interkultur-Angebot auf Diversity-Konzepte erweitert. Eine interkulturelle Dienstleis-

tung ist natürlich auch störungsanfällig. Je nach internationaler politischer Entwicklung, zum Beispiel nach dem 11. September 2001, oder nach internen Entscheidungen in Unternehmen kann es sein, dass unsere Angebote plötzlich nicht mehr so gefragt sind. Dann heißt es, Geschäftskontakte zu reaktivieren und gemeinsam Lösungen zu finden.«

Sich am Markt zu halten erfordert ständige Beobachtung und Recherche, sowohl in Deutschland als auch international:

❑ Die Globalisierung allgemein
❑ Die Diversifizierung der Produkte international aufgestellter Unternehmen
❑ Die Interkulturalisierung des Personals dieser Betriebe
❑ Die Ziele der Unternehmen bezüglich ihrer Ethik und Corporate Responsibility

Managing Cultural Diversity, die Integration kultureller Vielfalt der Mitarbeiter/innen für die Personal- und Organisationsentwicklung, verfolgt sie insbesondere vor dem Hintergrund der Diskussionen:

❑ Demografischer Wandel in Gesellschaft und Unternehmen
❑ Alternde (gestauchte) Belegschaft in Gesellschaft und Unternehmen
❑ Fehlende Fachkräfte
❑ Neuanwerbung von ausländischen Spezialisten
❑ Integration von Migrantinnen und Migranten in den Arbeitsmarkt
❑ Familiengerechte Arbeitsplätze
❑ Integration von Frauen in Führungspositionen
❑ Gesundheitsfördernde Arbeitsbedingungen

Daher können auch

❑ Knowledge Transfer (Wissensweitergabe),
❑ Vereinbarkeit von Familie und Beruf,

❏   Lifelong Learning sowie
❏   Unternehmensethik

Bausteine im Diversity Management sein. Davon leitet sie Ideen ab und entwickelt daraus Konzepte.

Eine andere Facette des »Alles unter einen Hut«-Problems

2003 sah sich die Geschäftsfrau einer Herausforderung privater Natur gegenüber: Sie nahm ihre Mutter als alte, kranke und immer mehr pflegebedürftige Person in ihren Haushalt auf. Seitdem, sagt sie, habe sie immer weniger Zeit für sich selbst. Trotz der Hilfe ihres Ehemannes und von Pflegerinnen fühlt sie sich zunehmend in einen Konflikt gestürzt, ihren eigenen persönlichen und geschäftlichen Interessen und denen ihres Mannes und ihrer Mutter gerecht zu werden.

»Dafür gibt es keine zufriedenstellende Lösung. Hilfreich sind die Organisationen, mit denen wir zu tun haben, nicht, denn sie benötigen für ihren administrativen Aufwand viel Zeit. Unterstützend sind eher die Freundinnen und Freunde, mit denen wir darüber sprechen können«, meint sie.

Resümee eines erfolgreichen Unternehmensaufbaus

»Rückblickend habe ich viel erreicht, mehr als ich anfänglich galubte, denn ich habe damals nicht sehr weit in die Zukunft gedacht. Es gab natürlich Höhen und Tiefen, je nach wirtschaftspolitischer Lage in Deutschland. Nach den ersten fünf Jahren konnte ich zurückblicken und mir sagen: Das hat doch geklappt! Die Aufträge waren interessant, das Geld hat gereicht, Mut und Kraft reichen noch. Immer wieder blicke ich zurück und überdenke die Zeit in Fünferjahren. Das gibt mir ein gutes Gefühl.

Was ich allerdings auch feststellen musste, ist, dass ich doppelt so viel Zeit investiert habe als vermutet. Und das ist anstrengend und hinterlässt Spuren. Schließlich hat sich in diesen Jahren unser

Rentensystem verändert und das Ansparen ›für später‹ dauert eben länger.«

 Béatrice Hecht: »Suchen Sie Netzwerke, in denen Selbstständige engagiert sind. Reden Sie über Ihre Idee, hören Sie, was andere berichten. Und denken Sie schon in jüngeren Jahren an Ihre Finanzen später.«

Dr. Kirsten Hüttner

Unternehmensberaterin mit Expertise in einem internationalen Nischenmarkt

Kirsten Hüttner wollte sich eigentlich nie selbstständig machen. Denn der elterliche Betrieb musste aufgegeben werden, was die Familie lange Zeit sehr stark belastete. Als sie dann plötzlich ohne Festanstellung dastand, entschied sie sich nach reiflicher Überlegung doch für die Selbstständigkeit als den für sie richtigen beruflichen Weg – mit einem risikomindernden Konzept. Ein anderes Ereignis, das sie zum Überdenken ihrer Lebensplanung herausforderte, war die unerwartete Schwangerschaft mit ihrer heute dreijährigen Tochter.

Die Unternehmensberaterin hat sich mit ihrem 2004 gegründeten Unternehmen (Rus Expert, Stuttgart) auf internationales Consulting mit Schwerpunkt Russland spezialisiert. Sie berät Unternehmen beim Aufbau neuer oder beim Ausbau bestehender wirtschaftlicher Beziehungen im Russlandgeschäft. Das Dienstleistungsspektrum der Freiberuflerin reicht von A wie Auswahl möglicher Kunden oder Anpassung von Sortiment und Marktauftritt bis Z wie Zahlungsverkehr, Zertifizierung und Zoll. Branchenmäßig konzentriert sie sich auf den Konsumgüterbereich (Milchprodukte, Kosmetik, ökologische Produkte).

Startkapital: Berufsausbildung, Branchen- und Fachkenntnisse

Das Interesse an internationaler Wirtschaft und Fremdsprachen zieht sich schon seit ihrer Ausbildung wie ein roter Faden durch die berufliche Laufbahn der Unternehmensberaterin, eingeschlossen die Affinität zu Russland. Kirsten Hüttner studierte Anglistik/Betriebswirtschaftslehre/Russistik mit Auslandssemestern in England und Russland.

Berufliche Herausforderungen suchte und fand die Dipl.-Wirtschaftsanglistin dann folgerichtig in Exportunternehmen, wo sie ihre profunden Kenntnisse des russischen Marktes und die spezielle Branchenerfahrung Lebensmittel und Kosmetika aufbaute – Grundlage für ihr späteres Beratungsgeschäft. Die ersten Jahre der Berufstätigkeit nach dem Studium nutzte sie, um nebenbei noch zu promovieren. Als Geschäftsführerin eines deutschen Unternehmens mit russischer Muttergesellschaft sammelte sie Erfahrungen in diversen In-house-Beratungsprojekten der russischen Holding, bei der Joint-Venture-Etablierung im Kosmetikbereich und in diversen Marketingprojekten. Ideale Voraussetzungen wie aus einem Lehrbuch für Existenzgründung: Branchen- und Fachkenntnisse, Berufserfahrung, unternehmerisches Know-how!

Herausforderung: Trotz negativer Vorerfahrungen in die Selbstständigkeit?

Nicht ganz so lehrbuchmäßig kam der Schritt in die Selbstständigkeit: Nachdem die russische Muttergesellschaft Anfang 2004 beschlossen hatte, das deutsche Tochterunternehmen zu schließen, stand Kirsten Hüttner plötzlich ohne Festanstellung da und vor der Frage, wie es weitergehen sollte. Aufgrund der familiären Vorgeschichte hatte sie Vorbehalte und zögerte lange. Nach einem halben Jahr des Abwägens von Chancen und Risiken entschied sie sich dann, »alles auf ganz kleinem Niveau und komplett aus eigenen Mitteln aufzubauen«, wie sie sagt, um keine finanziellen Risiken einzugehen. Unternehmerische Fähigkeiten wie Hartnäckigkeit,

Stehvermögen, Optimismus und vor allem Sparsamkeit hat sie sicher aus den Erfahrungen im Elternhaus mitgenommen.

Zu ihren Motiven für die Gründung erläutert die Unternehmensberaterin: »Ich wollte keine großen Kompromisse machen bei einem neuen Arbeitsverhältnis, sondern weiterhin auch frei wirken können und mich voll einbringen.« Und weiter zu ihren Marktchancen: »Ich kannte den Markt aus meiner sehr vielseitigen Tätigkeit als Geschäftsführerin und wusste, es gab Bedarf für das, was ich kann. Ich dachte mir, dass meine Dienste auch für verschiedene Mandanten interessant sind. Ich habe dann neben meinen alten Geschäftspartnern auch dort akquiriert, wo ich immer schon besonders gern gearbeitet hätte.«

Auf die Gründung vorbereitet hat sich Kirsten Hüttner über Broschüren insbesondere zum Thema Freiberuflichkeit, zum Beispiel von der IHK und per Internet, über Fachliteratur zum Thema Buchführung etc. In der Umsetzung brauchte sie zwei Monate für die Vorbereitung, darüber nachgedacht hat sie mehr als ein halbes Jahr, bis die Entscheidung für den Schritt in die Selbstständigkeit fiel.

Strategien für die Akquise von Kunden und Aufträgen

Sie konnte als ersten Kunden die Muttergesellschaft ihres ehemaligen Arbeitgebers gewinnen. Durch ständige Akquise und Netzwerkkontakte gewann sie weitere Kunden.

Auch sie sagt wie viele andere Unternehmerinnen und Unternehmer: »Netzwerken ist für mich sehr wichtig. Wobei weniger die Mitgliedschaft in bestimmten organisierten Netzwerken wichtig ist als die regelmäßige Kontaktpflege mit Geschäftspartnern, ehemaligen Kollegen, Freunden, anderen Unternehmerinnen etc.«

Die geschäftliche Entwicklung sieht sie optimistisch. Sie sagt: »Es gibt immer wieder mal Auftragsflauten. Aber dann kommt auch immer aus unerwarteter Ecke wieder etwas Neues.« Ihre Strategie ist: »In ruhigen Zeiten überlege ich mir, wo ich neu/erneut akquirieren könnte, und kontaktiere meine Netzwerkleute.« Eine weitere empfehlenswerte Methode: Weiterbildung. Die Unterneh-

merin hält es für unentbehrlich, ständig ihr Wissen zu erweitern. Außerdem sind Seminare und Workshops ideale Kontaktbörsen. Kirsten Hüttner hat dadurch schon manchen neuen Kunden gewonnen. Sie scheut sich auch nicht davor, ihren Urlaub für ihre Fortbildung zu nutzen. Sie berichtet: »2004 habe ich mir statt Jahresurlaub ein vierwöchiges Praktikum in Paris organisiert, um Französisch zu lernen, abzuschalten und einfach Paris zu genießen. Über Vitamin B fand ich einen Platz im Kosmetikbereich und tatsächlich habe ich dadurch noch neue Kontakte und sogar einen neuen kleinen Kunden gefunden.«

Neue Herausforderung: Karriere als Unternehmerin mit Kind

Ursprünglich plante die Freiberuflerin ihre selbstständige Tätigkeit als Vollzeitjob.

Dann kündigte sich im Frühjahr 2005 unerwartet ihre Tochter an. Für Kirsten Hüttner ist beides wichtig, Beruf und Kind. Sie löst die Aufgabe, alles unter einen Hut zu bringen, mit Unterstützung ihres Ehemannes, Kinderfrau und Kompromissen in ihrer beruflichen Tätigkeit. Daher arbeitet sie im Moment noch reduziert. Da ihre Tochter seit Dezember 2007 halbtags in den Kindergarten geht, kann sie aber je nach Auftragslage und Arbeitsanfall ihre Arbeitszeit auch mal ausdehnen. Für Herbst 2008 steht schon ein Ganztagsplatz für ihr Kind zur Verfügung, dann will Kirsten Hüttner wieder voll arbeiten.

Das Organisatorische zu regeln ist aber nur die eine Seite für selbstständige Mütter. Die andere Seite der Medaille: die emotionale Herausforderung zu bewältigen, oft zwischen dem Dasein für das Kind und beruflichen Chancen entscheiden zu müssen. Dazu sagt die Unternehmensberaterin, welche die Möglichkeit hatte, an einer hochkarätigen Weiterbildung in St. Petersburg teilzunehmen: »Das Training in St. Petersburg wird eigentlich drei Wochen dauern, aber ich werde wohl nur zwei Wochen teilnehmen. Ich bin hin und hergerissen zwischen der tollen Chance der Fortbildung in meiner Traumstadt (Teil des russischen Präsidentenprogramms) und mei-

nem Mutterherzen. Das ist nicht leicht und muss genau abgewogen werden.«

Ihre geschäftlichen Pläne für die Zukunft sind auf das Kind ausgerichtet, die »große Expansion« ist erst einmal in den Hintergrund gerückt. Sie sagt: »Solange unser Kind klein ist, möchte ich nicht stark wachsen, sondern lasse mehr die Dinge auf mich zukommen.«

Kirsten Hüttner: »Authentisch sein, aber auch keine Angst vor gelegentlichem Bluff: Das heißt, auch wenn frau meint, irgendetwas eigentlich nicht gut zu können, selbstsicher auftreten!
Eine Aufgabe/Geschäftsidee/Kunden suchen, auf die man richtig Lust hat/für die oder mit denen man immer schon mal etwas machen/aufbauen wollte.
Hilfreich ist eine Auseinandersetzung zum Thema unterschiedlicher Stil/Geschäftsstil von Männern und Frauen – das hilft sehr im Umgang mit dem anderen Geschlecht in der Berufswelt, aber auch zu Hause.«

Martina Sancar

»Back to the Fifties« ist ihr Geschäftsmodell für die Zukunft

Eigentlich waren die Voraussetzungen für eine frühe Unternehmerkarriere von Martina Sancar günstig, stammt sie doch aus einem Unternehmerhaushalt – für Sprösslinge häufig ein Sprungbrett in die Selbstständigkeit. Ihre Eltern betrieben ein gut gehendes Fotostudio mit Labor und 12 Mitarbeitern. Doch es kam anders. Der Weg zum eigenen Unternehmen führte die Fotografin mit Meisterbrief erst über die Höhen einer gut bezahlten Angestelltentätigkeit im elterlichen Geschäft und durch die Tiefen der Sozialhilfe, bis sie auf ihre Geschäftsidee stieß.

Seit Juni 2006 stellt Martina Sancar (Dreamdancer, Nidda), alleinerziehende Mutter einer 12-jährigen Tochter und eines 13-jährigen Sohnes, Petticoats und Tellerröcke in Handarbeit her, die sie – im Moment noch – hauptsächlich über das Internet anbietet. Nachfrage kommt von Tanzgruppen (Square-Dance, Rock`n Roll) und Privatpersonen, die Kleidung der 50er-Jahre mögen. Die Kunden sitzen in ganz Deutschland, in Österreich und der Schweiz.

Sie näht nicht nur, sondern betätigt sich auch als Designerin. Stolz erzählt sie: »Die Petticoats habe ich selbst entworfen und in dieser Form gibt es sie noch nicht auf dem Markt.« Nähen kann die Fotografin schon seit ihrer Twenzeit. Damals war das Anfertigen ihrer Kleidung ihr Hobby. Das unternehmerische Wissen für eine Selbstständigkeit lernte sie in einer Qualifizierungsmaßnahme.

Aus Erfahrungen lernen: Zum Führen eines Geschäfts braucht es unternehmerisches Know-how

Martina Sancar weiß aus eigener bitterer Erfahrung, welche Folgen es haben kann, wenn man ohne kaufmännische und betriebswirtschaftliche Kenntnisse unternehmerisch tätig sein möchte. Vor 20 Jahren erbte sie das elterliche Fotostudio von ihrer Mutter, die unerwartet ums Leben gekommen war. Martina Sancar war dort zwar für den fachlichen Bereich zuständig gewesen, in die Geschäftszahlen hatte sie jedoch keinen Einblick. Sie berichtet: »So stand ich von einem Tag auf den anderen vor einem Berg von Problemen, suchte keine Hilfe und machte Fehler über Fehler. Schlussendlich übergab ich das Studio an einen Geschäftsführer – auch eine Fehlentscheidung. Denn dieser führte das Geschäft nach einigen Jahren in den Konkurs.«

Mit persönlichen Krisen umgehen: Überlebensstrategien entwickeln

Es folgten schwierige Jahre, die Martina Sancar nur mit ihrem Durchhaltevermögen und Optimismus durchstand: Heirat, zwei kleine Kinder, ein Ehemann, der nur unregelmäßig arbeitete,

gelegentliche Jobs als Fotografin, Geldprobleme, Scheidung, verweigerte Unterhaltszahlungen und schließlich Sozialhilfe. Wegen der Kinder konnte sie auch keine Arbeitsstelle außer Haus annehmen. Und damit nicht genug, sie bekam eine schwere Krebserkrankung mit schlechter Prognose. Sie bekennt: »Zu diesem Zeitpunkt hatte ich mich aufgegeben und wollte nur noch meine Kinder durchbringen. Ich setzte mir ›Termine‹ zum Überleben: Einschulung der Kinder, danach Beendigung der Grundschule, jetzt das Abitur für beide.«

Nach Jahren erfolgreicher Überlebensstrategien kam mit einer Einladung wieder eine Wende in ihr Leben, diesmal zum Positiven. Ihr starker Wille, sich nicht mit ihren Lebensumständen abzufinden und ihre Situation zu verändern, bekam wieder die Oberhand. Sie erzählt: »Anfang 2005 wurde ich zu einer 50er-Jahre-Feier eingeladen und sah mich im Internet nach einem passenden Outfit um. Die angebotenen Petticoats waren mir durchweg zu teuer, und als ich mir die Fotos genauer ansah, kam mir *die* Idee: Ich würde selbst einen Petticoat herstellen. Denn Nähen konnte ich ja. Also nähte ich einen Petticoat für mich und aus den Resten einen zweiten, den ich im Internet einstellte. Er ging zu einem ordentlichen Preis weg.«

Chancen erkennen und nutzen: Der Weg zurück nach oben

Die zukünftige Geschäftsidee war geboren. Martina Sancar überlegte:

»Normale Kleidung zu nähen und anzubieten lohnt sich nicht, da diese in den Läden günstiger angeboten werden, als man Materialien bekommen kann. Aber Petticoats!!! Also suchte ich nach Einkaufsquellen für Tüll und Satin und machte mich ans Werk. Ich entwickelte immer neue Modelle und fand schließlich eines, das wirklich guten Absatz fand. Ich verfeinerte immer weiter, bot dazu dann auch Tellerröcke an und war mit meinem kleinen Extraverdienst zufrieden.«

Zwischenzeitlich wurde die Sozialhilfe abgeschafft und es kam »ALG II«. Für Martina Sancar war »Hartz IV« ein Glücksfall.

Denn sie ließ sich an eine Qualifizierungsmaßnahme vermitteln, wodurch sie wieder zu ihrem früheren Selbstbewusstsein zurückfand. Und sie begann erstmalig daran zu denken, mit den Petticoats ihren Lebensunterhalt zu verdienen.

Der Schritt in die Selbstständigkeit: Aufbau des eigenen Unternehmens

Voraussetzungen dafür: Als Unternehmerin musste sie ausreichende Einnahmen erzielen, um ihren Lebensunterhalt sichern zu können. Dazu war es notwendig, größere Stückzahlen abzusetzen. Das bedeutete, schneller zu arbeiten. Und das konnte sie nur durch die Anschaffung verschiedener Maschinen erreichen, um die einzelnen Arbeitsgänge zu automatisieren und zu rationalisieren. Martina Sancar erstellte einen Businessplan und bekam vom Träger der Qualifizierungsmaßnahme Kredite für die benötigten Maschinen sowie Finanzhilfen für ihren Lebensunterhalt und den ihrer Kinder. Im Juni 2006 meldete sie ein Gewerbe an und verkaufte ihre 50er-Jahre-Kleider erst einmal nebenberuflich, neben der Ausbildung im Qualifizierungsprogramm. Der Absatz lief bis Ende 2006 noch fast ausschließlich über das Internet. Inzwischen funktioniert auch die Mundpropaganda. Darüber bekam sie im Januar 2007 den Auftrag, Petticoats und Tellerröcke für das Musical »Grease« herzustellen – ein besonderes Erfolgserlebnis. Im März 2007 endete das Existenzgründungsprogramm und sie ist seit April 2007 hauptberuflich selbstständig.

Nach einem gelungenen Start: Ziele und Pläne für den Existenzaufbau

Bisher läuft alles nach (Business-)Plan. Das Geschäft lässt sich nach ihren Marktrecherchen weiter ausbauen. Für die Zukunft muss sich die Unternehmerin aber noch andere Absatzmöglichkeiten als das Internet erschließen. Denn der Internetverkauf erzielt nicht die Preise, die sie braucht, um auf Dauer ausreichende Gewinne zu erzielen und damit ihren Lebensunterhalt zu bestreiten.

Weitere Pläne: Sie will ihr Angebot erweitern und neue Modelle auf den Markt bringen, beispielsweise Hochzeitspetticoats. Mit Marketingmaßnahmen wie Flyern und einer eigenen Website will sie ihren Bekanntheitsgrad erhöhen und die Nachfrage steigern. Damit sie dann auch die höhere Nachfrage befriedigen und mehr Stücke herstellen kann, sieht ihr Businessplan vor, mindestens eine Teilzeitkraft zu beschäftigen. Mittelfristiges Ziel: So viel zu verdienen, dass sie auch den Lebensunterhalt ihrer Kinder bestreiten kann.

 Martina Sancar: »Rechtzeitig in schwierigen Situationen Rat und Hilfe holen. Ausschlaggebend ist der Wille zum Erfolg.«

Gabriele Engelmann und Marion Wögler

Mindspin communication network, Frankfurt am Main und Gelnhausen, PR-Beratung im Netzwerk

Ein Beispiel für eine gelungene Kooperation von Einzelkämpferinnen: Unabhängig voneinander gingen Gabriele Engelmann und Marion Wögler den Schritt in die Selbstständigkeit. Und jede Unternehmerin ist rechtlich und wirtschaftlich selbstständig, akquiriert und betreut ihre eigenen Kunden an ihrem jeweiligen Standort. Ihre PR-Dienstleistungen bieten sie gemeinsam unter dem Dach eines Netzwerks namens mindspin communication network an. Für größere Kunden arbeiten sie auch gemeinsam an Projekten. Eine kluge Strategie, wenn frau nicht gern allein, aber auch nicht fest angestellt arbeiten möchte.

Das Business von Gabriele Engelmann und Marion Wögler ist Öffentlichkeitsarbeit, auch PR genannt, mit den Schwerpunkten Medienarbeit, Texte und Redaktion sowie Veranstaltungen. Für ihre Kunden, Unternehmen und die öffentliche Hand, entwerfen sie jeweils die passenden Konzepte und setzen diese auch um. Seit Kurzem haben die Beraterinnen ein spezielles Angebot für Selbst-

ständige und Kleinunternehmen im Programm: Beim »PR-Coaching« erarbeiten sie mit den Kunden eine Schritt-für-Schritt-Anleitung für deren erfolgreiche Darstellung in den Medien und begleiten sie bei der Umsetzung. Inbegriffen sind praktische Tipps, welche die künftige PR-Arbeit erleichtern.

Gabriele Engelmann hat sich im Bereich Medienarbeit auf den Dienstleistungsbereich, insbesondere die Personalbranche, fokussiert. Sie sagt: »Gerade in diesem Teilbereich der PR ist es wichtig, sich als Einzelkämpferin auf eine oder maximal zwei Branchen zu konzentrieren, um im Interesse der Kunden einen guten Überblick über die relevanten Fachmedien und die dort veröffentlichten Themen zu haben. Und selbstverständlich muss man mit den jeweiligen Redakteuren dieser Medien im regelmäßigen Kontakt stehen.«

Marion Wögler weiß besonders über die Branche der Automobilzulieferer Bescheid; sie kennt sich aber auch mit sozialen und gesellschaftlichen Themen sehr gut aus.

Die beiden Beraterinnen arbeiten regional begrenzt, denn für ihre Dienstleistung ist es wichtig, dass die Kooperationspartnerinnen regelmäßig persönliche Gespräche mit ihren Kunden führen, um zu wissen, was gerade aktuell ist.

Das Unternehmensziel der »Mindspin-Netzwerkerinnen«

Marion Wögler formuliert so: »Für uns ist es ganz wichtig, dass unsere Kunden das bekommen, was ihnen nützt. Das hört sich selbstverständlich an, ist es aber nicht. Häufig haben Kunden schon eine konkrete Vorstellung davon, welche PR-Maßnahmen sie umsetzen möchten. In solchen Fällen müssen wir uns zunächst etwas einfallen lassen, um sie davon zu überzeugen, wie wichtig es ist, eine genaue Analyse ihrer Situation vorzunehmen, um so herauszuarbeiten, welches die richtigen Maßnahmen für sie sind. Schließlich gleicht kaum ein Unternehmen dem anderen. Am schönsten ist es, für Kunden zu arbeiten, die an einer längerfristigen Geschäftsbeziehung interessiert sind und wissen, dass PR-Erfolge

sich erst mittelfristig einstellen. Auf dieser Basis können wir thematisch sehr tief einsteigen und über die Erfolge freuen wir uns gemeinsam mit unseren Kunden.«

Startkapital: Zwei Wege, Fachwissen zu erwerben

Die studierte Publizistin Gabriele Engelmann holte sich ihre praktische Erfahrung in der Öffentlichkeitsarbeit in vielen Jahren als angestellte PR-Referentin in Banken und in einer PR-Agentur. Für sie ist PR daher nichts Neues, sie hat es von der Pike auf gelernt. Sie sagt: »Ich will als Selbstständige das umsetzen, was ich sowohl auf Unternehmens- als auch auf Agenturseite gelernt habe.«

Marion Wögler dagegen ist als studierte Diplom-Pädagogin PR-Quereinsteigerin. Doch schon während ihrer Tätigkeit in verschiedenen Betreuungseinrichtungen einer Elterninitiative war Öffentlichkeitsarbeit für sie kein Fremdwort. Denn es gehörte auch zu ihren Aufgaben, die Arbeit dieser Einrichtungen gut zu verkaufen. Sie erzählt: »Ich kam an den Punkt, wo ich merkte, dass ich mich beruflich in eine ganz andere Richtung entwickeln wollte. So habe ich nach einer Weiterbildung gesucht, die meinen Interessen und Fähigkeiten entspricht, und bin auf das sehr vielseitige Berufsfeld der Öffentlichkeitsarbeit gestoßen. Ich hatte das große Glück, dass ich durch die qualifizierte Weiterbildung den Beruf tatsächlich erlernen konnte. Das betrachte ich noch heute als meinen persönlichen USP, denn die meisten, die in der PR tätig sind, sind Autodidakten.« Nach ihrer Weiterbildung fand Marion Wögler zunächst eine Anstellung in einer klassischen PR-Agentur, dann bei einer auf Bildungsthemen spezialisierten Agentur.

Start: Zwei Wege in die Selbstständigkeit

Kennengelernt haben sich die beiden Unternehmerinnen während der Tätigkeit in einer PR-Agentur. Als bei beiden der Entschluss reifte, sich selbstständig zu machen, war von Anfang an im Gespräch, zu kooperieren. Zunächst gingen sie aber erst einmal voneinander unabhängig den Weg in die Selbstständigkeit.

Den Anfang machte 2001 Marion Wögler, die seit Jahren mit einem Partner zusammenlebt und einen jetzt 14-jährigen Sohn hat. Sie war gerade 40 Jahre alt geworden, als sie die Kündigung ihres Arbeitgebers auf den Schreibtisch bekam. Es war die Zeit des Internet-Hypes und die PR-Agenturen, ebenso wie Grafiker und Designer, bauten als »Zulieferer« der IT-Dienstleister massiv Personal ab. Marion Wögler traf ihre Entlassung nicht ganz unerwartet, war sie doch wegen des angespannten Arbeitsklimas dort schon längere Zeit unzufrieden gewesen. Clever handelte sie eine dreimonatige Freistellung aus. Denn ihr Entschluss, sich selbstständig zu machen, stand nach Erhalt der Kündigung fest. Die Diplom-Pädagogin sagt dazu: »Ich war mir sicher, mich selbst gut organisieren zu können und keinen Chef zu brauchen, der mir sagt, wie ich arbeiten soll. Ich war auch überzeugt, dass ich alle Fähigkeiten besitze, um Öffentlichkeitsarbeit für Unternehmen und Organisationen so zu gestalten, dass die Kunden die für sie wichtigen Zielgruppen und Ziele erreichen. Fachlich und von der Persönlichkeit her fühlte ich mich gut gerüstet und alles, was sonst noch dazugehört, habe ich mir durch ›Learning by Doing‹ angeeignet.« Dank der dreimonatigen Freistellungszeit und des Überbrückungsgeldes vom Arbeitsamt war sie in einer komfortablen Lage: Finanziell für neun Monate abgesichert, nutzte sie diese Zeit, um sich intensiv auf die Selbstständigkeit vorzubereiten. So hat sie zum Beispiel an einem Wochenendseminar für Existenzgründerinnen teilgenommen. Zusätzlich konnte sie im Rahmen des Überbrückungsgeldbezugs auch Steuerberatung, Rechtsberatung und Existenzgründungsberatung in Anspruch nehmen. Und sie erledigte alle möglichen administrativen Dinge (Krankenkasse, Gewerbeanmeldung, Steuerfragen ...) und richtete ihr Büro ein.

Gabriele Engelmann, verheiratet und Mutter einer heute 21-jährigen Tochter, hat den Schritt in die Selbstständigkeit ein halbes Jahr nach Marion Wögler unternommen. Sie berichtet: »Ich stand kurz vor meinem 50. Geburtstag und sah es als die letzte Chance, noch eine selbstständige Existenz aufzubauen.« Denn auch sie wollte aus dem Agenturjob raus. Sie war unzufrieden mit den

Veränderungs- und Aufstiegsmöglichkeiten bei der Agentur. Aufgrund der damaligen gesamtwirtschaftlichen Situation und im Hinblick auf ihr damaliges Alter sah sie keine Chance, nochmals eine neue Stelle zu finden, die ihr zusagen würde. Und sie war überzeugt davon, dass sie es auf jeden Fall genauso gut, wenn nicht um einiges besser machen würde als ihr damaliger Arbeitgeber. Die Publizistin hat schon ein Jahr, bevor sie sich selbstständig gemacht hat, ganz langsam bestimmte Weichen gestellt. Sie orientierte sich in ihrem Berufsverband, sie richtete nach und nach ihr damaliges Home Office ein, informierte sich über die Möglichkeiten und Pflichten, die man als Selbstständige hat – und immer wenn ihr potenzielle Auftraggeber »über den Weg liefen«, signalisierte sie diesen, dass sie sich in Kürze selbstständig machen würde. Ein paar Jahre zuvor hatte sie schon einmal nebenberuflich selbstständig gearbeitet. Erfahrungen aus dieser Zeit – wie schwierig es ist, wenn man niemanden hat, der einen in manchen Situationen unterstützt oder auch vertreten kann – waren für sie der Grund, nicht völlig allein zu arbeiten. Aufgrund einiger negativer Erfahrungen von Bekannten, die zusammen gegründet hatten, hatte sie aber auch keine Lust auf eine/n feste/n Geschäftspartner/in. Deshalb entstand dann die Idee, mit ihrer Ex-Kollegin Marion Wögler im Netzwerk zusammenzuarbeiten.

Nach dem Start: Zwei Wege, Kunden zu finden

Den Übergang in die Selbstständigkeit organisierte Gabriele Engelmann mit einem klugen Schachzug: Es gelang ihr, mit ihrem Arbeitgeber für etwa ein Jahr eine freiberufliche Tätigkeit zu vereinbaren. Das war sehr hilfreich für sie, weil dadurch in der ersten Zeit ihre Einnahmen gesichert waren. Und zu allem »Überfluss« kam dann auch noch ein ehemaliger Kunde ihres Arbeitgebers überraschend auf sie zu.

So vorteilhaft für Marion Wögler die Vorbereitungszeit war, beim Start musste sie, was Kunden betraf, bei null anfangen. Da sie sich von Anfang an in ihrem Wohnort selbstständig machen wollte,

untersuchte sie dort die Markt- und Wettbewerbssituation und fand sie erfolgversprechend. Denn in Gelnhausen gab es bis dato keine PR-Agentur, allenfalls noch zwei weitere selbstständige Berater, die aber nicht besonders präsent waren (und es auch heute nicht sind). Sie sagt: »So habe ich auf mein Alleinstellungsmerkmal als einzige PR-Agentur im Ort gesetzt.« Und berichtet weiter über ihre Kundengewinnungsstrategie: »Ich habe versucht, das größte Unternehmen hier im Ort als Kunden zu gewinnen. Dazu habe ich verschiedene Kontakte geknüpft, was letztendlich auch zum Erfolg geführt hat. Insgesamt hat es aber etwas über zwei Jahre gedauert, bis ich sie tatsächlich als Kunden mit einem Jahresvertrag gewinnen konnte. Darüber hinaus habe ich aktiv Kontakte gesucht und geknüpft. Darüber ist auch der eine oder andere Projektauftrag gekommen. Und schließlich haben wir zusammen von einem Kunden profitiert, der Gabriele Engelmann angesprochen hatte.«

Beide Unternehmerinnen sind der Meinung: »PR-Beratung lässt sich nicht so einfach verkaufen wie viele andere Produkte. Denn es ist schon ein gewisser Vertrauensvorschuss nötig, bevor sich ein Kunde entschließt, unsere Dienstleistung ›einzukaufen‹. Deshalb ist es auch schwierig, Kunden durch Kaltakquise zu gewinnen.« Und Gabriele Engelmann ergänzt: »Vor allem in Frankfurt, wo es viele Wettbewerber gibt.« Denn es kommt noch hinzu, dass PR-Beratung ein »Me-too-Produkt« ist. Deshalb ist es besonders wichtig, sich von den Wettbewerbern zu differenzieren. Die Mindspin-Netzwerkerinnen versuchen es dadurch, dass sie ihren Kunden ein sogenanntes »Rundum-sorglos-Paket« anbieten, wie einer ihrer Kunden einmal so schön formulierte.

Zukunftspläne: Zwei Strategien zur Existenzfestigung

Marion Wögler hat es zwischenzeitlich geschafft, eine dauerhafte Kundenbeziehung aufzubauen. Damit ist ihre finanzielle Basis zunächst gesichert. Sie kann die Betriebskosten und den überwiegenden Teil des Lebensunterhalts der Familie erwirtschaften. Obwohl sie zum Zeitpunkt der Gründung und bis vor kurzer Zeit nie vorhatte,

zu expandieren, überlegt sie mittlerweile, »ob ich tatsächlich bis zur Rente (die soll bei mir mit 60 anfangen) alles allein machen kann oder ob ich, wenn ich am Markt mithalten will, größer werden muss«. Eine Erweiterung wäre aber nur möglich, wenn es ihr gelingt, noch einen anderen größeren Kunden zu gewinnen, der an einer langfristigen Zusammenarbeit interessiert ist.

Gabriele Engelmann ist es gelungen, immer wieder neue Auftraggeber aus dem Dienstleistungsbereich an Land zu ziehen. »Allerdings gab es seit der Gründung auch immer wieder Auftragsflauten, die mich sehr getroffen haben«, berichtet sie ehrlich. »Durch neue Strategien sind Auftragsflauten nicht zu verhindern. Wenn plötzlich statt von fünf eingeplanten drei Projekte aus Gründen, die man selbst nicht beeinflussen kann, wegfallen, kann man kaum etwas dagegen tun.« Um dem entgegenzuwirken, verfolgt Gabriele Engelmann für die Zukunft eine andere Strategie als ihre Netzwerkpartnerin Marion Wögler. Sie fährt fort: »Ich hätte gern mehrere kleine Kunden – jedoch ausschließlich aus dem Dienstleistungsbereich –, statt von einem großen Kunden abhängig zu sein. Außerdem werde ich auch in guten Zeiten kontinuierlich Akquise betreiben, um plötzliche Ausfälle mit neuen Projekten und Kunden ausgleichen zu können. Gern würde ich expandieren und meine Routinearbeiten, die ich immer noch selbst mache, outsourcen, dann könnte ich auch noch weitere Kunden betreuen.«

Welche Vorteile die Kooperation »Mindspin« bringt

Im Netzwerk bündeln die Partnerinnen ihre Kompetenzen, Erfahrungen und auch ihre zeitlichen Ressourcen. Nach dem Motto »Getrennt kämpfen, gemeinsam schlagen« positionieren sie sich am Markt als stärkerer Wettbewerber als im Alleingang. Durch unterschiedliche Branchenerfahrungen und -schwerpunkte ist ihr gemeinsames Kundenpotenzial breiter gestreut als bei der einzelnen Unternehmerin. So verstärken sie ihre Erfolgsbasis. Die Kunden haben den Vorteil, immer eine Ansprechpartnerin zu haben, sowohl die gemeinsamen Kunden als auch die Kunden, die von jeder

Beraterin allein betreut werden. Zum Netzwerk gehört übrigens inzwischen auch ein Mann, der als Linux-Spezialist die beiden perfekt ergänzt. Er administriert die IT-Systeme der Kunden und kümmert sich um Datensicherheit, Web-Programmierung, Inter- und Intranet.

Gabriele Engelmann: »Ohne Kundenorientierung geht es nicht! Wer nicht bereit ist, seine Angestelltenmentalität abzulegen, kann gleich einpacken …«
Marion Wögler: »Durchhalten! Erfolg kommt nicht über Nacht, aber wer gute Arbeit abliefert und sich nicht ins Bockshorn jagen lässt, wird sich schließlich durchsetzen.«

Esther Everding

Vom nebenberuflichen Start zur Vollzeitunternehmerin (Dekotivo, Butzbach)

Die Unternehmerin Esther Everding startete ihr Berufsleben als Bankkauffrau. Sie suchte eine kreative Freizeitbeschäftigung – und fand darüber ihren beruflichen Weg in der Selbstständigkeit. Heute besitzt sie ein gut gehendes Einzelhandelsgeschäft.

- ❑ »Jeder Kunde ist ein wichtiger Kunde!«
- ❑ »Feierabend ist erst, wenn der letzte Kunde das Geschäft in Ruhe verlassen hat.«
- ❑ »Behandle jeden Kunden so, wie du auch behandelt werden möchtest.«

Mit solchen Sätzen beschreibt die Geschäftsfrau ihre Unternehmensphilosophie. Kundenorientierung hat absolute Priorität. Ihr Geschäft: Das ist ein kleiner Laden mit Werkstatt und Lager in der Fußgängerzone einer hessischen Kleinstadt. Dort verkauft sie, abwechselnd mit einer Teilzeitmitarbeiterin, ein buntes Sortiment

an Wohnaccessoires, Deko-Artikeln, Schmuck, handgesiedeten Seifen u.ä. Wellnessprodukten. Ihre Kunden, überwiegend Kundinnen aller Altersgruppen, kommen hauptsächlich aus der Region. Und auch Touristen aus dem In- und Ausland suchen gern ihren Laden auf. Stolz ist die Unternehmerin darauf, dass sie im August 2008 das dreijährige Bestehen von »dekotivo« feiern konnte – in einem Ort, in dem leerstehende Geschäfte nicht selten sind und die Einzelhandelsgeschäfte häufiger die Inhaber wechseln. Besonders bemerkenswert ist das Jubiläum auch deshalb, weil anfangs das Geschäft nur stundenweise geöffnet war. Was darauf hindeutet, dass das Angebot eine echte Marktlücke am Ort war, die Esther Everding mit dem richtigen »unternehmerischen Spürsinn« erkannte und nutzte.

Start: Zuerst Hobby, dann Nebenbeschäftigung im Wohnzimmer

Die Unternehmerkarriere der Bankkauffrau begann 2001 – eher zufällig – mit dem Besuch eines Workshops »Gestalten von dreidimensionalen Acrylbildern«. Der Kurs erwies sich sozusagen als »Volltreffer«. Denn der Veranstalter erkannte ihr Talent für kreative Gestaltung, ihr Gefühl für Farben und Formen und bot ihr eine Zusammenarbeit an. So stellte sie für kurze Zeit Anschauungsmuster aus verschiedenen Bastelmaterialien für sein Ladengeschäft her, als Anregung für die Kunden, was aus den Materialien gefertigt werden kann. Die Dekorationsobjekte stießen auf lebhafte Nachfrage bei den Kunden, sodass Esther Everding beschloss, ein Nebengewerbe zu führen, und 2002 ihren Gewerbeschein beantragte. Danach führte sie das Geschäft vom heimischen Wohnzimmer aus. Zielstrebig und einfallsreich suchte sie weitere Absatzmärkte: Sie stellte eigengefertigte Waren (Bilder, Dauerfloristik etc. auf ausgesuchten Kreativmärkten aus. Sie präsentierte und verkaufte ihre handwerklichen Produkte in ortsansässigen Ladengeschäften, zum Beispiel als Gegenleistung für die Dekoration der Schaufenster. Auch im Freundes- und Bekanntenkreis fand sie zahlreiche begeisterte Abnehmer. Die Mundpropaganda funktionierte bestens.

Zwischenstopp: Zuerst Nebenerwerb im Wohnzimmer, dann im Ladengeschäft

Den zweiten Schritt zur »Vollzeitunternehmerin« unternahm die Bankkauffrau Mitte 2005, wieder war eher ein Zufall der Auslöser. Doch zu diesem Zeitpunkt hatte sie sich durchaus schon länger mit dem Gedanken befasst, sich mit ihrem kreativen Hobby eine eigene Existenz aufzubauen. Auch hatte der zeitliche und räumliche Aufwand für die Nebenbeschäftigung deutlich zugenommen. Esther Everding berichtet: »Die Idee zur Selbstständigkeit hatte mich recht lange umgetrieben, wobei das alles nichts Konkretes war. Als mir dann jedoch ein befreundeter Geschäftsmann einen günstigen Verkaufsraum anbot, ging alles sehr schnell, vom Entschluss bis zur Eröffnung dauerte es nur knapp zwei Monate.« Natürlich hatte sie vorher den Markt sondiert und den Standort analysiert. Sie kam zu dem Ergebnis: »In dem von mir anvisierten Markt gab es bisher noch keinen direkten Anbieter. Und das Geschäft liegt strategisch günstig direkt in der Fußgängerzone.« Und natürlich übernahm die Bankkauffrau den Laden nicht, ohne vorher eine Kostenaufstellung gemacht zu haben, um die Wirtschaftlichkeit zu prüfen. Wobei sie die Strategie verfolgte, möglichst kostengünstig zu starten. Zum Beispiel richtete sie den Laden mit Regalen eines bekannten schwedischen Möbelhauses ein und sie und ihr Mann zimmerten eigenhändig den Verkaufstresen. Die wichtige Frage nach der persönlichen Eignung zur Unternehmerin beantwortet Esther Everding so: »Ja, selbstverständlich! Diese Frage sollte sich jeder stellen, der sich mit dem Gedanken trägt, sich selbstständig zu machen – und zwar wieder und wieder. Eine zu leichtfertige Entscheidung kann da sehr schnell nicht nur in einer finanziellen, sondern auch persönlichen Katastrophe enden.« Sie jedenfalls besorgte sich Informationen darüber, welche Kompetenzen und Fähigkeiten frau für eine Unternehmerinnenkarriere so braucht. »Hauptsächlich habe ich mich über das Internet informiert, zum Beispiel auf der IHK-Seite und entsprechenden Portalen. Die dort aufgeführten Selbsttests waren eine gute Möglichkeit, sich mit verschiedenen Situationen (auch unangenehmen) auseinander-

zusetzen. Und um auch für sich zu überlegen: ›Ist es das, was ich will?‹ oder ›Habe ich diese Energie?‹«

Die Geschäftsfrau betrieb den Laden zunächst zusätzlich zu ihrer Ganztagsbeschäftigung bei der Bank. Gründe dafür waren, dass sie das finanzielle Risiko einer Existenzgründung minimieren wollte, sie durch ihr Gehalt die Gründung ohne Bankkredite finanzieren konnte und sich ihr so die Möglichkeit bot, das Unternehmerin-Sein auszuprobieren. Das Geschäft hielt sie nur stundenweise geöffnet und engagierte eine Teilzeitkraft für den Verkauf in den Stunden, in denen sie in der Bank beschäftigt war.

Bei Eröffnung bestand das Angebot fast ausschließlich aus hochwertiger Dauerfloristik sowie Tisch- und Raumdekoration für Feiern aller Art. Im Laufe der Zeit weitete Esther Everding ihr Angebot wegen großer Nachfrage auch nach anderen Wohnaccessoires und Deko-Artikeln auf Handelsware aus. Eine Rolle spielten dabei aber auch die mageren am Standort möglichen Margen auf die eigengefertigten Produkte.

Ziel: Vollzeitunternehmerin im eigenen Geschäftslokal

Ihr Geschäft florierte mehr und mehr, sodass sich die Unternehmerin nach circa 14 Monaten entschloss, ihren Vollzeitjob aufzugeben. Zu ihren Motiven, den Schritt in die Selbstständigkeit zu wagen, sagt sie: »Ich war unzufrieden in meinem Job, er bot mir zu wenig Entfaltungsmöglichkeiten. Außerdem stärkte mich die Selbstbestätigung, die ich in meiner kreativen Nebenbeschäftigung bekommen habe.«

Das Durchsetzungsvermögen, ohne das ein »Laden« nicht läuft, brauchte Esther Everding nicht nur bei Verhandlungen mit Lieferanten, sondern auch zu Hause. Sie zeigte Beharrlichkeit: »Anfänglich war mein Mann wegen des finanziellen Risikos gegen die Selbstständigkeit, allerdings konnte ich diese Zweifel ausräumen.« Jetzt, im August 2008, zieht sie eine erste Bilanz: »Ich habe meine bisherigen Ziele schon erreicht. Ich kann inzwischen vollzeitlich in meinem Laden arbeiten. Und dreijähriges Bestehen zu feiern darf

wohl auch als Erfolg gewertet werden. Langfristig wäre natürlich eine Ertragssteigerung wünschenswert, sodass man etwas mehr für sich selbst übrig hat. Änderungen in der Führung des Geschäfts sind jedoch nicht geplant, da sich der bisherige Ablauf bewährt hat.«

Und das sind die Erfolgsfaktoren: Wie der »Laden läuft«

Wesentlichen Anteil am Erfolg sieht Esther Everding in der Fokussierung auf die Kunden. Dazu gehören mehrere Aspekte:

❑ Das Geschäft für die Kunden interessant machen: Das erreicht die Unternehmerin durch regelmäßiges Umdekorieren der Regale und der Schaufenster und vor allem durch laufende Veränderung der Angebotspalette. Mittlerweile liegt der Anteil der Handelsware bei 90 Prozent. Zu manchen Festtagen bietet sie beim Kauf kostenlose kleine Präsente an, zum Beispiel zum Muttertag. Hin und wieder schaltet sie auch Anzeigen zu besonderen Anlässen: Verkaufsstart der Weihnachtsartikel, Frühjahrsmarkt etc.

❑ Die Persönlichkeit der Kunden respektieren: Dabei helfen Menschenkenntnis und Erfahrung im Umgang mit Kunden. Kompetenzen, welche die Geschäftsfrau durch ihre jahrelange Banktätigkeit erworben hat. Sie sagt: »Das Zuhören ist ein ganz wesentlicher Aspekt meines Erfolgs, und das gleich in zweierlei Hinsicht. Zum einen muss man immer wieder ›zwischen den Zeilen lesen‹, wenn einem die Kunden von ihren Wünschen erzählen. Zum anderen suchen in der heutigen Zeit auch viele Menschen jemanden, der einfach mal ein paar Minuten Zeit für sie hat.«

Um ihr Angebot an den Mann beziehungsweise die Frau zu bringen, ist auch Vorstellungskraft gefragt und sie versteht darunter, »wie zum Beispiel das Wohnzimmer einer Kundin aussehen könnte, um entsprechende Beratung zu leisten«. Außerdem braucht es »eine gewisse ›Coolness‹, um auch bei komplizierteren Kunden

die Ruhe zu bewahren«. Sie weiß: »Ein Kunde, der heute nur ein Teelicht kauft, wird vielleicht morgen die Tischdeko für eine Silberhochzeit bestellen.«

Eine Portion Motivationsfähigkeit und Durchhaltevermögen beim Aufbau sind unerlässlich. Die Unternehmerin: »In der Anfangszeit hat es mich schon sehr verunsichert, wenn Kunden den Laden ohne etwas zu kaufen wieder verlassen haben. Auch Tage mit einem Umsatz von wenigen Euro sind für einen Existenzgründer ein hartes Brot, das kommt zwar auch heute noch vor, aber man gewöhnt sich irgendwie daran. Bisher ging es ja auch immer wieder bergauf.« Mit Zweifeln muss frau leben können: »Das gehört irgendwie dazu. Wer diese Zweifel niemals hat, wird nach meiner Einschätzung eher Schiffbruch erleiden als jemand, der immer wieder kritisch hinterfragt, ob sein Geschäftsmodell erfolgreich ist.«

Und auch Fachkenntnisse dürfen nicht fehlen: Wenn Esther Everding auch ursprünglich nicht aus der Branche kommt, bringt sie dafür durch ihre jahrelange Banktätigkeit gute Voraussetzungen mit: vor allem die kaufmännischen Kenntnisse, ohne die ein Einzelhandelsgeschäft nicht zu führen ist. Kalkulation zum Beispiel ist ein schwieriges Feld und wichtig für den wirtschaftlichen Erfolg.

Tipp   Esther Everding: »Versuchen Sie, wenn möglich, eine Selbstständigkeit auf Probe, das heißt, kündigen Sie nicht übereilt einen Job, verschulden Sie sich nicht unnötig. Eine exklusive Ladenausstattung ist nichts gegen guten Service.«

Cornelia Brucks

»Andere Wege zur Gesundheit«: Stolpersteine auf dem Weg in die Selbstständigkeit

Die Gründung von Cornelia Brucks, Physiotherapeutin und Heilpraktikerin in Frankfurt am Main, steht als Beispiel für die

Strategie »Kaufen statt neu gründen«. Doch ihr erster »Übernahmeversuch« scheiterte an Pech, Pannen und Planungsfehlern. Inzwischen hat es die Mutter einer vierjährigen Tochter geschafft: Sie ist seit 2002 Inhaberin einer Praxis für Physiotherapie mit vier Mitarbeiterinnen und organisiert erfolgreich Selbstständigkeit und Privatleben.

Das Praxismotto »Andere Wege zur Gesundheit – Etwas bewegen – Energie tanken – Zeit für mich« steht dafür, dass es der Physiotherapeutin um mehr geht, als Krankheiten und deren Symptome zu beseitigen oder zu lindern. Die Förderung von Gesundheit und Steigerung der Lebensqualität ihrer Patientinnen und Patienten ist ihr oberstes Ziel. In erster Linie kommen Menschen mit Beschwerden und Erkrankungen in die Praxis. Cornelia Brucks und ihre Mitarbeiterinnen behandeln sie nach einem ganzheitlichen Konzept, indem sie medizinische, psychische und physische, aber auch soziale Aspekte des Patienten berücksichtigen. Ihr Angebot richtet sich auch an Gesunde, die Krankheiten vorbeugen und sich ihre Gesundheit erhalten wollen. Für diese bietet sie auch Präventionsbehandlungen und -therapien an. Dazu haben sie und ihre Mitarbeiterinnen zu den Grundausbildungen jeweilige spezielle Fortbildungen in verschiedenen Therapiemethoden absolviert, die es ihnen ermöglichen, auf ein breites Spektrum von Krankheitsbildern einzugehen und diese zu behandeln. Alternative Heilmethoden runden das Angebot ab.

Voraussetzung: Fachwissen und Branchenkenntnis

Cornelia Brucks hat seit Ende ihrer Ausbildung 1991 fortlaufend in verschiedenen Praxen und Krankenhäusern als Physiotherapeutin gearbeitet, anfangs als Angestellte, später als freie Mitarbeiterin. Seit Beginn ihrer Berufstätigkeit legt sie großen Wert auf Fortbildung – parallel zu ihrer Arbeit –, um fachlich auf dem Laufenden zu bleiben und um ihr Behandlungsspektrum kontinuierlich zu erweitern. Mit einer Zusatzausbildung zur Heilpraktikerin hatte sie zwei Ziele im Auge: zum einen, den Kunden alternative Behandlungs-

methoden anzubieten, und zum anderen, um sich ein Stück weit unabhängiger von den ständigen Gesundheitsreformen zu machen.

Die Hürden auf dem Weg zur eigenen Praxis

Schon länger stand für Cornelia Brucks fest, dass sie eine eigene Praxis führen wollte.

Ihr Wunsch verstärkte sich noch, als 1997 ihr Angestelltenverhältnis gekündigt wurde. Denn sie empfand ihre Kündigung als sehr unfair. »Das will ich nicht mehr mit mir machen lassen«, zog sie für sich die Konsequenz.

An ihrem Beispiel zeigt sich, wie wichtig gründliche Vorbereitung, solide Planung und umfassende Informationsbeschaffung sind. Und Unternehmerinnenpersönlichkeit mit einer geballten Ladung an Selbstvermarktungskompetenz und Durchsetzungsvermögen, um sich und seine Geschäftsidee überzeugend zu verkaufen. Vor allem dann, wenn frau Kredite von der Bank benötigt.

Zwei Jahre später hatte Cornelia Brucks eine Praxis gefunden, die ihr geeignet schien. Sie hatte zwischenzeitlich einen Existenzgründerworkshop bei der IHK besucht und sich im Internet und durch Broschüren »schlaugemacht«. Aber nicht schlau genug: Die Notwendigkeit, der Bank für die Beantragung eines Existenzgründungsdarlehens einen Businessplan vorzulegen, war ihr nicht bewusst. Sie hatte sich auch nicht ausreichend über Fördermöglichkeiten informiert und sich keine Strategien, diese einzufordern, zurechtgelegt. Konsequenz war, dass sie den Banken ihr Vorhaben nicht überzeugend genug verkaufen und sich nicht als kompetente Unternehmerin vorstellen konnte. Dazu unterlief ihr ein gravierender Planungsfehler: Vor lauter Euphorie, dass es mit dem Praxiserwerb schon klappen wird, hatte sie ihren Arbeitsplatz gekündigt – es aber versäumt, vorher einen Vorvertrag mit dem Verkäufer der Praxis zu unterschreiben. Es kam, wie es kommen musste: Genau am Tag ihrer Kündigung trat der Besitzer aus privaten Gründen von seinem Praxisverkaufsangebot zurück. So scheiterte der »Übernahmeversuch« auf ganzer Linie. Sie kommentiert heute: »Super,

da stand ich dann da und war verzweifelt. Mit einem Riesenglück konnte ich zu meiner Arbeitgeberin zurück und hatte zumindest wieder Arbeit.«

Aus der geplatzten Praxisübernahme zog sie Konsequenzen, das sollte ihr nicht noch einmal passieren: Sie wollte sich noch besser informieren und sich beraten lassen. Sie schloss sich einem Unternehmerinnen-Netzwerk an für praktische und mentale Unterstützung. Sie arbeitete an ihrem verkäuferischen Auftreten und ihrer Durchsetzungskraft. Und als sie dann Anfang 2002 erneut auf ein gutes Angebot stieß, gelang es ihr dank ihrer besseren Vorbereitung und eines detaillierten Business- und Finanzplans inklusive Rentabilitätsvorschau und Markteinschätzung, ein Existenzgründungsdarlehen zu erhalten. Und im August 2002 war Cornelia Brucks endlich Inhaberin einer eigenen – seit 15 Jahren bestehenden, gut gehenden – Praxis für Physiotherapie. Sie sagt: »Im Nachhinein bin ich froh, dass es mit der ersten Praxisübernahme nicht geklappt hat, weil die Praxis doch sehr weit weg und sehr klein war. Die jetzige Praxis liegt günstiger und die Räumlichkeiten sind schöner.«

Die Wirtschaftlichkeit sichern: Ein schwieriges Unterfangen dank »Gesundheitsreformen«

Seit Übernahme der Praxis sind die Umsätze nicht in der geplanten Höhe eingetroffen. Der stetige Umsatzrückgang geht nach Meinung der Physiotherapeutin eindeutig auf das Konto der Politik. Sie kommentiert: »Höhen und Tiefen in der Auftragslage gibt es immer, aber durch die Reformen im Gesundheitsbereich, die Budgetierung für die Ärzte gibt es eindeutig einen Rückgang der Verordnungen.« Dazu kommen niedrigere Honorare und höhere Beiträge für die Patienten, die daher auch weniger Behandlungen selbst zahlen können.

So sieht sie, was ihr Metier betrifft, das größte Risiko in der Politik mit den ständigen Gesundheitsreformen. Ihre »Risikovorsorgestrategie«: das Marketingkonzept. Denn im Gesundheitssektor genügt es eben für dauerhaften Erfolg nicht mehr, darauf zu vertrauen, dass schon ausreichend viele Patienten mit ihren Verordnungen von

allein kommen werden. Gefragt sind Konzepte zur »Patientenbindung«, Akquise neuer Patienten und von Selbstzahlern, die etwas für ihre Gesundheit tun wollen und an Wellnessangeboten interessiert sind. Das Marketingkonzept muss wie von jeder anderen Unternehmerin auch ständig überprüft und an Kunden- beziehungsweise Patientenwünsche angepasst werden. Die Strategie von Cornelia Brucks: Sich von anderen Praxen abheben, die »Abhebungsmerkmale« verstärken und dadurch versuchen, die Kunden an ihre Praxis zu binden. Die Physiotherapeutin ist ständig bemüht, ihre Leistungsangebote für ihre vorhandenen Kunden zu erweitern und zu verbessern und sich neue Kundenkreise zu erschließen, vor allem Selbstzahler. Durch stetige Fortbildungen für sich selbst und ihre Mitarbeiterinnen gelingt es ihr, immer wieder neue Therapie- und Behandlungsmethoden anzubieten. Für die Zukunft plant sie, auch außerhalb ihrer Praxis in Unternehmen ihre Gesundheitsdienstleistungen anzubieten. Im »Wohlfühlfaktor«, einem angenehmen Ambiente in der Praxis, sieht Cornelia Brucks ein weiteres wichtiges Instrument. Als neue Marketingmaßnahme ist seit Kurzem eine eigene Internetpräsenz der Praxis im Netz.

Unterstützung durch den Partner – und verständnisvolle Patienten

Cornelia Brucks' Beispiel zeigt auch, dass Selbstständigkeit mit Familie ohne Unterstützung von verschiedenen Seiten nicht funktioniert. Ihr berufstätiger Partner macht nicht nur bei der Kinderbetreuung mit, sondern ist auch »Hauswart« in der Praxis. Die Physiotherapeutin stellt fest: »Ohne Hilfe meines Mannes wäre es nicht machbar. Glücklicherweise habe ich in ihm eine große Hilfe. Sei es, dass er die Kinderbetreuung übernimmt, wenn ich abends arbeite, oder aber auch sämtliche ›Hausmeistertätigkeiten‹ der Praxis übernimmt – Renovierungsarbeiten, kleinere Reparaturen – und den PC am Laufen hält, was sicher nicht immer einfach ist bei fünf computertechnisch unbegabten Frauen. Wobei das Organisatorische und die Hausarbeit zu 80 Prozent in meinem Aufgabenbereich liegt.« Bei der Praxisgründung konnte sie auch auf die Unterstützung ihrer

inzwischen verstorbenen Mutter zählen. Von Zeit zu Zeit engagiert die Unternehmerin auch einen Babysitter oder die Patienten springen ein. Sie erzählt: »Manchmal nehme ich meine Tochter auch mit zu den Behandlungen, was sie sehr gut toleriert und für die Patienten eine willkommene Abwechslung ist. Bei einem meiner Hausbesuchspatienten kümmert sich dann dessen Frau ganz liebevoll um meine Tochter, während ich den Mann betreue.«

Entscheidung für die Selbstständigkeit: »Ende gut, alles gut«

Cornelia Brucks sieht ihre Ziele jetzt erreicht: »Mein Ziel war und ist es, Beruf und Familie miteinander zu verbinden. Es ist oft ein Balanceakt, nicht immer so einfach, wie es nach außen scheint, aber durchaus machbar. Und da ich mir meine Zeit relativ gut einteilen kann und meine Büroarbeiten auch abends erledigen kann, ist dieser Job sehr geeignet dafür.«

 Cornelia Brucks: »Wenn Selbstständigkeit wirklich Ihr tiefster Wunsch ist, lassen Sie sich von nichts und niemandem aufhalten oder kleinmachen, glauben Sie an sich!«

Kerstin Zahrndt

Coaching von Selbstständigen statt »Couching« im Vorruhestand

Mit »50plus« in den Vorruhevorstand? Keine Perspektive für Kerstin Zahrndt, die andere Ziele hatte, als sie arbeitslos wurde. Sie baute mit Kreativität, Zähigkeit und Weitblick aus dem Stand ein Dienstleistungsunternehmen (Bürochaos ade!, Karlsruhe) mit bundesweit gefragtem Know-how auf.

Kerstin Zahrndt ist es gelungen, sich seit ihrer Gründung 2001 als Expertin für Büroorganisation und Kundenmarketing – hier mit den Schwerpunkten Kundenakquise und Kundenzufriedenheit – zu

etablieren. Ihre Kunden – Firmen, Anwaltskanzleien, Arztpraxen und auch Privatpersonen – unterstützt sie in diesen Geschäftsfeldern regional und bundesweit, je nach Bedarf, mit Beratungen, Seminaren, Schulungen und Coachings. Für den von ihr 2003 gegründeten Berufsverband für Bürodienstleister BooND e.V. führt sie Seminare für Existenzgründerinnen und Existenzgründer durch. Dort vermittelt sie, wie man sich in Nischenmärkten nachhaltig erfolgreich positioniert.

Wie Kerstin Zahrndt auf ihre Geschäftsidee stieß ...

Kerstin Zahrndt hat sich ein völlig anderes Betätigungsfeld ausgesucht als in ihrem früheren Angestelltendasein. Die Erfahrungen aus dieser Zeit kamen ihr dabei sehr zugute. Die alleinstehende Unternehmerin war 20 Jahre lang als Pharmareferentin tätig, danach fünf Jahre als Marketingleiterin in einer EDV-Firma.
Mit über 50 Jahren wurde sie arbeitslos. Für das Arbeitsamt hieß die Lösung »Vorruhestand«. Das passte allerdings nicht zur Lebensperspektive der umtriebigen Geschäftsfrau und sie beschloss, sich selbstständig und »etwas Eigenes« zu machen. Auf der Suche nach einer Geschäftsidee kam ihr der Zufall in Gestalt von Freunden zu Hilfe, die sie baten, ihr total chaotisches Büro zu organisieren. Sie erzählt: »Ich nahm diese Herausforderung an und stellte fest, dass ich das Talent besitze, blitzschnell Struktur ins Chaos zu bringen. Und das machte mir auch noch riesig Spaß.«
Die Idee für »Bürochaos ade!«, das Ein-Frau-Unternehmen, war geboren.

... zu ihren ersten Kunden kam ...

»Büroorganisation und Büromanagement« hieß ihr anfängliches Konzept. Ihre ersten unternehmerischen Schritte machte sie als professionelle »Aufräumexpertin« direkt vor Ort bei den Kunden, die sie über Empfehlungen und Unternehmerinnen-Netzwerke bekam. Schon nach kurzer Zeit erhielt sie Anfragen von Privatpersonen nach Schulungen und Seminaren. Schnell reagierte sie und

entwickelte Konzepte für entsprechende Angebote. Coachings für Existenzgründerinnen und Existenzgründer ergaben sich aus ihrer Tätigkeit im Berufsverband. Vorteilhaft für sie ist, dass die Kosten für solche Coachings inzwischen immer häufiger von den regionalen Agenturen für Arbeit übernommen werden.

... und ihre geschäftlichen Aktivitäten weiter ausbaute

In ihrer Arbeit mit den Existenzgründern fiel ihr auf, dass diesen oft genug nicht nur Grundkenntnisse in Büroorganisation, sondern auch Erfahrung im Umgang mit Kunden am Telefon fehlten. Sie erkannte den Bedarf insbesondere bei Kaltakquise und im Beschwerdemanagement und kam auf die Idee, entsprechende Schulungen zu entwickeln – die inzwischen von den unterschiedlichsten Firmen für ihre Mitarbeiter gebucht werden. So konnte die Unternehmerin dank Kreativität und Weitsicht ihr zweites Standbein »Kundenakquise und Kundenzufriedenheit« einführen. Ihre Geschäftsfelder baute Kerstin Zahrndt durch Akquisition neuer Kundengruppen weiter aus. Dazu präsentierte sie sich bei Existenzgründertagen, auf Messen und auf Kooperationsbörsen. Jetzt schult sie auch in Anwaltskanzleien und Arztpraxen das Personal sowohl in Büroorganisation als auch im freundlichen und professionellen Umgang mit Kunden an Telefon und Empfang. Und manchmal auch die Chefs in Schreibtischmanagement und in der Disziplin des effektiven Telefonierens.

Erfolgsfaktoren: Gründliche Vorbereitung, Weiterbildung und Netzwerkkontakte

Kerstin Zahrndt hat sich intensiv auf ihre Selbstständigkeit vorbereitet. Dafür investierte sie mehr als ein Jahr Zeit. Sie besuchte selbst Seminare und Schulungen und sagt: »Ich habe mir dann aber meinen eigenen Weg ausgearbeitet und den bin ich konsequent gegangen.« Auch jetzt noch bildet sich die Geschäftsfrau intensiv weiter, je nach Bedarf durch Lektüre von Fachbüchern oder in Lehrgängen.

Die gründliche Vorbereitung ist sicher ein Grund, dass sie ihre Ziele weitgehend erreicht hat. Wenn in ihrer Gründungsphase doch Schwierigkeiten auftraten, haben sich immer ihre Netzwerkkontakte bewährt, so auch bei dem Versuch, Geld von den Banken für die Gründung zu bekommen. Sie hält Netzwerke für »unabdingbar wichtig für jede Existenzgründerin«.

Persönliches Rüstzeug für Unternehmerinnen

Schwierigkeiten zu meistern verdankt Kerstin Zahrndt auch ihrer Zähigkeit und ihrem Kampfgeist. Und sie sagt von sich, dass sie bei ihrer unternehmerischen Tätigkeit von der »Fähigkeit, querzudenken und über den eigenen Tellerrand hinauszuschauen«, sehr profitiert habe. Dazu kennzeichnen sie Energie, Freundlichkeit und die Fähigkeit, gut auf Menschen zuzugehen. Diese Eigenschaften helfen ihr auch bei Auftragsflauten weiter.

Kerstin Zahrndt: »Nehmen Sie sich die ›Strategien für gewiefte Gründerinnen‹ zu Herzen. Und gründen Sie nur, wenn Sie sich sicher sind, dass Sie das auch umsetzen können. Selbstständigkeit verlangt jeder Unternehmerin eine Menge ab. Da braucht es die Fähigkeit, Frustrationen in neue Kraft umzuwandeln und Kampfgeist zu entwickeln. Unsicherheit ist hier tödlich. Wenn Sie sich nicht sicher fühlen, investieren Sie in ein Selbstbewusstseinscoaching, das ist gut angelegtes Geld. Nicht nur für Gründerinnen.«

Was heißt denn hier »Erfolg«?

Sehr geehrte Leserin,
das Porträt einer »Unternehmerin des Jahres« suchen Sie in diesem Buch vergeblich.

Was die Unternehmerinnen des Jahres oder andere mit Preisen dekorierte Unternehmerinnen unter Erfolg verstehen, ist der Autorin nicht bekannt.

Hier geht es jedenfalls nicht um den Erfolg, wie er in der – größtenteils immer noch männlich geprägten – Wirtschaft, in Statistiken und Magazinen standardmäßig definiert wird, zählbar, messbar, sichtbar: Umsätze mindestens in Millionenhöhe, dicke Gewinne, mehrere hundert Mitarbeiter und repräsentative Bürogebäude.

Selbstbewusste Frauen, zumindest die meisten von ihnen, orientieren sich nicht an vorgegebenen Größen oder Normen, sondern an ihren eigenen Erfolgsmaßstäben. Sie wissen, der Erfolgsbegriff ist subjektiv definiert. Sie machen Erfolg nicht an Äußerlichkeiten fest, für sie sind auch innere Werte wichtig. Sie denken »ganzheitlich«. Sie stehen couragiert im Beruf und im Leben ihre »Frau« und bestimmen mit Überzeugung selbst, ob und wann sie Erfolg haben, beruflich wie privat.

Wie die »beispielhaften« Unternehmerinnen Erfolg definieren? Vielleicht finden Sie sich hier wieder. Oder Sie haben Ihre ganz eigenen Kriterien gefunden, entsprechend Ihren – persönlichen und beruflichen – Zielen.

Béatrice Hecht

»Erfolg ist für mich,

❑ dass ich seit so vielen Jahren interkulturell sehr erfolgreich unterwegs bin, und zwar als Autorin und Trainerin,
❑ dass ich durch meine Bücher und Artikel, Interviews und durch die Mundpropaganda empfohlen werde und sehr viel zu tun habe, ohne weitere Akquise tätigen zu müssen,

- dass ich viele meiner Begabungen und Interessen beruflich nutzen kann,
- dass ich mein Hobby – die Neugierde für andere Länder, andere Sitten – zu meinem Beruf machen konnte,
- dass ich meine Berufstätigkeit von rund 60 Stunden die Woche mit meinem Privatleben mal mehr, mal weniger, aber doch verbinden konnte.«

Kirsten Hüttner

»Ein erfolgreiches Jahr ist für mich:

- ein positives Geschäftsergebnis mit gutem Verdienst, der adäquat ist für meinen Arbeitseinsatz
- mindestens ›gut‹ erledigte Aufgaben, die meine Auftraggeber zufriedenstellen und an denen ich im Idealfall auch Neues gelernt habe
- die Freiheit, Aufträge abzulehnen, die nicht interessant sind oder meiner persönlichen Moral widersprechen.«

Gabriele Engelmann

»Erfolg heißt für mich, dass ich von meinen Honoraren einigermaßen gut leben kann und dass ich es auch noch schaffe, etwas für die Rente zurückzulegen. Erfolg sind aber auch zufriedene Kunden, die mich weiterempfehlen.«

Marion Wögler

»Erfolg bedeutet für mich, mit meiner Tätigkeit mir und meiner Familie ein gutes Auskommen zu sichern und mein Geschäft auf eine solide Grundlage zu stellen. Schließlich möchte ich bis zur Rente davon leben können und danach auch noch genug zum Leben, eventuell sogar genug zum Reisen, haben.«

Esther Everding

»Den ›Erfolg‹ gibt es eigentlich nicht. Man sollte sich am Anfang kleine Ziele setzen, die leichter zu verwirklichen sind, sodass sich das subjektive Gefühl des Erfolgs auch tatsächlich einstellen kann. Dabei sollte sich Erfolg nicht nur über den finanziellen Aspekt definieren. Für mich ist Erfolg zum Beispiel auch, wenn ich meinen Warenbestand gut kalkuliert habe, was insbesondere bei Saisonware nicht zu unterschätzen ist. Ein großer Erfolg und eine Bestätigung für mich ist auch, wenn die Kunden zufrieden sind und ich positives Feedback bekomme.«

Cornelia Brucks

»Erfolg bedeutet für mich, Berufs- und Privatleben gut miteinander zu vereinen und zufrieden zu sein.«

Kerstin Zahrndt

»Mein Ziel ist, Erfolg zu haben. Erfolg ist etwas Wunderbares, Berauschendes – und wenn man nicht aufpasst, fast eine Droge.«

2 Abwägen von Pro und Kontra

»Für seine Handlungen sich allein verantwortlich fühlen
und allein ihre Folgen, auch die schwersten tragen,
das macht die Persönlichkeit aus.«
Ricarda Huch, deutsche Historikerin und Schriftstellerin, 1864-1947

Lust auf eine Karriere als Unternehmerin? Hat die Begeisterung Sie gepackt beim Lesen der Erfolgsstorys? Vielleicht haben Sie schon eine einfallsreiche Geschäftsidee und stehen jetzt erwartungsvoll in den Startlöchern mit vielen Fragen:

- ❏ Wie Sie eine Gründung angehen
- ❏ Woher Sie Kunden oder Aufträge bekommen
- ❏ Welche Behördengänge Sie erledigen müssen
- ❏ Wo Sie Beratung finden
- ❏ Wie Sie einen Kredit bei einer Bank beantragen
- ❏ Welche Steuern Sie als Unternehmerin zahlen müssen
- ❏ und, und, und …

Die Botschaften der Erfolgsladys

Wenn Sie dieses Buch gelesen haben, werden Sie über die einzelnen Stationen Ihres »Gründungsfahrplans« Bescheid wissen, versprochen. Aber bevor Sie als zielstrebige Frau an den Start für Ihr eigenes erfolgreiches Unternehmen gehen, sollten Sie einige wichtige Botschaften der »Erfolgsladys« beherzigen.

Auf die Geschäftsidee kommt es an

Die Geschäftsidee auf Markt- und Tragfähigkeit testen

Ganz entscheidend für eine erfolgreiche Selbstständigkeit ist die Geschäftsidee, konkretisiert in einem gut durchdachten Konzept. Gibt es einen Marktplatz, auf dem Sie Ihr Produkt/Ihre Dienstleistung verkaufen können? Testen Sie eingehend die Erfolgsaussichten, wägen Sie Chancen und Risiken Ihres Geschäftsmodells ab. Denn was bringt Ihnen die originellste Geschäftsidee, wenn Sie keine Käuferinnen und Käufer für Ihr Produkt/Ihre Dienstleistung finden? Oder wenn sich das Geschäftsmodell nicht rechnet, das heißt wirtschaftlich nicht tragfähig ist? – Dies ist eine der wichtigsten Botschaften der Erfolgsstorys.

Gründliche Vorbereitung muss sein

Eine andere wichtige Botschaft: Damit der Start gelingt, ist eine gründliche Vorbereitung unerlässlich. Eine wesentliche Vorarbeit ist die mentale Vorbereitung: Selbstständigsein – kann ich das? Will ich das? Besitze ich genügend Mut zum Risiko? Wie ist die familiäre Situation, zieht die Familie mit? Wie sieht es mit meinen Finanzen aus, kann ich Eigenkapital aufbringen? Je früher Sie hier Pro und Kontra abwägen, desto eher vermeiden Sie ein vorzeitiges Scheitern und unnötigen Aufwand an Zeit, Energie und Geld.

Ohne Zeitdruck planen

Die eigentliche Gründung sollten Sie dann umsichtig und ohne Zeitdruck planen, um vermeidbare Fehlerquellen auszuschalten.

Informieren Sie sich genau über die einzelnen Schritte der eigentlichen Planung, den Markt, in den Sie einsteigen wollen, die fachlichen Voraussetzungen, den rechtlichen Rahmen, notwendige Genehmigungen. Auch wenn Sie ein unerwartetes Angebot erhalten, reagieren Sie nicht übereilt.

Unterschätzen Sie auch nicht die Vorlaufzeiten von der Ausarbeitung des Geschäftskonzepts bis zum Einstieg in den Markt. Sonst kann es unter Umständen passieren, dass Ihnen die Puste ausgeht – persönlich und finanziell. Und das wäre das vorzeitige Aus!

Wenn Sie bei der Vorbereitung nachlässig sind, ist die Gefahr eines Fehlschlags höher, der ohnehin mit einer Gründung verbunden ist.

Es gibt kein Patentrezept

Und eine weitere Botschaft: Es gibt kein Patentrezept für eine erfolgreiche Unternehmerinnenkarriere! Ideenreiche Gründerinnen suchen sich ihren persönlichen Weg in die Selbstständigkeit, so wie die Erfolgsladys das im ersten Kapitel vormachen: Jede der erfolgreichen Unternehmerinnen entwickelte und verfolgte ihr eigenes Erfolgsrezept mit ihren individuellen »Zutaten«. In jedem Fall braucht es Expertise und Erfahrungen. Die einen nutzen ihre Fachkenntnisse aus ihrer früheren Ausbildung oder Berufstätigkeit für ihr eigenes Business, andere bauen auf Berufs- oder Lebenserfahrung oder nutzen sogar ihre Hobbys.

Findige Unternehmerinnen schöpfen aus ihrem persönlichen Potenzial an Begabungen, Kompetenzen und Talenten, konzentrieren sich auf ihre Stärken. Sie konzipieren ihren eigenen Strategiemix, um sich einen Markt für ihr Produkt oder ihre Dienstleistung zu erobern und zu sichern. Diese individuellen Geschäftskonzepte wirken dann nach außen und tragen zur Unverwechselbarkeit, Einzigartigkeit und Authentizität der Unternehmerin bei.

Eigenen Strategiemix konzipieren

Bei allen unterschiedlichen Wegen, die zum Ziel führen können, gibt es ein Charakteristikum, das auf alle Unternehmerinnen in gleicher Weise zutrifft – und das ist die wichtigste Botschaft: Um den Sprung in die Selbstständigkeit zu wagen, muss frau das gewisse unternehmerische Etwas besitzen – »Unternehmerinnengeist«. Eine starke innere Motivation, die Antriebskräfte auslöst und pure Umsetzungsenergie freisetzt.

Kommentare der Erfolgsladys:

❑ Béatrice Hecht-El Minshawi, die von allen Erfolgsfrauen am längsten selbstständig ist: »Ich vermute, dass sich Personen, die ausgeprägt unternehmerisch veranlagt sind, eher nicht zu

einem Angestelltendasein eignen. Ich zumindest wäre mit all meinen sprudelnden Ideen eingegangen.«

❑ Die Physiotherapeutin Cornelia Brucks zu ihren Motiven, sich selbstständig zu machen: »Der Wunsch, möglichst unabhängig zu sein und etwas Eigenes zu haben, meine Ideen verwirklichen zu können, niemandem Rechenschaft ablegen zu müssen. Eigene Entscheidungen zu treffen, was ich mache und wie ich meine Arbeitszeit einteile.«

❑ Kerstin Zahrndt sagt dazu: »Ich wollte etwas Eigenes machen und habe keinen Moment daran gezweifelt, dass ich das auch kann.«

Kurz gesagt: Die selbstbewusste Frau will ihre eigene »Herrin« sein. Über ihr thront vielleicht der liebe Gott, aber auf keinen Fall ein Chef oder eine Chefin. Sie spürt den Drang, ihr Leben eigenverantwortlich in die Hand zu nehmen und ihre Talente ungehindert zu entfalten, ihre Zukunft selbst zu gestalten mit allen Konsequenzen – ohne Wenn und Aber.

Die Erfolgsladys sind das beste Beispiel: Um als Unternehmerin erfolgreich zu sein, kommt es in erster Linie auf die Persönlichkeit an. Sie selbst, die kluge, selbstbewusste Frau, sind der Schlüssel zum Erfolg, Sie selbst sind Ihr wichtigstes und wertvollstes Startkapital!

Martina Sancar bringt es auf den Punkt: »Ich denke, dass der Wille zum Erfolg oder besser der unbedingte Wille, die Situation zu ändern, ausschlaggebend ist.«

Der Wille zum Erfolg

> »Ich will! Das Wort ist mächtig, Spricht's einer ernst und still;
> die Sterne reißt's vom Himmel, das eine Wort: Ich will!«
> *Friedrich Halm, österreichischer Dichter, 1806-1871*

Bevor sie also zur Tat schreitet und sich an die Realisierung ihrer Geschäftsidee macht, fragt sich die souveräne Frau offen und ehrlich, kritisch und realistisch: Habe ich auch die richtige Eintritts-

karte? Denn sie weiß: Am Anfang ist das Wort, dann erst folgt die Tat. Das Wort Wille steht am Anfang jeder Existenzgründung. Und W I L L E bedeutet in all seinen Facetten:

W Selbstständigkeit als der eigene berufliche *Weg* zum persönlichen Erfolg: der ausgeprägte Wunsch, etwas zu bewegen, das Unternehmerin-Dasein als die berufliche Welt der selbstbewussten Frau, die sagt: Ich weiß, was ich will und wohin ich will!

I Selbstständigkeit als Wunsch aus dem tiefen Inneren heraus, als *innere Einstellung*: Eigenmotivierte Gründerinnen spüren einen starken Drang nach persönlicher und unternehmerischer Unabhängigkeit. Sie wollen ihr Leben in die eigene Hand nehmen, ohne sich dabei von anderen zu etwas überreden oder drängen zu lassen. Sie besitzen ein schier unerschöpfliches Energiereservoir.

L *Leidenschaft* für das Business als Voraussetzung für die Selbstständigkeit: Um sich und die Geschäftsidee verkaufen zu können, sind Leidenschaft, Begeisterung und Enthusiasmus nötig. Wenn Sie mit Feuer und Flamme hinter Ihrem Vorhaben stehen, kommen Sie glaubwürdiger bei Ihren Kunden, Mitarbeitern und Geschäftspartnern an. Wenn Sie Euphorie und Engagement zeigen, steigen die Chancen, dem Banker Ihren Businessplan zu verkaufen. So überzeugen Sie, dass Sie das Zeug zur Unternehmerin besitzen. Mit »Lust auf Neues« entdecken Sie Marktlücken, überhaupt Geschäftschancen.

L Selbstständigkeit als *Lebensperspektive* betrachten: Der Schritt in die Selbstständigkeit verändert Ihre Lebensumstände. Er betrifft nicht nur Ihre berufliche Existenz, er fordert Ihre ganze Person – und betrifft nicht nur Sie selbst, sondern auch Ihr Umfeld, besonders Ihre Familie. Eine Unternehmerin muss selbst für ihre Arbeit und ihr Einkommen sorgen, das bedeutet: mehr Arbeit, weniger Freizeit, unregelmäßige Einnahmen, weniger Privatleben. Unternehmerin zu sein endet nicht an der Haustür.

> **E** Eine bewusste *Entscheidung* für die Selbstständigkeit treffen: Gründerinnen müssen voll und ganz hinter ihrer Geschäftsidee und ihrem Vorhaben stehen. Dazu heißt es, das Pro und Kontra abzuwägen, die eigenen Stärken und Schwächen zu erkennen, Risiken und Chancen des Geschäftskonzepts einzuschätzen und den richtigen Zeitpunkt für die Gründung zu wählen.

Viel Stehvermögen ist in der Startphase nötig

Der Wille zum Erfolg bildet Ihr emotionales und mentales Fundament, auf dem Ihr Unternehmerdasein aufbaut. Ihre innere Stärke ist Ihr Reservoir, aus dem Sie Kraft und immer wieder neue Energien schöpfen, um die Herausforderungen auf Dauer zu bewältigen, um Schwierigkeiten zu meistern, Widerständen zu trotzen, um Wachstum zu erzielen – unternehmerisch und persönlich. Besonders in der Startphase brauchen Sie Stehvermögen. Denn ohne Willensstärke fällt bei Rückschlägen und Enttäuschungen Ihre zündende Idee in sich zusammen und bleibt ein Strohfeuer.

Dazu sagt die Erfolgslady Cornelia Brucks: »Sicherlich hatte ich zwischendurch mal Zweifel, ob und wie ich das schaffe, aber die positiven Gedanken waren immer noch stärker.«

Startkapital – Erfolgsfaktoren einer Gründung

Neben der Schlüsselkompetenz, Ihrem Willen zum Erfolg, müssen Sie weiteres persönliches Startkapital einsetzen: unternehmerische Eigenschaften, unternehmerisches Know-how sowie Fach- und Branchenkenntnisse.

Sie brauchen auch Ihre Familie als Startkapital. Aber nur wenn Sie selbst von Ihrem Gründungsvorhaben überzeugt sind, wird es Ihnen gelingen, Ihre Familie zur Unterstützung zu gewinnen und für Ihr Existenzgründungsprojekt zu begeistern oder zumindest Akzeptanz dafür einzufordern. Ideal ist, wenn Sie auch auf andere Helfer zählen können: Angehörige, Freunde und Netzwerke.

Ohne finanzielles Startkapital funktioniert eine Gründung in der Regel auch nicht. So paradox das klingen mag: Bevor Sie mit Ihrer Selbstständigkeit Geld verdienen, müssen Sie erst einmal Geld investieren.

Warum wollen Sie Unternehmerin werden?

Die wichtigste Botschaft der Erfolgstorys war: Ohne den festen Willen, ohne die starke Antriebskraft, das Leben in die eigene Hand zu nehmen, wird das Projekt Existenzgründung nicht gelingen. Diese Grundmotivation kennzeichnet alle Erfolgsfrauen. Ihre Motive sind dabei unterschiedlich, warum sie eine eigene Existenz gegründet haben, welches der unmittelbare Anlass war, die Gründung zu einem bestimmten Zeitpunkt in die Tat umzusetzen.

So zum Beispiel Béatrice Hecht-El Minshawi, die von einem ausgeprägten Unternehmerinnengeist motiviert war. Ihre Kreativität und Kompetenz für sich zu nutzen war ihr wichtig. Zu ihrem Gründungsentschluss sagt sie: »Nach einer kurzen Anstellung als Referentin für Internationales im öffentlichen Dienst war mir klar geworden, dass ich meine Fachkompetenz und internationalen Erfahrungen mit Kreativität und Disziplin auch allein auf dem Markt verkaufen kann und mich nicht hinter dem Namen des Vorgesetzten verstecken muss.«

Anders die Motive der PR-Frau Gabriele Engelmann. Sie empfand ihre berufliche Situation als unbefriedigend. Gabriele Engelmann: »Ich sah keine Veränderungs- und Aufstiegsmöglichkeiten bei meiner damaligen Stelle, aber auch keine Aussicht, in meinem damaligen Alter nochmals eine neue Stelle zu finden, die mir zusagen würde.«

Eine frustrierende berufliche Situation ist für viele Gründerinnen Anlass, über berufliche Selbstständigkeit, ein eigenes Unternehmen nachzudenken. Vielleicht weil sie an die sogenannte gläserne Decke stoßen, permanent Ärger mit den Kollegen haben, keine Anerkennung für ihre Arbeit und ihr Engagement erfahren. Doch Vorsicht, hinter diesem Motiv verbirgt sich eine Falle!

Kritische Selbstprüfung ist unerlässlich

Existenzgründung als Flucht vor einem unbefriedigenden Arbeitsplatz trägt die Gefahr des Scheiterns in sich. Selbstständigkeit ist hier Ausweg und nicht der bewusst gewählte Weg hin zu einem selbstbestimmten, unabhängigen Leben, unternehmerischer und persönlicher Freiheit. Es fehlt das Ziel. Nur eine zielgerichtete, gut fundierte Veränderung der Lebensperspektive stellt ein tragfähiges Motiv dar und bringt Sie weiter. Sonst bewegen Sie sich wie auf einem Fahrrad, bei dem sich die Pedale im Leerlauf drehen; das heißt, Sie treten auf der Stelle. Und das ist nicht die Sache von couragierten, selbstbewussten Frauen!

Ich bin bereit, überall hinzugehen, wenn es nur vorwärts ist.
David Livingstone

Die Motive, der Antrieb, der das Fahrrad von Gabriele Engelmann ins Laufen brachte, war: »Ich stand kurz vor meinem 50. Geburtstag und sah es als die letzte Chance, noch eine selbstständige Existenz aufzubauen. Ich war überzeugt, dass ich es auf jeden Fall besser machen würde als mein damaliger Arbeitgeber.«

Und Marion Wögler: »Ich wollte selbstverantwortlich mit Kunden verhandeln, meine Ideen und Überzeugungen persönlich vertreten.«

Also bei beiden Unternehmerinnen war das entscheidende Motiv: Raus aus dem Angestelltendasein, rein in die unternehmerische Freiheit!

Bei vielen Gründerinnen reift der Wunsch, ein eigenes Unternehmen aufzubauen, lange vor dem eigentlichen Start heran. Um den Wunsch dann in die Tat umzusetzen, braucht es oft einen Anstoß von außen, wie bei Gabriele Engelmann der bevorstehende 50. Geburtstag. Oder wie bei Esther Everding: Ihre Nebenerwerbsgründung lief erfolgreich, sie hatte sich schon vorher mit der Idee der Selbstständigkeit auseinandergesetzt, die Perspektiven an ihrem Arbeitsplatz waren für sie nicht begeisternd – und als ihr ein Ladenlokal angeboten wurde, ergriff sie die Chance.

Oder Kirsten Hüttner, die ihre Motive so beschreibt: Sie stand plötzlich ohne Festanstellung da nach ihrer Tätigkeit als Ge-

schäftsführerin. Die Arbeitslosigkeit war Anlass für sie, ihre Lebensperspektive zu reflektieren. Denn nach den Erfahrungen im Elternhaus war ein eigenes Unternehmen eigentlich kein Thema für sie: »Ich wollte keine großen Kompromisse machen bei einem neuen Arbeitsverhältnis, sondern weiterhin auch frei wirken können und mich voll einbringen.«

Gründungen aus der Arbeitslosigkeit können aus den gleichen falschen Antriebskräften gestartet werden wie Gründungen aufgrund unbefriedigender Arbeitsplatzbedingungen. Unter diesen Umständen räumen manche Expertinnen und Beratungsstellen der Existenzgründung keine großen Erfolgsaussichten ein – mit der Begründung: Es handelt sich um eine »Gründung aus einer Notlage heraus«, ohne wirkliche Motivation, ohne festen Willen zum Erfolg. Wenn Gründerinnen sich in dieser Situation nicht fragen, ob die Selbstständigkeit sie ihren Zielen näher bringt, droht früher oder später das Aus.

Aber mutige Frauen, wie zum Beispiel die Erfolgslady Kerstin Zahrndt, wollen ihre Ziele verwirklichen und nutzen beherzt die Chance. So entschied sich Kerstin Zahrndt bewusst gegen den Vorruhestand und wollte dafür »etwas Eigenes machen«.
Die kluge Frau wagt den Schritt in die Selbstständigkeit, weil sie erkennt, dass es der richtige Weg für sie ist, und nicht aus Frustration, Ärger, Enttäuschung oder Angst. Sie hinterfragt kritisch ihre Beweggründe und geht auf Spurensuche nach ihren Motiven:

❑ Woher kommt mein Wunsch nach Selbstständigkeit?
❑ Kann ich mit der Selbstständigkeit meine Ziele erreichen?

Sie analysiert, reflektiert selbstkritisch, realistisch und mit einer Portion Skepsis ihre Situation.
Eine kritische Bestandsaufnahme könnte beispielsweise sein: Ihre Karriere tritt auf der Stelle, Sie kommen beruflich nicht voran.

Wagen statt klagen

Wer hohe Türme bauen will, muss lange beim Fundament verweilen.
Anton Bruckner

Vielleicht liegt es daran, dass Sie Ihre Interessen nicht energisch genug vertreten? Dann wäre vielleicht der bessere Weg, Ihr Durchsetzungsvermögen und Ihre Selbstsicherheit zu trainieren. Denn ohne diese Kompetenzen können Sie auch unternehmerisch nicht erfolgreich sein. Oder es fehlen Kenntnisse und Kompetenzen, um mit einer anderen Aufgabe betraut zu werden. Dann könnte eine Lösung sein, sich zu qualifizieren oder einen anderen Arbeitsplatz zu suchen. Weiterbildung, Umschulung, Training der eigenen Fähigkeiten wären auch bei Arbeitslosigkeit eine Alternative.

Weitere kritische Fragen sind: Wollen Sie nach der Familienpause wieder »unter die Leute«? Eine sinnvolle Aufgabe? Mehr Kontakte? Ihre Gründungsmotive müssen so intensiv sein, dass sie eine starke Umsetzungsdynamik entfalten und solche Zielerreichungsenergien freisetzen, dass Ihre Begeisterung von Dauer ist, Sie Schwierigkeiten meistern und nicht auf halbem Wege stehen bleiben.

Diese Überlegungen gelten auch für Frauen, die sich im Nebenerwerb oder in Teilzeit selbstständig machen. Auch sie brauchen für ihre vielen verschiedenen Tätigkeiten eine starke Eigenmotivation, damit sie ihre Ziele erreichen, die unternehmerischen wie privaten.

Ein realistisches Bild vom Unternehmerinnenalltag machen

Stellen Sie sich auch kritisch den Fragen: Was kommt eigentlich auf mich zu als Unternehmerin? Wie sieht der unternehmerische Alltag aus? – Bevor Sie sich entscheiden, machen Sie sich ein Bild und schätzen Sie ein, ob das wirklich Ihr Weg ist. Ob Ihre Motivation stark genug ist, ein solches Leben zu führen. Ob der »Arbeitsplatz Unternehmerin« Sie reizt. Oder anders ausgedrückt: Wie hoch ist der Preis für die unternehmerische Freiheit und Unabhängigkeit?

Live-Impressionen vom Arbeitsplatz der Unternehmerin

Ein Duft von Freiheit und Abenteuer?

Seine Ideen verwirklichen, unabhängig sein, seine Kompetenzen und Talente für sich selbst nutzen, etwas Eigenes zu haben – das klingt verlockend, nach großer Freiheit und ein wenig Abenteuer.

Das mögen selbstbewusste, energische Frauen! Und solche Frauen sind auch klug. Sie wissen: Jede Medaille hat zwei Seiten. Für die eine Freiheit muss frau eine andere aufgeben. Und für das Abenteuer auf ein Stück Sicherheit verzichten. Das gilt auch für mutige Frauen, die den Schritt in die Selbstständigkeit wagen.

Der »Preis« der unternehmerischen Freiheit

Ihre Kreativität und Kompetenz, auch allein auf dem Markt zu verkaufen und sich nicht hinter dem Namen des Vorgesetzten zu verstecken, »erkauft« sich Béatrice Hecht-El Minshawi mit Arbeitszeiten von rund 60 Stunden die Woche.
Der Preis für die unternehmerische Freiheit von Cornelia Brucks besteht darin: »Als Selbstständige und Mutter kann/darf frau nicht krank werden. Denn dann kann mich keiner vertreten bei den Patienten, da ich zum Teil sehr spezielle Techniken anwende oder aber Hausbesuche hier in meinem Wohnortbereich vornehme.«
Die freien Entfaltungsmöglichkeiten, die Esther Everding in ihrer Angestelltentätigkeit vermisst hatte, und die Selbstbestätigung durch den erfolgreichen Aufbau ihres Ladens kosten sie ... dass sie wesentlich weniger Zeit für sich selbst hat, Urlaub ein echter Luxus ist und sie im Freundeskreis oftmals auf Unverständnis stößt, dass sie zum Beispiel am Wochenende keine Zeit zum Ausgehen hat, weil sie am Samstag um 9 Uhr ihr Geschäft öffnen und am Sonntag die Buchführung erledigen muss.
Unternehmerin sein heißt auch, mit Unsicherheit und Risiko zu leben, zumindest mit größerer Unsicherheit und mit höherem Risiko als in einer Anstellung. So sagt Kerstin Zahrndt: »Wenn man kein Risiko eingehen will, darf man sich nicht selbstständig machen.« Und Gabriele Engelmann meint: »Wer nicht bereit ist, seine Angestelltenmentalität abzulegen, kann gleich einpacken ...«

Wie sieht das unabhängige Leben einer Unternehmerin im Alltag aus?

Ein Blick hinter die Kulissen

Auch hier gestatten die Erfolgsfrauen den neugierigen Leserinnen einen Blick hinter die Kulissen – damit sie sich ein realistisches Bild vom Unternehmerinnendasein machen können, bevor sie entscheiden, ob Selbstständigkeit der geeignete Weg für sie ist.

Gabriele Engelmann schildert ihren Unternehmerinnenalltag: »Normalerweise bin ich morgens ab 9 Uhr im Büro und bleibe bis circa 19.30 oder 20 Uhr, falls ich keine Abendtermine habe. Ich mache etwa eine Stunde Mittagspause – in dieser Zeit erledige ich auch meine Einkäufe. Am Wochenende gehe ich entweder samstags oder sonntags zwei bis drei Stunden ins Büro, um Dinge aufzuarbeiten, die liegen geblieben sind. Abends versuche ich möglichst nicht zu arbeiten, weil ich diese Zeit für den Haushalt, Kochen und etwas Entspannung brauche. Wenn ich rund um die Uhr arbeite, merke ich, dass das meiner Gesundheit schadet. Und es ist für mich sehr wichtig, dass ich alles tue, um gesund zu bleiben und meine Arbeitskraft zu erhalten.«

Bei Martina Sancar sieht der Tag so aus: »Die Kinder verlassen um 7.30 Uhr das Haus. Dann mache ich bis 11 Uhr den Haushalt, spülen, waschen, putzen und was sonst noch so anfällt. Punkt 11 Uhr geht's an die Nähmaschine. Um 14 Uhr kommen beide Kinder heim, dann gibt es eine Kleinigkeit zu essen. Ich habe das Glück, dass beide Kinder sehr gute Schüler sind, ich also bei den Hausaufgaben nicht helfen muss. Nach dem Essen arbeite ich weiter bis 17 Uhr. Dann fahre ich zum Einkaufen, falls nötig. Um 19 Uhr gibt es Abendessen und danach nähe ich weiter. Es gibt noch eine Unterbrechung gegen 21.30 Uhr, da gehen die Kinder ins Bett und ich setze mich noch mal an die Nähmaschine. Meistens gehe ich gegen 2 Uhr schlafen. Je nach Auftragslage.«

In Balance: Kinder, Küche, Karriere

Für Sie, liebe Leserin, zum Beispiel als Managerin in einem Großunternehmen, als Abteilungsleiterin in einem mittelständischen Betrieb oder als Mitarbeiterin in einer hektischen Werbeagentur, ist das sicher nichts Neues. Auch Sie haben einen vollgepackten Arbeitstag und den Spagat zwischen Familie, Beruf und Haushalt

beherrschen Sie schon ganz gut? Dann herzlichen Glückwunsch! Mit solchen Erfahrungen, Berufs- und Privatleben mit gekonntem Zeitmanagement zu organisieren, besitzen Sie schon hervorragende Voraussetzungen für das Leben als Unternehmerin.

Das »A und O«: Aufträge und Organisation

Als Angestellte – ob als Schreibtischtäterin, als Handwerkerin, als Vertriebsfrau – sind Sie in einem fest umrissenen Aufgabengebiet eingesetzt. Sie beziehen Ihr Gehalt dafür, dass Sie Ihre Aufgaben in einer bestimmten Qualität und in einem mehr oder weniger festgelegten zeitlichen Rahmen erledigen. Und vielleicht genießen Sie die Vorzüge eines pünktlichen Feierabends und eines freien Wochenendes.

Die Unternehmerin findet keinen vorbereiteten Arbeitsplatz vor, den richtet sie sich selbst ein. Genau wie auch ihren Arbeitsrhythmus, den sie je nach Business und sonstigen Verpflichtungen festlegen muss. Die kluge Frau fragt sich hier kritisch: Liegt mir das, meine Arbeit, mein Unternehmen, meinen Tag selbst zu organisieren und zu strukturieren?

Marion Wögler kam zu dem Schluss: »Ich war mir sicher, mich selbst gut organisieren zu können und keinen zu Chef brauchen, der mir sagt, wie ich arbeiten soll.« Vielleicht sind Sie aber auch Geschäftsführerin wie Kirsten Hüttner vor ihrer Selbstständigkeit und haben einen Arbeitsplatz mit vielseitigen Aufgaben und großen Freiräumen. Das wollte sie nicht aufgeben und »keine großen Kompromisse machen bei einem neuen Arbeitsverhältnis« und entschied sich für Selbstständigkeit nach langem Zögern, weil sie um die Risiken wusste.

Akquise muss sein

Als Unternehmerin sind Sie selbst dafür zuständig, dass überhaupt Arbeit auf Ihrem Schreibtisch, Ihrer Werkbank, Ihrer Verkaufstheke liegt! Und damit Arbeit reinkommt, schärft die wendige Unternehmerin alle ihre unternehmerischen Sinne und geht raus auf den

Sich seinen eigenen Arbeitsplatz einrichten

Sich selbst Arbeit besorgen

Akquisepfad: Sie hält mit Adleraugen Ausschau nach profitablen Aufträgen, spürt, woher der Wind des Wettbewerbs weht, und hört das Gras der zukünftigen Märkte wachsen.

Mit finanzieller Unsicherheit leben

Geschäfte an Land ziehen und gute Preise auszuhandeln gehört zum Beispiel als angestellte Managerin oder Geschäftsführerin natürlich auch zu Ihrer Arbeit. Doch wenn Ihnen mal ein profitabler Auftrag durch die Lappen geht, ist am nächsten 1. oder 15. Ihr Gehalt trotzdem auf Ihrem Konto. Als Angestellte haben Sie auch Urlaubsanspruch, und wenn Sie mal krank sind, müssen Sie keinen Einnahmenausfall befürchten, denn Ihr Gehalt bezahlt Ihr Arbeitgeber weiter.

Direkte Auswirkungen auf das Bankkonto

Wenn Sie selbstständig sind, wirkt es sich direkt auf Ihr Bankkonto aus, wenn weniger Aufträge eingehen. Davon können alle Erfolgsfrauen ein Lied singen! So sagt Gabriele Engelmann: »Ich verzeichne das normale Auf und Ab der Aufträge. Leider kann ich die Auftragslage nicht so steuern, wie ich mir das wünsche. So werde ich auch in guten Zeiten kontinuierlich Akquise betreiben, um plötzliche Ausfälle mit neuen Projekten und Kunden ausgleichen zu können.«

Béatrice Hecht-El Minshawi: »Eine interkulturelle Dienstleistung ist natürlich auch störungsanfällig. Je nach internationaler politischer Entwicklung, zum Beispiel nach dem 11. September, oder nach internen Entscheidungen in Unternehmen kann es sein, dass unsere Angebote plötzlich nicht mehr so gefragt sind. Dann heißt es, Geschäftskontakte zu reaktivieren und gemeinsam Lösungen zu finden.«

Bedenken Sie auch: Die Kunden bezahlen Sie nur für Ihre Leistung, eine gekaufte Ware oder in Anspruch genommene Dienstleistung. Sie bezahlen nicht für die Zeit, die Sie damit zubringen, um Ihre Leistung überhaupt anbieten zu können, oder für Arbeiten, die Sie sonst noch erledigen müssen. Sie können also nicht jeden Arbeitstag voll zum Geldverdienen nutzen und müssen auch mal unbezahlte Arbeit am Wochenende oder an Feiertagen leisten.

Als Nächstes stellt sich die Frage, was wirklich zu den Aufgaben einer Unternehmerin gehört. Folgende Überlegungen sollten Sie anstellen:

Was alles auf der »To do-Liste« der Unternehmerin stehen sollte

Selbstständigkeit bedeutet: in eigener Verantwortung und eigenständig Unternehmensziele festlegen und umsetzen, Entscheidungen treffen, manchmal unter Zeitdruck, Aufträge/Kunden akquirieren, Angebote entwickeln, Preise kalkulieren, Produkte herstellen, Waren einkaufen, Vertriebswege aufbauen, Rechnungen schreiben, Außenstände anmahnen, Kundenwünsche und Geschäftschancen erkennen, Märkte beobachten, Trends aufspüren, die Konkurrenz im Blick behalten und sich Wettbewerbsvorsprünge erkämpfen, neue Geschäftsmodelle kreieren, Angebote aussortieren, Verhandlungen führen, sich über Finanzierungsmöglichkeiten informieren, Mitarbeiter einstellen und führen, improvisieren und organisieren, sich in der Öffentlichkeit präsentieren, Verantwortung übernehmen, sich permanent weiterbilden, Netzwerke aufbauen …

Auf der »To do-Liste« steht auch, sich immer alle notwendigen Informationen für die Unternehmensführung zu besorgen, Bescheid zu wissen über Markt- und Branchenentwicklungen, Neuerungen auf dem Fachgebiet, technische Neuentwicklungen, Recht und Steuern. Denn Informations- und Wissensvorsprünge sind ein

Wissensvorsprünge zum Überleben im Wettbewerb

Muss, um sich im Wettbewerb zu behaupten. Und es ist auch kein sogenanntes Back-Office da, das die Informationen direkt auf den Schreibtisch oder ins E-Mail-Postfach liefert.

Die Unternehmerin ist ihre eigene Chefin

Und nicht zuletzt muss die Unternehmerin sich selbst führen und motivieren, darf sich auf ihren Lorbeeren nicht ausruhen, bei Rückschlägen nicht unterkriegen lassen, muss sich auf die Arbeit konzentrieren – auch in persönlichen und familiären Krisensituationen. Sie muss Vorsorge treffen für den Fall, dass sie mal ausfällt und nicht arbeiten kann. Denn die Unternehmerin ist nicht mehr automatisch kranken-, pflege-, renten- und gegen Arbeitslosigkeit versichert. Eigeninitiative ist gefragt, wenn es um das persönliche Sicherheitsnetz geht.

Auch betriebliche Risiken fallen in den Zuständigkeitsbereich der Unternehmerin. Sie ist gefordert, festzustellen, wo betriebliche Risiken liegen, und zu entscheiden, wie sie damit umgehen will.

Unternehmerisches Allroundtalent ist gefragt

Seien Sie sich darüber im Klaren, dass Sie schon ein »unternehmerisches Allroundtalent« sein müssen, wenn Sie als Einzelkämpferin starten und sich behaupten wollen. Sie müssen die verschiedenen Rollen in Personalunion beherrschen – wie Esther Everding sagt: »Und wenn man Chefin, Verkäuferin, Marketingspezialistin, Buchhalterin, Einkäuferin und Putzfrau in einem ist, sollte man besser auch mehrere Sachen gleichzeitig (zumindest gedanklich) bewältigen können, will man vor Mitternacht Feierabend machen.« Manchmal werden Sie sich ziemlich einsam fühlen und eine starke Schulter zum Ausheulen brauchen.

Wenn Sie zu den aktiven Menschen gehören, die sich angesichts der Aufgabenfülle die Hände reiben, ein ausgesprochenes Kommunikationstalent sind und bei Stress zu Hochform auflaufen, bringen Sie die besten Voraussetzungen für die Selbstständigkeit mit.

Eine gute Nachricht für etwas zurückhaltendere, aber dennoch mutige Frauen, die leichte Zweifel überkommen und Aufgaben, Verantwortung und Risiko lieber teilen: Sie müssen nicht gleich Ihre Pläne ad acta und dieses Buch beiseite legen. Es gibt verschiedene Wege zu einem eigenen Unternehmen!

Ein positives Fazit der Erfolgsladys, wenn die Gründung gelingt:

- Béatrice Hecht-El Minshawi: »Also: Rückblickend habe ich viel erreicht, mehr als ich anfänglich dachte, denn ich habe damals nicht sehr weit in die Zukunft gedacht. Es gab natürlich Höhen und Tiefen, je nach wirtschaftspolitischer Lage in Deutschland. Nach rund vier Jahren konnte ich zurückblicken und mir sagen: Das hat doch geklappt!«
- Cornelia Brucks: »Es ist nicht immer einfach, oft ein Balanceakt zwischen Beruf, Haushalt und Kind, von der eigenen Zeit für mich mal ganz abgesehen (die natürlich am meisten auf der Strecke bleibt), aber es ist durchaus machbar und ich genieße auf der anderen Seite das Glück, doch viel Zeit mit meiner kleinen Tochter verbringen zu können. Die Jahre verfliegen sowieso!«

Das »altbekannte« Thema: Männer

Damit sind die Männer im Business als Kunden, als Geschäftspartner, als Banker und die Männer zu Hause gemeint.

In der Businesswelt haben sich Frauen ihren selbstverständlichen Platz erobert. Doch noch immer kommt es vor, dass sie von manchen Anzugträgern nicht ernst genommen und mit dem männlichen Überlegenheitsdenken konfrontiert werden. Das bestätigten erst kürzlich die befragten Akademikerinnen in dem noch laufenden Forschungsvorhaben des Inmit:

Kämpfen statt kuschen!

40 Prozent von ihnen vertraten die Auffassung, dass sie als Frau nicht ausreichend ernst genommen würden, 26 Prozent beklagten fehlende Akzeptanz durch Kundschaft oder Auftraggeber – insbesondere wenn diese männlich waren. Auch die Erfahrungen der Erfolgsfrauen legen die Devise für energische Frauen, die ihr Ziel selbstbewusst verfolgen, nahe: Kämpfen statt kuschen!

Béatrice Hecht-El Minshawi: »Was die Honorare betrifft, bin ich sicher, dass männliche Kollegen (auch ohne abgeschlossenes Studium) mehr einfordern, aber auch leichter mehr bekommen. Mit ihnen wird nicht so viel über die Höhe des Honorars gesprochen wie mit Frauen.«

Cornelia Brucks: »Ich habe zu allen Bankgesprächen meinen Mann als moralische Unterstützung mitgenommen, aber nicht als hauptsächlichen Verhandlungspartner. Allerdings gab es Banker, die sich immer nur an meinen Mann gerichtet haben, auch wenn ich überwiegend das Gespräch führte. Ich glaube, ich hatte es bei den Bankgesprächen als Frau schwerer, akzeptiert zu werden. Auch meine Kompetenz in Bezug auf den wirtschaftlichen Überblick wurde oft angezweifelt.«

 Um viele verschiedene Einblicke in das Unternehmerinnendasein zu erhalten, fragen Sie in der Verwandtschaft, im Freundes- und Bekanntenkreis. Besuchen Sie Netzwerktreffen oder Gründerinnenstammtische.

Die Gründungsphase ist erst der Anfang, der erste Schritt in Ihr neues Leben als Unternehmerin. Die eigentliche Herausforderung lautet nicht, Unternehmerin zu werden, sondern es zu bleiben, sich am Markt dauerhaft zu etablieren. Und jetzt sind Sie, liebe aufmerksame Leserin, an der Reihe – stellen Sie sich selbst kritisch und realistisch die Fragen:

❏ Kann ich mich für eine solche Lebensperspektive begeistern?
❏ Bringe ich die Voraussetzungen dafür mit?
❏ Besitze ich das Zeug zur Unternehmerin?
❏ Wie lange reicht mein finanzielles Polster?
❏ Habe ich die Unterstützung meiner Familie und Freunde?
❏ Kann ich mich auf mein Netzwerk verlassen?

Als clevere Frau zählen Sie Ihr gesamtes Startkapital, das persönliche, finanzielle und soziale. Nehmen Sie die einzelnen Bausteine kritisch unter die Lupe, bevor Sie Ihre Entscheidung treffen.

Persönliches Startkapital

Ihr wichtigstes und wertvollstes Startkapital sind Sie selbst, aufbauend auf Ihrem Fundament, dem unbedingten Willen zum Erfolg: Ihre gesamte Persönlichkeit mit allen Ihren Fähigkeiten, Eigenschaften, Kompetenzen und Talenten!

Unternehmerische Eigenschaften, Kompetenzen und Kenntnisse zählen

Erster Baustein: Kernkompetenzen

Die Erfolgsladys verraten Ihnen, mit welchen Qualitäten sie nach eigener Einschätzung zu erfolgreichen Unternehmerinnen geworden sind. So Béatrice Hecht-El Minshawi, die ja bereits seit über 30 Jahren am Markt erfolgreich ist: »Das Wort Unternehmerin weist darauf hin, dass etwas unternommen werden soll. Ich kam ursprünglich nicht aus der Wirtschaft. Diese Strukturen, Denkweisen und die Sprache waren mir zunächst fremd. Aber ich war wohl schon immer eine Unternehmerin im Sinne von Visionen haben, Pläne und Konzepte umsetzen.« Und weiter: »Zu meinen Begabungen gehört die Fähigkeit, Trends aufzuspüren, Neues zu formulieren und zu verkaufen. Ich bin visionär und unkonventionell, mutig und risikofreudig, unabhängig, belastbar, strategisch, aber auch sparsam. Ich kann sehr gut organisieren und den Überblick behalten. Was ich oft besonders gut kann: im Austausch mit anderen Champagner-Bubbles verteilen, Menschen motivieren und interessieren. Ich bin aber auch selbst schnell motivierbar. Das alles hat mir beim Aufbau des Unternehmens und beim Durchhalten sehr geholfen.«

Gabriele Engelmann nennt kurz und knapp »Kundenorientierung, analytisches Denken und Organisationstalent« als erfolgversprechende Fähigkeiten.

Und Kerstin Zahrndt findet: »Ich verfüge über die Fähigkeit, querzudenken und über den eigenen Tellerrand hinauszuschauen. Ich bin energisch, zäh, freundlich und kann gut auf Menschen zugehen.«

Klar ist: Die ideale, einzig erfolgversprechende Kombination unternehmerischer Eigenschaften und Fähigkeiten gibt es nicht. Und selbst wenn es sie gäbe – die »Super-Unternehmerin«, die alle Erfolgsmerkmale in sich vereint, ist noch nirgendwo aufgetaucht. Jede Unternehmerin, jede Gründerin bringt unterschiedliche Fähigkeiten, Potenziale und Eigenschaften mit. Und einleuchtend ist auch, dass für unterschiedliche Geschäftsmodelle unterschiedliche Qualitäten und Kompetenzen gefragt sind. Dann kommt es auch noch darauf, ob Sie als Einzelkämpferin oder im Team starten, ob Sie mit oder ohne Mitarbeiter Ihr Unternehmen aufbauen wollen.

Aus den Aussagen der Erfolgsunternehmerinnen lassen sich Kernkompetenzen herauskristallisieren, die eine erfolgreiche Gründung begünstigen. Damit die Selbstständigkeit ein Erfolg wird, müssen Gründerinnen auch unternehmerisches Know-how mitbringen; gefragt sind Fachwissen, Berufserfahrung, Branchenkenntnisse und -kontakte.

Katalog der unternehmerischen Kernkompetenzen

❑ *Unternehmerisches Denken und Handeln:* Dies sind Strategien, die sich als wirksam erwiesen haben, um ein Unternehmen erfolgreich und professionell zu führen. Voraussetzung ist, die Unternehmerin kennt die betrieblichen Aufgaben: die Entwicklung von Angeboten, die Erstellung der Leistungen (Produkte und Dienstleistungen), deren Vermarktung und die Steuerung des Unternehmens (Buchführung/Rechnungswesen, Controlling) – Aufgaben, die auch im kleinsten Unternehmen abgedeckt werden müssen.

❑ *Eigeninitiative:* Die Unternehmerin agiert aus eigenem Antrieb und wartet nicht auf Handlungsanleitungen oder -empfehlungen anderer. Sie weiß, was sie nicht weiß, und eignet sich

fehlendes Wissen und notwendige Informationen eigenständig an.

❑ *Entscheidungsfähigkeit:* Die Unternehmerin trifft anstehende Entscheidungen schnell, häufig unter Zeitdruck. Sie weicht auch unangenehmen Fragen nicht aus. Dabei trifft sie die Entscheidung für eine Alternative und gegen eine andere unter ökonomischen Kosten/Nutzen-Aspekten.

❑ *Risikoaffinität:* Charakteristisch für Unternehmerinnen ist, bewusst Risiken einzugehen. Selbstständigkeit ohne Risiko gibt es nicht, zum Beispiel Markt- und Kostenrisiken, Risiko Forderungsausfall, Produktionsausfall. Sie muss Risikopotenzial erkennen und Risikomanagement betreiben: einzelne Risiken identifizieren, das Für und Wider abwägen und möglichst frühzeitig Risikostrategien entwickeln. So gelingt es, sich bewusst und kalkuliert auf ein Risiko einzulassen oder es zu vermeiden.

❑ *Sich am Markt orientieren:* Unternehmerisch denken und handeln heißt in erster Linie kundenorientiert denken und handeln. Unternehmen heißt vor allem verkaufen, und das wiederum, den Kundenwünschen und -bedürfnissen auf die Spur zu kommen.

❑ *Marktpotenzial erkennen und bewerten:* Die Unternehmerin ist herausgefordert, ständig Märkte und Branchen zu beobachten, Marktlücken aufzuspüren und Marktsättigung für ihre Produkte frühzeitig vorherzusehen. Damit aus Geschäftschancen Gewinnchancen werden. Dabei muss sie die Konkurrenz im Blick behalten und sich Wettbewerbsvorsprünge erkämpfen. Unternehmerisch handeln kann auch mal bedeuten, zu unterlassen oder loszulassen. So zum Beispiel eine als aussichtsreich beurteilte Geschäftsidee fallen zu lassen, wenn sich die Vermarktungschancen als zu gering erweisen. Oder sich von einem Produkt zu trennen, das man nicht mehr gewinnbringend verkaufen kann.

❑ *Konzeptionelles Denken und Handeln:* Die Unternehmerin denkt weit über das Tagesgeschäft hinaus in die Zukunft, erkennt

Trends und Moden, spürt gesellschaftliche Entwicklungen auf, schätzt im Zusammenhang damit Chancen und Risiken für ihr Unternehmen ein und leitet Strategien und Konzepte ab.

❑ *Gesundes Konkurrenzdenken:* Markt bedeutet Wettbewerb. Die Unternehmerin muss sich darauf einstellen. Auch wenn sie mit einer völlig neuen, einzigartigen Geschäftsidee antritt, wird sie um das Budget der Kunden kämpfen müssen. Konkurrenz »belebt das Geschäft« und veranlasst ein Unternehmen, genau seine Identität, sein Alleinstellungsmerkmal (= USP: Unique Selling Proposition) zu definieren.

❑ *Verantwortungsbewusstsein:* Die Unternehmerin trägt eine hohe Verantwortung für sich selbst und die Familie, für Kunden und Mitarbeiter, Umwelt und Umgebung am Standort.

Als weiteres persönliches Startkapital sollten Gründerinnen spezielle Eigenschaften mitbringen, sozusagen »Tools«, die hilfreich sind, ein Unternehmen zu führen.

Wenn es einen Glauben gibt, der Berge versetzen kann, so ist es der Glaube an die eigene Kraft.
Marie von Ebner-Eschenbach

❑ *Selbstbewusstsein:* Die begeisterte Unternehmerin identifiziert sich mit dem eigenen Unternehmen. Sie steht voll und ganz hinter ihrer Geschäftsidee. Sie ist von sich überzeugt und kann daher auch ihre Interessen durchsetzen und Konflikte meistern. Das Selbstbewusstsein kommuniziert sie nach außen durch kompetentes und sicheres Auftreten mit dem richtigen Business-Outfit und bewusst eingesetzter Körpersprache.

❑ *Selbstvermarktungsstärke:* Die beste Geschäftsidee, das originellste Angebot, die einfallsreichste Dienstleistung findet keine Abnehmer, wenn Sie Ihre Verkaufsargumente nicht »rüberbringen« können, die Kunden oder Auftraggeber von den Vorteilen, vom Nutzen Ihrer Geschäftsidee nicht überzeugen können. Um Ihr Unternehmen und Ihre Idee verkaufen zu können, brauchen Sie die Fähigkeit zur Selbstdarstellung und Verkaufstalent. Nicht nur Kunden gegenüber. Auch (potenzielle) Geschäfts- oder Kooperationspartner, Mitarbeiter und Bankberater oder Kapitalgeber müssen Sie bei der Präsentation

Ihres Businessplans von Ihrer Idee begeistern und von Ihrer fachlichen Kompetenz überzeugen.

❑ *Kommunikationsfähigkeit:* Ohne Kommunikationsstärke wird Ihnen die Selbstvermarktung nicht gelingen. Aber das wissen Sie als couragierte Frau ja selbst: Kommunikations- und Kooperationsfähigkeit sind »typisch weibliche« Stärken. Sie suchen gern das Gespräch, können auf Menschen zugehen und Ihr echtes Interesse am Gegenüber zeigen. Außerdem verfügen Sie über die Fähigkeit, »zwischen den Zeilen zu lesen«.

❑ *Weitblick:* Aufgeschlossenheit gegenüber Neuem, eine Antenne für Veränderungen, zum Beispiel im Kundenverhalten oder auf gesellschaftlicher Ebene, sind wichtige Voraussetzungen, will sich die Unternehmerin am Markt behaupten und Wettbewerbsvorteile verschaffen. So erkennt sie Trends, beobachtet das Entstehen neuer Märkte und das Auftauchen neuer Marken oder Wettbewerber. Fantasie und Vorstellungskraft helfen dann bei der Umsetzung auf ihr Angebotsportfolio durch Weiter- oder Neuentwicklung ihrer Produkte und Dienstleistungen. Die weitsichtige Unternehmerin stärkt ihr Wissen und ihre Persönlichkeit durch die Bereitschaft und Lust, sich weiterzubilden und ständig Neues zu lernen.

❑ *Führungskompetenz:* Um ein Unternehmen zu führen, ist die Fähigkeit, zu führen, zu motivieren und zu begeistern gefragt, und zwar sich selbst und andere – auch wieder eine Stärke von Frauen, Stichwort emotionale Kompetenz. Zur Führungsfähigkeit gehört auch, Ziele zu formulieren und zu verfolgen, privat und für das Unternehmen. Die erste Führungsaufgabe besteht darin, sich selbst zu führen. Dazu benötigen Sie Kompetenz in *Selbst- und Zeitmanagement:* Wichtiges von Unwichtigem, Dringliches von weniger Dringlichem unterscheiden, Prioritäten setzen. Als Chefin geben Sie die Führungsstrukturen vor, entscheiden über Aufgabenbereiche und Zuständigkeiten, delegieren Aufgaben und Kompetenzen, kontrollieren die Mitarbeiter möglichst mit Fingerspitzengefühl, lassen ihnen Raum für eigenverantwortliches Arbeiten, sorgen für ein positives

Arbeitsklima. Auch Organisation und vorausschauendes Planen fallen unter die Führungsaufgaben. Um Verhandlungen oder Gespräche zu führen, sollten Sie sich in andere Menschen hineinversetzen, Menschen und Stimmungen richtig einschätzen können. Fairer Umgangsstil sollte eine Selbstverständlichkeit sein.

❑ *Organisationstalent:* In der Praxis eine Domäne der Frauen: Termine im Griff haben, unterschiedliche Interessen koordinieren, Prioritäten setzen, den Alltag bestmöglich organisieren, den Überblick behalten. Dazu kommen: Flexibilität, Pragmatismus, Improvisationsfähigkeit, Multi-Tasking-Fähigkeit.

❑ *Durchhaltevermögen:* Ihr Durchhaltevermögen, an den einmal gesteckten Zielen festzuhalten, ist besonders dann gefragt, wenn Widerstände auftauchen und Stolpersteine auf dem Weg liegen. An Ihre Ziele zu glauben, auch wenn andere daran zweifeln. Gute Karten besitzt, wer Tief- und Rückschläge auf das Konto »Erfahrungen« verbuchen und mit Optimismus weitermachen kann, statt die Flinte ins Korn zu werfen. Durchhaltevermögen, Nervenstärke und Zähigkeit brauchen Sie auch, um Durststrecken wie Auftragsflauten zu überstehen. Disziplin ist angesagt, wenn Sie Dinge erledigen müssen, die keinen Spaß machen, aber einfach notwendig sind.

❑ Zum Durchhalten brauchen Sie physische und psychische Belastbarkeit und eine gute *Gesundheit*. Die Rezepte und Ratschläge zu Erhaltung und Stärkung von Gesundheit und Belastbarkeit füllen Bibliotheken. Einige Tipps: Wichtig ist, dass Sie Ihre persönlichen Grenzen und Ihre Leistungsfähigkeit einschätzen können. Vitalität und Fitness helfen, einen anstrengenden Unternehmerinnenalltag zu überstehen. Mit regelmäßiger Bewegung, ausgewogener Ernährung und Ihrer persönlichen Dosis Schlaf können Sie viel dafür tun. Körper und Seele wollen gleich gut »gepflegt« werden. Musik hören, Entspannungsübungen, spazieren gehen, auf der Couch sitzen und nichts tun, meditieren, beten, joggen …

Die Trennung von Beruf und Privatleben ist für Frauen mit Partner und für Mütter eine besondere Herausforderung. Doppelbelastung ist nach wie vor eine Hürde auf dem Weg in die Selbstständigkeit. Und viele Mütter kämpfen mit ihrem Anspruch, sich selbst, ihrem Unternehmen, ihren Kindern und ihrem Partner gerecht zu werden. Sie müssen eine besondere Anspannung aushalten. Das gilt entsprechend für selbstständige Frauen, die Angehörige in ihrem Haushalt pflegen.

❑ *Humor, Freundlichkeit, Höflichkeit:* Dies sind Eigenschaften, die auch im Leben von Unternehmerinnen die Beziehung zu Kunden, Geschäftspartnern und Mitarbeitern angenehmer machen – gemäß dem Motto: »Humor ist, wenn frau trotzdem lacht.« Oder: »Lächeln ist die schönste Form, dem Feind die Zähne zu zeigen.«

❑ *Kreativität:* Universell einsetzbarer »Joker« sowohl im unternehmerischen Alltag als auch für die Strategieentwicklung:
  ● beim Entdecken von neuen Märkten und Marktlücken und Umsetzen in neue Geschäftsmodelle
  ● beim Lösen von Problemen
  ● bei ungewohnten Herausforderungen
  ● beim Einstellen auf neue Situationen

Zweiter Baustein: Unternehmerisches Know-how

Unverzichtbarer Baustein Ihres persönlichen Startkapitals ist kaufmännisches und betriebswirtschaftliches Wissen. Auch im kleinsten Unternehmen müssen die betrieblichen Aufgaben – Angebotsentwicklung von Produkten und Dienstleistungen, Produktion, Einkauf, Marketing, Vertrieb, Finanzierung sowie Steuerung durch Buchführung, Rechnungswesen und Controlling – abgedeckt werden. Und ohne zumindest Grundkenntnisse über Recht und Steuern sind teure Fehler programmiert.

Ein wesentliches unternehmerisches Know-how ist gewinnorientierte Unternehmensführung: Die Unternehmerin muss stets ihre finanzielle Lage im Blick haben, Entscheidungen unter dem Kosten/

Angesagte Kompetenz: Affinität zu Zahlen

Nutzen-Aspekt treffen und Kalkulieren aus dem »Effeff« beherrschen.

Schon bei der Gründung ist es entscheidend, kaufmännische und betriebswirtschaftliche Kenntnisse einzusetzen: Realistische Kosten- und Umsatzeinschätzungen, fundierte Kapitalbedarfs-, Finanzierungs- und Liquiditätsplanungen, ausgeklügelte Absatz- und Preispolitik verringern Risiken und erhöhen die Erfolgschancen. Wenn Sie auf entsprechende Erfahrungen zurückgreifen können, haben Sie einen bedeutenden Vorteil.

> Aber auch wenn Ihnen einschlägige Erfahrungen fehlen, bedeutet das nicht das Aus für Ihre Gründungspläne. Es gibt Mittel und Wege, Know-how-Defizite auszugleichen. Übrigens: Zum unternehmerischen Know-how gehört auch, zu wissen beziehungsweise zu recherchieren, wo frau Informationen und Rat bekommt.

Dritter Baustein: Das Metier beherrschen und den Markt kennen

Um auf dem Markt mit Ihrer Geschäftsidee Erfolg zu haben, müssen Sie einen dritten Baustein für Ihr persönliches Startkapital einsetzen: das Metier beherrschen und den Markt kennen; dazu zählen fachliche Qualifikation, Berufserfahrung, Branchenkenntnisse und -kontakte.

Unzureichende Kenntnisse schmälern Ihre Erfolgsaussichten: Denn Sie müssen auch Ihre Frau stehen gegenüber Wettbewerbern, die schon länger im Geschäft sind.

Ohne Fachkenntnisse können Sie weder Produkte, selbst hergestellte oder eingekaufte, noch Dienstleistungen anbieten: Kunden erwarten Produkte von hoher Qualität, wünschen vielleicht Beratung zur Verwendung des Produkts oder Erklärungen zur Funktionsweise – wenn Sie nicht gerade Waren im Discountgeschäft anbieten, wo der günstige Preis das wesentliche Kriterium für die Kaufentscheidung der Kunden ist. Wenn Sie Produkte selbst

herstellen, müssen Sie über Material und Herstellungsprozess Bescheid wissen.

Ebenso läuft im Dienstleistungssektor ohne berufliches Wissen nichts. Die Kunden erwarten eine fachlich fundierte, qualifizierte und kompetente Dienstleistung für ihr Geld. So weiß Gabriele Engelmann: »In meinem Metier ist es wichtig, im Interesse der Kunden einen guten Überblick über die relevanten Fachmedien und die veröffentlichten Themen zu haben und zu den jeweiligen Redakteuren dieser Medien Kontakte zu pflegen.«

Markt- und Branchenkenntnisse sind unverzichtbar, um sich erstens einen Marktanteil zu erobern und zweitens die Marktstellung zu behaupten. Ein wichtiger Grund fürs Scheitern: Informationsdefizite in Bezug auf das Marktgeschehen. Gründerinnen (und Gründer) überschätzen oftmals die Nachfrage nach ihrem Produkt oder ihrer Dienstleistung, unterschätzen die Konkurrenz. Als Gründerin müssen Sie einschätzen, ob sich die Gründung lohnt, ob Sie mit Ihrer Geschäftsidee mindestens einen so hohen Gewinn erzielen, dass sie Ihre Kosten deckt, die betrieblichen und die privaten. Im Rahmen dieser Rentabilitätsvorschau müssen Sie umfangreiche Daten recherchieren: über das Absatzpotenzial Ihrer Ware oder Dienstleistung, realistisch zu erzielende Preise, die Konkurrenzsituation, den Beschaffungsmarkt, die Einkaufspreise, die Kostenstruktur, die Personalsituation. Auch die Zukunftsprognosen der Branche müssen Sie auf jeden Fall in Ihre Überlegungen miteinbeziehen.

Ein Pluspunkt für Sie, wenn Sie bereits über Branchenkontakte verfügen oder frühere Kontakte aktivieren können. Eine hervorragende Startposition besitzen Gründerinnen, die alle drei Qualifikationen gleichzeitig mitbringen: Fach- und Branchenkenntnisse sowie Berufserfahrung. So wie Kirsten Hüttner, die den Markt aus ihrer sehr vielseitigen Tätigkeit als Geschäftsführerin kannte und daher wusste, dass es Bedarf für ihre Dienstleistung gab. Und sie verfügte über Geschäftskontakte, die sie für ihre Akquisetätigkeit nutzen konnte. Gleiches gilt für die Publizistin Gabriele Engel-

Grund fürs Scheitern: Informationsdefizite

mann, die als Selbstständige ihre Fachkenntnisse und Berufserfahrung umsetzen wollte.

Einsatz von Fachkenntnissen aus verschiedenen Quellen

Aber auch andere Wege sind ebenso erfolgversprechend, wie die Beispiele anderer Erfolgsfrauen zeigen. Während Gabriele Engelmann das Fach von der Pike auf gelernt hat, ist ihre Partnerin Marion Wögler nach eigener Aussage »PR-Quereinsteigerin«. Als studierte Diplom-Pädagogin hat sie umgesattelt und den Beruf durch eine qualifizierte Weiterbildung erlernt. Oder Kerstin Zahrndt: Die Fachfrau für Büroorganisation und Kundenbindung ist jetzt auf einem völlig anderen Gebiet tätig als in ihrem früheren Angestelltendasein. Sie profitierte zwar dabei von ihren Berufserfahrungen aus der Zeit als Pharmareferentin und Marketingleiterin. Doch es hieß, sich die entsprechenden Fachkenntnisse durch Weiterbildung anzueignen. Zitat: »Frau muss sich dann mal auf den Hosenboden setzen und wieder lernen.«

Fachkenntnisse als Anstoß für eine Geschäftsidee müssen nicht zwangsläufig im Berufsleben erworben sein. Einfallsreiche Frauen finden ihre Geschäftsidee in der Freizeit und bei ihrem Hobby. So wie Martina Sancar, die als Fotografin mit Meisterbrief ihre Nähkünste als Teenager neu entdeckt hat. Oder Esther Everding, die durch ihre Vorliebe für kreativen Wohnzimmerschmuck den Ausstieg aus dem Bankgeschäft und die Eröffnung eines eigenen Ladens für Dekoartikel geschafft hat.

Ein Muss: Fachkenntnisse auf dem Laufenden halten

Fachkenntnisse gehören zum Handwerkszeug und müssen immer aufgefrischt werden. Waren Sie zum Beispiel mehrere Jahre nicht mehr in Ihrem erlernten Beruf tätig und wollen wieder einsteigen, bleibt Ihnen wie Kerstin Zahrndt auch nichts anderes übrig, als sich »auf den Hosenboden zu setzen«. Informieren Sie sich, welche neuen Entwicklungen es in Ihrem Beruf in der letzten Zeit gegeben hat. Weiterbildung ist eine permanente Aufgabe für jede Unternehmerin und eine Investition in Ihre unternehmerische Zukunft.

Allerdings gibt es auch Branchen, in denen Sie sich aufgrund gesetzlicher Vorgaben nur dann selbstständig machen können, wenn Sie eine bestimmte Ausbildung nachweisen. Für Handwerkerinnen gibt es bestimmte zulassungspflichtige Handwerke, in denen sie sich nur mit Meisterbrief oder als Gesellinnen mit Berufserfahrung selbstständig machen dürfen. Im Einzelhandel sind für verschiedene Handelsbereiche besondere Sachkundenachweise notwendig. Freiberuflerinnen in den »geregelten« freien Berufen, u. a. Architektinnen, Ärztinnen, Physiotherapeutinnen, Rechtsanwältinnen oder Steuerberaterinnen, brauchen spezielle Zulassungen.

Finanzielles Startkapital

Hier ist der Ausdruck »Startkapital« wörtlich zu nehmen. Eine Gründung funktioniert – in der Regel zumindest – nicht ohne finanzielle Mittel … und das ist die bittere Wahrheit. Bevor Sie Geld verdienen, müssen Sie erst einmal Geld in Ihr Unternehmen investieren. Und bis zur Gutschrift Ihrer ersten Einnahmen auf dem Konto müssen Sie Ihren Lebensunterhalt bestreiten, den eigenen und vielleicht auch den von Kindern oder der ganzen Familie. Das gilt auf jeden Fall dann, wenn Sie Ihre Selbstständigkeit als Haupterwerb planen.

Startkapital für den Lebensunterhalt

Bei einer Neugründung werden Sie zumindest in den ersten Monaten wahrscheinlich kein Einkommen erzielen oder weniger, als Sie für den Lebensunterhalt benötigen.
Besonders Frauen, die einen Arbeitsplatz mit einem festen Einkommen mit der unsicheren Einnahmenerzielung aus einer Selbstständigkeit tauschen, sollten sich darauf einstellen. Die erste Hürde auf

dem Weg zum Geldverdienen ist die Akquisition von Kunden beziehungsweise Aufträgen.

Zwar gibt es dafür eine clevere Lösung: So konnte beispielsweise Gabriele Engelmann ihre Einnahmen anfänglich dadurch sichern, dass sie mit ihrem Arbeitgeber für etwa ein Jahr eine freiberufliche Tätigkeit vereinbart hatte.

Aber auch wenn Sie schon mit Kunden oder Aufträgen in die Selbstständigkeit starten, kann eine Einnahmenlücke entstehen: Sie müssen erst die Aufträge durchführen oder Ihre Produkte herstellen, die Rechnungen schreiben und auf den Zahlungseingang warten.

 Vor Ihrem Start müssen Sie Ihren gesamten Kapitalbedarf ermitteln und die Rentabilität Ihres Geschäftskonzepts abschätzen. Dazu müssen Sie auch die Höhe Ihrer privaten Ausgaben feststellen. Wenn Sie das schon an dieser Stelle tun wollen, finden Sie im fünften Kapitel »Gründungs-Know-how« eine hilfreiche Checkliste.

Startkapital fürs Unternehmen

Zu wenig Eigenkapital ist einer der häufigsten Gründe für das Scheitern von Existenzgründungen. Die Finanzmittel sind notwendig zur Finanzierung von Investitionen und zur Deckung der Anlauf- und Gründungskosten.

Investitionen finanzieren

Damit Sie mit Ihrem Vorhaben starten können, müssen Sie – je nach Geschäftsmodell – Geschäftseinrichtung, Bürogeräte, Maschinen und Werkzeuge anschaffen und Material und Waren einkaufen.

Betriebsausgaben decken

In der Anlaufphase, das heißt, bis Sie ausreichend hohe Umsätze erzielen, müssen Sie die betrieblichen Kosten vorfinanzieren: Miete und Nebenkosten, wenn Sie ein Büro gemietet haben, Energie, Versicherungen, Bürobedarf, Telekommunikation, Kfz-Kosten etc.

Gründungskosten bezahlen

Schon vor der Gründung können, je nach Geschäftsmodell, Kosten anfallen, zum Beispiel für Anmeldungen oder Genehmigungen,

Fachliteratur, Seminare, Beratung, Markterschließung, eine erste Geschäftsausstattung (Briefpapier, Visitenkarten, Flyer) etc.

 Auch die betrieblichen Kosten müssen Sie im Rahmen Ihrer Kapitalbedarfsplanung und der Rentabilitätsvorschau feststellen. Eine Checkliste steht im fünften Kapitel.

Zur Finanzierung haben Sie grundsätzlich zwei Alternativen: Eigenkapital oder Fremdkapital. Dabei gilt: Ohne einen Mindestbetrag an Eigenkapital geht es nicht. Je mehr Eigenkapital Sie einsetzen können, desto weniger Fremdkapital brauchen Sie aufnehmen, für das Sie Zinsen bezahlen müssen.

Eigenkapital verschafft Ihnen Unabhängigkeit und Sicherheit. Sie können unbürokratisch und flexibel darauf zurückgreifen. Und eine Reserve schützt vor Liquiditätsengpässen und fängt Verluste auf.

Finanzierungsalternativen Eigenkapital und Fremdkapital

 Wenn Sie Kredite bei einer Bank aufnehmen wollen, verlangen die Banken in der Regel einen Eigenkapitalanteil, auch bei öffentlich geförderten Existenzgründungskrediten. Je größer der Eigenkapitalanteil an den Investitionen ist, desto höher ist Ihre Kreditwürdigkeit, desto besser Ihre Verhandlungsposition und desto günstiger der Zinssatz. Eigenkapital dient der Bank nicht nur quasi als Sicherheit, sondern auch als Zeichen, dass die Gründerin hinter ihrer Idee steht und sich auch finanziell dafür einsetzt.

Die umsichtige Frau macht Kassensturz:

- ❑ Welche finanziellen Polster haben Sie? Ersparnisse, Wertpapiere oder Vermögensgegenstände, die Sie verkaufen können, eine vorgezogene Erbschaft?
- ❑ Welche Vermögenswerte besitzen Sie, die Sie für einen Kredit als Sicherheit einsetzen können? Lebensversicherung, Eigen-

tumswohnung oder Haus? Auch Bürgschaften, zum Beispiel von der Familie oder Freunden, können als Sicherheit dienen.

❑ Hat Ihr Ehe-/Lebenspartner ein festes Einkommen?

❑ Allerdings: Überlegen Sie gut, ob das monatliche Einkommen für zwei reicht (beziehungsweise für die ganze Familie) oder ob Sie genügend Geld auf der hohen Kante haben, das Sie nicht für andere Zwecke benötigen.

❑ Bekommen Sie Unterhaltszahlungen?

❑ Können Sie einen Existenzgründungszuschuss oder Einstiegsgeld erhalten? (Gründerinnen mit Anspruch auf Arbeitslosengeld haben unter bestimmten Voraussetzungen einen Rechtsanspruch auf einen Existenzgründungszuschuss. Arbeitslosengeld II-Empfängerinnen können Einstiegsgeld als Ermessensleistung erhalten.)

❑ Gibt es eventuell andere Finanzierungsquellen wie nahe Angehörige, Freunde, Bekannte, die Ihnen Geld zu günstigen Bedingungen zur Verfügung stellen?

❑ Stellt eine nebenberufliche Gründung eine Alternative für Sie dar? Oder die Aufnahme eines Minijobs?

❑ Besitzen Sie schon Einrichtungsgegenstände oder Maschinen, die Sie einbringen können, wie einen PC, Büromöbel, einen PKW?

Ohne Finanzmittel, in welcher Form auch immer, funktionieren die wenigsten Gründungen. Die Höhe der Finanzmittel, die Sie einsetzen müssen, hängt von Ihrem Geschäftsmodell ab. Orientieren Sie sich bei der Ressourcenplanung an Ihrer Neigung zum Risiko und Ihrer Einstellung zu einer Kreditaufnahme. Gründen Sie erst, wenn Sie genügend eigenes Startkapital angesammelt oder geklärt haben, woher Sie es bekommen und wann genau Sie damit rechnen können.

Wenn Ihr Eigenkapital für Ihr Gründungsvorhaben nicht ausreicht und Sie einen Existenzgründungskredit beantragen wollen, müssen Sie mit dem Start warten, bis dieser genehmigt ist.

Soziales Startkapital

Selbstständigkeit bedeutet: Sie werden sehr wahrscheinlich mehr Arbeit, weniger Zeit für sich, die Familie, Freunde und den Haushalt und weniger Geld haben – vor allem in der Vorbereitungs- und Aufbauphase. Klar ist, Sie werden Hilfe benötigen:

Welche hilfreichen Hände stehen bereit?

- ❑ Wie viel Unterstützung können Sie von Ihrem Partner und den Kindern erwarten?
- ❑ Können Sie überhaupt mit Unterstützung rechnen?
- ❑ Welche Betreuungsmöglichkeiten für die Kinder oder pflegebedürftige Angehörige stehen zur Auswahl?
- ❑ Kann Ihre »Ursprungsfamilie«, also Eltern oder Geschwister, auch mal aushelfen?
- ❑ Können Sie auf Hilfe von Freundinnen/Freunden, Nachbarinnen zählen?

Mit Hilfe ist nicht nur die tatkräftige praktische Hilfe gemeint, sondern auch die mentale oder emotionale Unterstützung, wenn Sie Mutmacher brauchen oder sich einfach mal ausheulen wollen.

Welche Veränderungen auf die ganze Familie zukommen werden, für den Partner und die Kinder, hängt ab von Ihrer Ausgangssituation, Ihrer Geschäftsidee und dem »Familienmodell«.

Was könnte sich für die Familie verändern?

Sind Sie im Moment, das heißt vor der Gründung, in einem Fulltimejob mit vielen Überstunden zeitlich sehr eingespannt? Dann wird die Veränderung sicher weniger gravierend sein, als wenn Sie nicht erwerbstätig sind, in der Familienpause oder arbeitslos sind. Selbstständigkeit bedeutet meistens, auf ein Stück

gemeinsame Freizeit und vielleicht auch Urlaub verzichten zu müssen.

Wie alt sind Ihre Kinder? Wie viel Zuwendung und Zeit brauchen sie von Ihnen? Ältere Kinder kommen häufig allein zurecht, entwickeln ihre eigene Selbstständigkeit und sind vielleicht froh, wenn sie Mamas permanenter Aufmerksamkeit entkommen (vor allem wenn die pubertäre Phase beginnt). Welchen Anteil an den häuslichen Pflichten haben schon bisher Ihr Partner und die Kinder übernommen?

Da Frauen nicht immer Mütter, aber in jedem Fall Töchter sind, stehen gerade Frauen in mittlerem Alter unter Umständen vor dem »Alles unter einen Hut«-Problem: nämlich wenn die Eltern alt sind und Pflege benötigen. Werden Sie dann genügend Kraft aufbringen für Familie, Beruf und Pflege? Wie ist die berufliche Situation Ihres Partners, kann er sich seine Arbeitszeit flexibel einteilen?

Ihre Existenzgründung hat auch Konsequenzen für die finanzielle Situation der Familie: Falls Sie Ihren Angestelltenjob aufgeben, fällt ein Teil des Familieneinkommens wahrscheinlich zumindest in den ersten Monaten völlig weg; es sei denn, Sie gehen schon mit Kunden und Einnahmen an den Start. Auch wenn Ihr Partner ein gesichertes Arbeitseinkommen hat, wird nicht alles ohne finanzielle Einschränkungen für die Familie abgehen. Bedenken Sie auch, wie Sie über die Runden kommen werden, falls Ihr Partner arbeitslos wird.

Familie trägt finanzielles Risiko mit

Überlegen Sie, welche finanziellen Mittel Ihnen gemeinsam zur Verfügung stehen und wie viel Ihrer Reserven Sie in die Existenzgründung stecken wollen. Die Familie trägt das finanzielle Risiko mit. Eine gescheiterte Existenzgründung kann sich tatsächlich zur Existenzbedrohung für die gesamte Familie ausweiten. Nach dem Gesetz haftet der Ehemann zwar grundsätzlich nicht für die Schulden der Ehefrau (in der üblichen Zugewinngemeinschaft). Aber sicher werden sich, zumindest in einer funktionierenden

Partnerschaft, beide für die Verbindlichkeiten eines Partners verantwortlich fühlen. Und Sie müssen damit rechnen, dass Ihr Partner als Bürge mit haften muss, sollten Sie einen Kredit aufnehmen.

Klären Sie Ihre eigenen Wünsche und Ziele

Führen Sie erst einmal ein klärendes Gespräch mit sich selbst. Denn Ihr persönliches Startkapital ist gefragt, was Durchsetzungsfähigkeit, Beharrlichkeit, Abgrenzungsvermögen und Belastbarkeit betrifft. Voraussetzung ist, Sie sind selbst davon überzeugt, dass Selbstständigkeit das ist, was Sie beruflich wollen. Und Sie kennen genau Ihre Ziele, persönlich wie beruflich. Nur dann können Sie Ihrer Familie Ihre Existenzgründung »verkaufen«. Folgenden Fragen sollten Sie sich ehrlich stellen, auch wenn die eine oder andere Frage durchaus unbequem ist:

- ❑ Wird Ihre Familie Sie unterstützen?
- ❑ Besitzen Sie die Nervenstärke, Unterstützung immer wieder einzufordern?
- ❑ Wenn Ihr Partner zwar mit der Gründung einverstanden ist, aber Sie nicht praktisch unterstützen will, sind Sie noch stärker gefordert. Besitzen Sie dazu die Energie und Kraft?
- ❑ Hätten Sie genügend Zähigkeit, die Gründung auch ohne die Unterstützung der Familie/des Partners durchzuziehen?
- ❑ Können Sie damit leben, dass Ihre Kinder von anderen Personen (mit)erzogen werden?
- ❑ Bringen Sie es fertig, zu den Kindern und zum Partner auch mal Nein zu sagen?
- ❑ Sind Sie in der Lage, sich auch bei familiären Problemen auf die Arbeit zu konzentrieren?
- ❑ Können Sie mit dem Konflikt umgehen, dass Sie Ihrem Partner und den Kindern möglicherweise nicht die Zuwendung geben können, wie Sie und die Familie sich wünschen?
- ❑ Ihre Selbstständigkeit könnte sich auch auf die Partnerschaft auswirken. Überlegen Sie deshalb, ob Sie das Risiko auf sich

nehmen wollen, dass Ihre Partnerschaft eventuell in die Brüche geht. Wie wird Ihr (Ehe-)Partner reagieren, wenn seine »bessere« Hälfte ehrgeizige Karrierepläne entwickelt? Können Sie mit Erfolgsdruck seitens Ihres Partners umgehen?

❑ Und der Haushalt muss auch weiterlaufen. Bringen Sie es fertig, ab und zu die Arbeit im Haushalt zurückzustellen – auch bei vorwurfsvollen Blicken des Ehemannes auf die ungeputzten Fenster?

❑ Welchen Stellenwert haben für Sie Freunde, soziale Aktivitäten, Freizeitbeschäftigungen, wofür Sie bei einer Existenzgründung wahrscheinlich weniger Zeit haben werden?

Welches Startkapital tragen Ihr Partner und die Kinder bei?

Rechtzeitig Familiengespräche führen

Vielleicht sind Sie in der glücklichen Lage und Ihr Partner unterstützt Sie freiwillig. So wie bei Cornelia Brucks. Wie sie berichtet, betreut ihr Ehemann einmal pro Woche die kleine Tochter und übernimmt in der Praxis »Hausmeisterarbeiten«.

Eine hartnäckige Frau führt mit dem Partner und den Kindern klärende Gespräche und fordert Unterstützung ein, wenn das rechte Verständnis fehlt.

Gabriele Engelmann sagt: »Mein Mann hilft mehr oder minder im Haushalt, allerdings muss ich das immer wieder einfordern. Hingegen unterstützt mich meine Tochter inzwischen regelmäßig im Büro – so macht sie beispielsweise meine monatliche Buchhaltung.«

Testen Sie Ihr Verkaufstalent!

Die clevere Frau nutzt die Familiengespräche als Gelegenheit, ihr Selbstvermarktungspotenzial und Durchsetzungsvermögen zu testen und zu trainieren. Indem sie die Familie von ihrer Idee begeistert und die Vorteile für alle herausstellt – und mit Beharrlichkeit und Dickköpfigkeit Mithilfe einfordert. Sie macht ihrem Partner klar, dass nur eine Frau, die mit ihrem Beruf zufrieden ist, auch in der Partnerschaft zufrieden sein wird. Studien – und Erfahrungen – zeigen, dass eine Partnerschaft nur mit zwei wirklich selbstbewussten und unabhängigen Partnern auf Dauer funktioniert. Frau schürt zum Beispiel die Vorfreude auf einen schönen Urlaub, wenn die

Selbstständigkeit läuft und sie mit ihren Einnahmen die Familien-
kasse anreichert. Oder die Aussichten auf ein höheres Taschengeld
für die Kinder.

Besprechen Sie gemeinsam mit der Familie, wie Sie die Aufgaben
untereinander aufteilen. Organisieren Sie den Haushalt um. Vielleicht können Sie gegenüber einer früheren Angestelltentätigkeit
flexibler arbeiten und auch Ihr Partner hat Möglichkeiten, seine
Arbeitszeit zu variieren oder zu Hause zu arbeiten. Überlegen Sie
auch, was Ihnen als Familie wichtig ist: Die Chance, mehr Geld zur
Verfügung zu haben, oder doch lieber mehr gemeinsame Zeit zu
verbringen? Bedenken Sie die Vor- und Nachteile eines Home
Office, wenn Sie über den Raum dazu verfügen. Denn je nach
Geschäftsmodell können Sie nicht immer nur dann arbeiten, wenn
Ihre Kinder in der Schule sind. Manchmal haben Sie vielleicht
Aufträge, bei denen Sie zu anderen Zeiten und ohne »Störpoten-
zial« arbeiten müssen.

 Was Sie für die Einrichtung eines häuslichen Arbeitszim-
mers beachten müssen, damit das Finanzamt sich an den
Kosten beteiligt, sollten Sie rechtzeitig mit Ihrem Steuerberater klären.

Besprechen Sie mit dem Partner auf jeden Fall das Thema Finanzen,
besonders wenn Sie eine gesicherte Angestelltenexistenz aufgeben.
Wie viel Geld kann für Ihre Selbstständigkeit investiert werden?
Und falls Sie nicht ausschließlich Ihr eigenes Geld einsetzen: Wie ist
die Risikobereitschaft Ihres Partners? Es wird nur schwer funktio-
nieren, wenn Sie zwei unterschiedliche Risikotypen sind und Ihr
Partner sehr sicherheitsbewusst ist. Lösung könnte ein finanzielles
Limit sein, das Sie gemeinsam vereinbaren.

Mit dem Partner über das finanzielle Risiko sprechen

 Wollen Sie als verheiratete Gründerin, die in einer
Zugewinngemeinschaft lebt, Geld aus dem gemeinsamen
Vermögen für Ihre Gründung einsetzen, können Sie das
nicht ohne die Zustimmung Ihres Ehemannes tun!

Welches Startkapital finden Sie außerhalb der Familie?

Marion Wögler berichtet von der Unterstützung ihrer Eltern: »Unser Sohn geht zweimal die Woche zu meinen Eltern und sie sind auch stets bereit einzuspringen, wenn das erforderlich ist.«

Bei Esther Everding entwickelte sich ihr Laden fast zum Familienbetrieb: »Insbesondere am Anfang, als ich das Geschäft nebenberuflich betrieb, war mir meine Mutter eine große Hilfe, da sie sehr oft unsere Wäsche mit gewaschen hat. Aber auch andere Familienmitglieder haben sich nützlich gemacht, sei es, dass meine Großmutter kilometerweise Geschenkband gekräuselt, mein Vater seitenweise Artikel in der Warenwirtschaft erfasst oder meine Schwester beim Dekorieren der Schaufenster geholfen hat. Die Auflistung ließe sich noch lange fortführen und diese Hilfestellungen haben mich sehr entlastet.«

Die Alternativen Kindergarten, Kinderfrau, Babysitter und Putzfrau kosten Geld, sie sind manchmal sogar richtig teuer. Die Selbstständigkeit fordert von Müttern/Eltern leider größere finanzielle Anstrengungen als von Frauen/Paaren ohne Kinder.

 In Kapitel 5 finden Sie eine Auflistung, wie der Staat Kinderbetreuung und Haushaltsdienstleistungen steuerlich fördert.

Sicher fallen Ihnen ungezählte Möglichkeiten ein, wo Sie ohne großen finanziellen Einsatz Unterstützung für die Kinderbetreuung und auch sonst für den Alltag bekommen: Netzwerke nutzen oder selbst aufbauen, zum Beispiel Freundinnen, ein »Verein für gegenseitige Kinderbetreuung, Chauffierdienste und Einkaufsservice«, Notkindergärten, Oma- und Opaservice oder Nachbarschaftshilfen.

Wie groß ist Ihr Startkapital?

Jetzt wird es spannend! Zählen Sie Ihr Startkapital und machen Sie eine Aufstellung:

Wie viel persönliches Startkapital kommt zusammen?

Hier ist skeptische Selbstprüfung gefragt. Als kluge Frau gehen Sie dabei realistisch zu Werke. Denn Selbstüberschätzung ist für Ihr Vorhaben genauso wenig förderlich wie Unterschätzung. Nehmen Sie eine kritische Bestandsaufnahme der eigenen Stärken und Schwächen vor: Ihre unternehmerischen Eigenschaften, Ihr Fachwissen, Ihre Berufserfahrung, Markt- und Branchenkenntnisse, Ihr kaufmännisches und betriebswirtschaftliches Know-how. Alle Ihre Kompetenzen, Talente, Qualifikationen; dazu zählen auch die im Privatleben angeeigneten Fähigkeiten, zum Beispiel durch ehrenamtliche Tätigkeit in Vereinen oder anderen Gruppen oder durch Freizeitbeschäftigungen.

Realistische Einschätzung Ihrer Stärken und Schwächen

Fragen Sie sich unvoreingenommen: Bin ich ein Unternehmerinnentyp?

 Tipp   Die eigene Selbsteinschätzung können Sie in vielen Gründertests in Existenzgründungsbüchern oder -leitfäden oder auf zahlreichen Websites überprüfen.

Holen Sie sich Unterstützung von anderen Menschen. Deren Sichtweise kann Ihnen bei der Beurteilung helfen. Fragen Sie Ihre Freunde, Bekannten, Kollegen, ob sie sich Sie als Unternehmerin vorstellen können. Ein Tipp dazu von Béatrice Hecht-El Minshawi:

Ein Blick von außen

Laden Sie eine kleine Gruppe, etwa sechs bis acht Frauen und Männer aus unterschiedlichen Branchen und Lebenssituationen, ein, die Sie kennen, aber nicht aus Ihrem engsten Freundeskreis sind.

Teilen Sie Papiere und Stifte aus.

Stellen Sie Ihre Geschäftsidee vor und alles drum herum.

Zeigen Sie ein Flipchart mit folgenden Fragen:

1. *Bin ich die Person, die das kann?*
2. *Traut ihr mir das zu?*
3. *Worin seht ihr meine Stärken und meine Schwächen?*
4. *Worin seht ihr Probleme?*
5. *Welche Tipps habt ihr?*

Jetzt kann 30 bis 60 Minuten in Tandems diskutiert werden. Jedes Tandem notiert die wichtigsten Ergebnisse und Empfehlungen auf ein Flipchart-Blatt, das anschließend präsentiert wird.

Sie hören nur zu und mischen sich nicht ein! Keine Rechtfertigung! Das haben Sie nicht nötig. Sind alle weg, haben Sie eine Vielfalt guter Gedanken und Ideen, die Sie analysieren und manche davon für Ihre Geschäftsidee nutzen. Viel Spaß und Erfolg!

Nehmen Sie auch kritisch Ihre äußere Erscheinung unter die Lupe. Passt Ihr Outfit zur Geschäftsidee? Wenn Sie Jeansanhängerin sind, kommen Sie zum Beispiel als Vermögensberaterin vielleicht nicht so gut bei Ihren zukünftigen Kunden an. Testen Sie auch, vielleicht mit Freundinnen oder Kolleginnen, wie Ihre Gestik und Mimik, Ihre Körpersprache auf Ihr Gegenüber wirken. Und Sie sollten die jeweilige Sprache des anvisierten »Milieus« beherrschen.

Wie viel finanzielles Startkapital kommt zusammen?

Wie sieht es mit Ihren finanziellen Ressourcen aus? Wovon werden Sie in den ersten Monaten nach dem Start leben? Wie viel Geld

brauchen Sie für Ihr Gründungsprojekt? Haben Sie selbst Eigenkapital oder Finanzierungsquellen, Familie, Freunde, die Ihnen welches zur Verfügung stellen? Wie ist Ihre Neigung zum Risiko?

Wie viel soziales Startkapital kommt zusammen?

Können Sie mit der Unterstützung Ihrer Familie, vor allem Ihres Partners, rechnen? Wie wird er Sie unterstützen – mit tatkräftiger Hilfe bei der Erziehung der Kinder und im Haushalt? Durch mentale Unterstützung, mit Geld? Welche Zuwendung und Aufmerksamkeit brauchen Ihre Kinder? Wie wichtig ist es für Sie, Ihre Kinder selbst zu betreuen? Leben in Ihrem Haushalt pflegebedürftige Angehörige? Wie kommen Sie mit Ihren eigenen Ansprüchen klar? Wie groß ist Ihr Harmoniebedürfnis? Können Sie auf die Hilfe von Angehörigen oder auf Netzwerke zurückgreifen? Wie wichtig sind für Sie Ihre sozialen Kontakte, Ihre ehrenamtlichen Aktivitäten?

Sie müssen sich entscheiden!

An dieser Stelle ist Ihre unternehmerische Kompetenz »Entscheidungsfähigkeit« gefragt. Dabei bieten sich zwei Entscheidungshilfen an:

Entscheidungshilfen beim Abwägen von Pro und Kontra

Existenzgründung muss nicht unbedingt eine Frage des Alles oder Nichts, von jetzt oder nie sein. Es stehen Ihnen eine Vielzahl von Gründungswegen und Strategien offen. Sie wählen Ihren individuellen Weg, konzipieren Ihren eigenen Strategiemix, je nach Ihrem Startkapital und Ihrer Geschäftsidee.

Wählen Sie Ihren eigenen Weg

Wichtig: Orientieren Sie sich dabei an Ihren Zielen, den persönlichen und beruflichen. Denn nur anhand Ihrer Ziele können Sie entscheiden, welche Gründungsroute Sie wählen und ob Selbst-

Ihre Ziele sind wichtig

ständigkeit überhaupt der richtige Weg für Sie ist. Überlegen Sie: Kann ich mit der Selbstständigkeit meine Ziele erreichen? Welche sind das? Seien Sie ehrlich und realistisch und setzen Sie Prioritäten. Und noch etwas: Erst wenn Sie Ziele haben, können Sie Leidenschaft und Begeisterung für Ihren Weg entwickeln.

Eine Auswahl an Gründungsstrategien

Persönliche Stärken stärken, Schwächen ausgleichen

Konzentrieren Sie sich auf Ihre Stärken, bauen Sie diese weiter aus. Schwächen sind keine Katastrophe und kein Hinderungsgrund, sondern normal. Auch die Erfolgsfrauen haben Schwächen – und nehmen sie als Herausforderung an und arbeiten daran. Know-how-Defizite kann frau ausgleichen: durch Weiterbildung in Seminaren und Kursen, Recherchen im Internet, Fachlektüre, ein Praktikum in einem Unternehmen, durch Gründungsberatung oder Coaching.

Holen Sie sich eine Partnerin/einen Partner ins Boot. Eine handwerklich oder technisch begabte oder ausgebildete Gründerin tut sich mit einer anderen Gründerin zusammen, die ein Verkaufstalent oder eine Marketingexpertin ist. Oder mit einer anderen, die fit in Buchhaltung und Controlling ist. Oder Sie engagieren fachlich versierte Mitarbeiter/innen. Oder Sie nehmen Dienstleistungen in Anspruch, Sie »outsourcen« Aufgaben, die Sie nicht besonders gut können, die nicht zu Ihrer Kernkompetenz gehören und deren Erledigung Sie zu viel Ihrer Arbeitszeit kostet.

Gründerinnen mit »Handicap«

In vielen Gründertests und Leitfäden zur Existenzgründung wird als Voraussetzung genannt: Der Gründer/die Gründerin muss gesund und topfit sein. Heißt das jetzt, dass sich nur selbstständig machen sollte, wer kerngesund ist? Dass vielleicht sogar nur der Gründer/die Gründerin ohne gesundheitliche Einschränkungen einen Kredit bekommt? Eine selbstbewusste Frau braucht als Unternehmerin auf jeden Fall eine gewisse Vitalität im Alltag. Aber sie lässt sich auch mit einem gesundheitlichen Handicap nicht von ihren Gründungsplänen abhalten, wenn sie davon überzeugt ist, dass es der richtige berufliche Weg für sie ist und sie das Zeug zur

Unternehmerin hat. Sie setzt die Geschäftsidee um, die ihren Möglichkeiten entspricht, angepasst an ihre persönlichen Grenzen und ihre Leistungsfähigkeit. Sie plant gründlich, sorgt umsichtig vor, wenn sie mal ausfällt, sucht sich vielleicht eine Partnerin, die sie unterstützt, und richtet ihren unternehmerischen Alltag auf ihre Bedürfnisse aus. Ein Beispiel ist Martina Sancar, die berichtet: »Ich habe verschiedene gesundheitliche Einschränkungen, die mich zwingen, einem eigenen Rhythmus zu folgen. Von daher wäre es für mich schwierig, regelmäßig außer Haus zu arbeiten. Ich kann durchaus zehn und mehr Stunden am Tag arbeiten, aber hauptsächlich arbeite ich nachts. Ich kann nicht lange stehen und nicht schwer heben, also kommt mir die sitzende Tätigkeit an der Nähmaschine sehr entgegen.« Es gibt viele andere Unternehmerinnen mit Handicap oder chronischen Krankheiten – sie sind körperbehindert oder blind, haben Asthma, Diabetes oder multiple Sklerose. Sie sind trotzdem erfolgreich – vielleicht auch gerade deswegen? Denn diese Unternehmerinnen haben einen besonders ausgeprägten Willen zum Erfolg.

Die umsichtige Frau gründet auch nach den ihr zur Verfügung stehenden finanziellen Mitteln. Manche Geschäftsidee/manches Geschäftsmodell wird sich mangels Eigenkapital nicht umsetzen lassen.

Die finanziellen Ressourcen berücksichtigen

Essenziell ist Ihre Einstellung zum Risiko. Denn Risikobereitschaft können Sie nicht erlernen oder sich antrainieren, die muss vorhanden sein. Es gibt aber Wege, das Risiko zu verringern, zum Beispiel durch eine Kleingründung wie bei Kirsten Hüttner oder einen speziellen Ableger, eine Nebenerwerbsgründung wie bei Esther Everding. Als weitere Alternativen bieten sich an: Teamgründung, Partnerschaft mit Kapitalbeteiligung, Franchising oder Unternehmensübernahme. Für die letztere Alternative steht das Beispiel von Cornelia Brucks, die eine Praxisneugründung als riskanter beurteilte.

Das finanzielle Risiko begrenzen

Mit einer Nebenerwerbsgründung können Sie nicht nur das finanzielle Risiko einschränken, sondern zum Beispiel auch erst einmal testen, ob es Ihnen liegt, Unternehmerin zu sein. Oder wie Ihre

Vorteile einer nebenberuflichen Selbstständigkeit

Geschäftsidee bei der Zielgruppe ankommt. Sie können Ihr Konzept entwickeln und verfeinern. Ihr Gehalt als Angestellte können Sie als Finanzierungsquelle für Ihre nebenberufliche Gründung einsetzen. Und vor allem haben Sie mehr Zeit zur Verfügung als bei einer »hauptberuflichen« Selbstständigkeit, die Sie auch flexibler nutzen können für Familie und soziale Kontakte.

> Die selbstbewusste Frau gründet entsprechend ihren persönlichen Kompetenzen und Kenntnissen, Fähigkeiten und Finanzen, persönlichen Voraussetzungen und Verhältnissen. Sie baut sich das für sie richtige Unternehmen zusammen.

Entscheidung »pro Existenzgründung«

Sie haben sich »pro Existenzgründung« entschieden? Dann herzlichen Glückwunsch! Als nächster Schritt folgt: Sie müssen die Marktchancen Ihrer Geschäftsidee ausloten und abschätzen, ob Ihre Gründung auch wirtschaftlich tragfähig ist, das heißt, ob Sie mit Ihrer Geschäftsidee so viel Geld verdienen können, wie Sie wünschen oder benötigen.

Kommt Zeit, kommt Gründung!

Sie sind sich nicht sicher, ob Ihr Startkapital in jeder Hinsicht ausreicht? Für zielstrebige Frauen kein Problem. Sie verschieben die Gründung erst einmal und nutzen die Zwischenzeit, um ihre Kompetenzen zu stärken oder Defizite zu beseitigen. Und sie wissen: Umstände ändern sich. Menschen ändern sich. Zeiten ändern sich. Kurzum: Kommt Zeit, kommt Gründung!

3   Existenzgründungsplanung

Gründungswege und Strategien

Bei der nächsten Etappe auf dem Weg in die berufliche Selbstständigkeit geht es um das »Wie«, die Route, die Strategien.
Existenzgründung ist nicht gleichbedeutend damit, ein eigenes Unternehmen neu aufzuziehen. Und auch wenn Existenzgründung und Geschäftsidee ein unzertrennliches Duo sind: Wenn Sie Ihre zündende Idee noch nicht gefunden haben, können Sie von den Ideen anderer profitieren. Und wenn Sie nicht mit vollem Risiko einsteigen wollen, bieten sich Ihnen Alternativen an, das Risiko einzugrenzen. Sowohl Frauen mit Einzelkämpfermentalität als auch geborene Teamplayerinnen finden die passenden Strategien.
Die unterschiedlichen Alternativen mit unterschiedlichen Chancen und Risiken:

- ❏ Allein gründen als Solounternehmerin oder mit Partner/in zusammen
- ❏ Kleingründung, das heißt mit geringem Kapitalbedarf und ohne – feste – Mitarbeiter starten
- ❏ Vollzeitlich mit ganzer Arbeitskraft und Arbeitszeit und mit vollem Risiko einsteigen oder (zunächst einmal) nebenberuflich gründen
- ❏ Ein Unternehmen, einen Betrieb neu gründen beziehungsweise eine Kanzlei, eine Praxis, ein Büro neu eröffnen
- ❏ Ein bestehendes Unternehmen kaufen oder sich als Partnerin daran beteiligen
- ❏ Ein fertiges Geschäftsmodell »mieten«, also in ein Franchisesystem einsteigen

Gewiefte Gründerinnen suchen und finden ihren eigenen individuellen Weg. Sie gründen entsprechend ihrer Persönlichkeit und ihren Potenzialen, ihren Präferenzen und Prämissen. Kurz: nach ihrem Startkapital.

Als Entscheidungshilfe können Sie sich an diesem Fragenkatalog orientieren:

❑ Welchen Gestaltungsspielraum und wie viel Unabhängigkeit möchten Sie?
❑ Wie hoch ist Ihre Risikobereitschaft?
❑ Haben Sie eine eigene erfolgversprechende Geschäftsidee?
❑ Wie viel Eigenkapital steht Ihnen zur Verfügung beziehungsweise wollen Sie einsetzen?
❑ Welchen Arbeitseinsatz und Zeitaufwand darf Ihre Selbstständigkeit »kosten«?
❑ Wie viel Energie und Zeit wollen Sie in die Gründungsvorbereitungen stecken?

Neugründung

Sie starten mit einer eigenen Geschäftsidee und stellen sozusagen aus dem Nichts eine selbstständige Existenz auf die Beine.

Eine Herausforderung für neugierige und besonders risikofreudige Frauen, die gern Neuland betreten und die sich nicht vom langen und zeitaufwendigen »Anfahrtsweg« zum eigenen Unternehmen abschrecken lassen: Markt- und Standortanalyse durchführen, Geschäftskonzept ausarbeiten und umsetzen, die Wirtschaftlichkeit prüfen, Finanzierung zusammenstellen, Formalitäten und Behördengänge erledigen, Kunden oder Aufträge akquirieren, Lieferanten ausfindig machen, Geschäftskontakte aufbauen, eventuell Mitarbeiter suchen, Positionierung am Markt erobern, sich einen Namen machen.

Natürlich besteht das Risiko, dass die Geschäftsidee sich als Flop erweist oder durch einen der vielen Stolpersteine das Aus droht. Die gewiefte Gründerin betreibt als Gegenmittel ein gekonntes Risiko-

management und hat dafür die Chance, etwas ganz Neues zu schaffen, ein Unternehmen nach den eigenen Vorstellungen aufzubauen und mit ihrem Unternehmen zu wachsen, geschäftlich und persönlich.

Klein- und Nebenerwerbsgründung

Eine beispielhafte Strategie für weniger risikofreudige Gründerinnen verfolgte Kirsten Hüttner. Die Unternehmensberaterin wollte das finanzielle Risiko weitestgehend ausschalten und startete »auf ganz kleinem Niveau und komplett aus eigenen Mitteln«. Die Büroeinrichtung übernahm sie günstig von ihrem früheren Arbeitgeber. Auch die laufenden Kosten versucht sie niedrig zu halten, zum Beispiel durch Einmieten in eine Bürogemeinschaft. Die – geschickt ausgehandelte – Zahlung einer monatlichen Pauschale durch ihren ersten Auftraggeber, einem Geschäftspartner aus Geschäftsführungszeiten, trägt zur Deckung der Miete bei. Je nach Arbeitsanfall beschäftigt sie eine Aushilfe auf Minijob-Basis, statt eine/n feste/n Mitarbeiter/in einzustellen.

> **Alternative für sicherheitsbewusste Gründerinnen: Kleingründung**

»Nebenstraße« in die Selbstständigkeit

Eine andere Form der sogenannten »Kleingründung« wählte Esther Everding mit ihrer nebenberuflichen Tätigkeit als ihren Weg in die Selbstständigkeit. Sie berichtet:
»Die ersten 14 Monate hatte ich das Geschäft zusätzlich zu meiner Ganztagsbeschäftigung bei der Bank nebenberuflich betrieben und nur stundenweise geöffnet. Grund hierfür war einerseits das finanzielle Risiko, andererseits aber auch ein Quäntchen Feigheit, schließlich hatte ich einen relativ sicheren Job. Der Job diente aber auch der Anfangsfinanzierung des Geschäfts, das heißt, er sicherte mir meine Unabhängigkeit. Ferner hatte ich so die Zeit, die theoretischen Überlegungen, die man vorher angestellt hat, in der Praxis zu überprüfen.« Für die Bedienung der Kunden während der Öffnungszeiten, in denen sie ihrem Job nachging, hatte sie eine Mitarbeiterin auf 400-Euro- Basis eingestellt.

Was für eine Klein-, Teilzeit- oder Nebenerwerbsgründung spricht:

❑ Sie verringern das Gründungsrisiko. Sie machen nicht gleich Ihre gesamte Existenz von der Selbstständigkeit abhängig, besonders wenn Sie in einer Festanstellung sind. Die Sozialversicherung bleibt erst einmal gesichert.

❑ Da der Kapitalbedarf geringer ist, können Sie den Schritt in die Selbstständigkeit auch unternehmen, wenn Sie wenig Startkapital einsetzen wollen oder zur Verfügung haben.

❑ Wenn Sie nicht sicher sind, ob Sie für ein Unternehmerinnen-Dasein wirklich geschaffen sind, können Sie die Selbstständigkeit erst einmal ausprobieren. Mit wachsendem Erfolg und steigendem Mut zum Risiko liegt es dann bei Ihnen, Ihren Nebenerwerb zum Vollzeitunternehmen auszubauen.

❑ Sie können die Marktchancen Ihrer Geschäftsidee ausloten und das Absatzpotenzial testen. Oder überhaupt erst einmal eine Produktidee kreieren und ein Geschäftskonzept entwickeln, sich nach und nach einen Kundenstamm aufbauen.

❑ Sie können so auch unternehmerische Erfahrungen sammeln, ganz nach dem bewährten Prinzip »Learning by Doing«.

❑ Frauen, die wegen ihrer Kinder, der Pflege von Angehörigen oder anderer Engagements im Moment keine Zeit haben, um ein Unternehmen als Fulltimejob zu gründen, können ihren Traum von der Selbstständigkeit trotzdem verwirklichen.

❑ Mit einer Nebentätigkeit schaffen Sie sich ein zusätzliches Einkommen, entweder für willkommene »Extras« oder um ein Finanzpolster für die hauptberufliche Selbstständigkeit anzusparen.

Lesen Sie in Kapitel 5, was Sie bei einer Gründung neben einem Angestelltenverhältnis oder bei Arbeitslosigkeit beachten müssen.

❑ Suchen Sie eine Geschäftsidee, die sich auch nebenberuflich umsetzen lässt, nur geringe Investitionen erfordert, keine hohen laufenden Kosten verursacht, wenig Zeitaufwand verlangt. Überlegen Sie genau, ob Sie sich nicht verzetteln und dann scheitern.

❑ Berechnen Sie keine »nebenberuflichen« Preise: Gegenüber Mitbewerbern haben Sie Kostenvorteile (zum Beispiel zahlen Sie keine oder weniger Sozialversicherungsbeiträge). Daher könnten Sie Ihr Produkt oder Ihre Dienstleistung billiger anbieten. Doch gerade wenn Sie eine Geschäftsidee testen und die nebenberufliche Selbstständigkeit als »Sprungbrett« zur Vollzeitunternehmerin nutzen wollen, wäre das keine kluge Strategie. Denn Sie wollen ja Ihre Leistung unter realistischen Marktbedingungen anbieten und erreichen, dass Kunden bei Ihnen kaufen, weil Ihr Angebot besser ist als das Ihrer Konkurrenz. Falls Sie später als »hauptberuflich« selbstständige Unternehmerin am Markt auftreten, besteht die Gefahr, dass die Kunden die dann notwendigen höheren Preise nicht akzeptieren. Dann bleiben die Kunden weg oder Sie erzielen nicht die Preise, die Sie zur Sicherung Ihrer Existenz brauchen. Orientieren Sie sich daher mit Ihren Preisen an der Konkurrenz.

❑ Wenn Sie eine feste Anstellung haben, geben Sie Ihren Job erst dann auf, wenn sich gezeigt hat, dass Ihre nebenberufliche Selbstständigkeit erfolgreich ist und Ihre Gewinnerwartungen erfüllt werden.

❑ Beachten Sie die Regelungen in Ihrem Anstellungsvertrag, ob und unter welchen Bedingungen ein Nebenerwerb erlaubt ist.

Teamgründung

Sie haben eine erfolgversprechende Geschäftsidee, möchten aber nicht gern allein ein Unternehmen aufziehen, weil Sie es vorziehen, Verantwortung und Risiko zu teilen, weil Ihnen Erfahrungen oder unternehmerisches Know-how fehlen oder weil Sie ganz einfach eine ausgesprochene Teamworkerin sind. Oder es fehlt Ihnen an der zündenden Idee, aber Sie sind für die Selbstständigkeit motiviert und Sie können unternehmerische Kompetenzen und Fachkenntnisse beisteuern.

Was läge da näher, als sich gemeinsam mit einer oder mehreren Partnerinnen auf den Weg in die Selbstständigkeit zu machen? Die Vorteile klingen verlockend:

❑ Was der einen Gründerin an persönlichem Startkapital fehlt, bringt die andere mit: Organisationstalent und Verkaufsprofi, BWL-Ass und Marketingspezialistin, versierte Handwerksmeisterin und Finanzexpertin. Konzeptionelle Vordenkerin und kommunikationsstarke Repräsentantin ergänzen sich.

❑ Kunden- und Netzwerkkontakte addieren sich und erhöhen so die Absatzchancen und erleichtern den Marktauftritt.

❑ Zwei oder mehr Partnerinnen können gemeinsam ein höheres finanzielles Startkapital aufbringen. Das bedeutet stärkere Eigenkapitalbasis, mehr Sicherheiten zur Aufnahme von Krediten, größeren Finanzierungsspielraum.

❑ Sie verfügen über ein größeres Potenzial an Arbeitszeit: Bei gleichen fachlichen Voraussetzungen können zwei oder mehr Partnerinnen auch mehr Aufträge bearbeiten in der gleichen Zeit. Oder sie können die Arbeitszeit reduzieren. Das wäre vorteilhaft für Unternehmerinnen mit Kindern. Gründerinnen, die nicht Vollzeit im Unternehmen arbeiten möchten, können durch eine Gemeinschaftsgründung überhaupt erst Geschäftsideen verwirklichen, die eigentlich eine volle Präsenz erfordern.

❑ Als Team können Sie besseren Kundenservice anbieten, zum Beispiel den Telefondienst so organisieren, dass den Kunden

jederzeit eine persönliche Ansprechpartnerin zur Verfügung steht. Oder eine Vertretung bei Urlaub oder Krankheit.

❑ Bei einer Teamgründung inbegriffen: Kontakte, Kommunikation, Kreativität – Erfahrungen austauschen, sich miteinander beratschlagen, sich gegenseitig Anregungen geben, jemandem seinen Ärger oder seine Freude mitteilen können.

❑ Sie verringern das Fehlerpotenzial, denn vier Augen sehen mehr als zwei.

❑ Sie können die elektronischen Kommunikationswege nutzen und ein »virtuelles Team« bilden. Sie müssen noch nicht einmal am gleichen Standort oder an der gleichen Büroadresse arbeiten.

Eine Gemeinschaftsgründung hat allerdings auch ihre Tücken. Wie beim Mannschaftssport kommt es darauf an, dass die Spielerinnen zusammenpassen – und dass das Zusammenspiel funktioniert.

Das Zusammenpassen bezieht sich nicht nur auf Kompetenzen und Kenntnisse, sodass jede Partnerin an ihrem Platz die – gemeinsam vereinbarten – Aufgaben ausfüllt. Auch die Ziele, die jede Partnerin mit der beruflichen Selbstständigkeit verfolgt, müssen harmonieren.

Wenn zum Beispiel die eine Partnerin sich das Wochenende freihalten will, um so besser Beruf und Familie unter einen Hut zu bekommen, für die andere Partnerin aber »Freizeit« ein Fremdwort ist, kann das schnell zum Streit führen. Die Partnerinnen sollten auch eine ähnlich hohe Risikobereitschaft mitbringen. Und die Einstellung zum Geld und die Gewinnvorstellungen sollten übereinstimmen. Das Thema kommt spätestens dann auf den Tisch, wenn es um die Höhe der Privatentnahmen geht.

Voraussetzung für das Gelingen des Gründungsvorhabens ist, dass jedes Teammitglied nicht nur den festen Willen zum Erfolg hat, sondern auch den unbedingten Willen zur Zusammenarbeit. Denn persönliche Differenzen verursachen nicht nur Energie- und Zeitverluste. Im schlimmsten Fall können sie zum Scheitern führen.

Ganz entscheidend ist auch das gegenseitige Vertrauen. Die Partnerinnen sitzen im selben Boot. Sie tragen das Unternehmensrisiko

gemeinsam, geben dafür Entscheidungskompetenzen ab. Das bedeutet, eine Partnerin entscheidet über den »Risikoanteil« der anderen Partnerin mit. Das gilt für jede Rechtsform, kann aber besonders gravierende Folgen für Personengesellschaften haben. Dann ist unter Umständen sogar der Ehepartner mit betroffen.

Vor einer Gemeinschaftsgründung sollten Sie sich also fragen:

- ❏ Welches sind Ihre Motive für eine Gemeinschaftsgründung? Wollen Sie das wirklich?
- ❏ Was bieten Sie einer Partnerin? Und was erwarten Sie selbst von einer Partnerin?
- ❏ Wie gut kennen Sie Ihre potenziellen Partner? Hier sind nicht nur die fachlichen Kompetenzen und der Arbeitsstil wichtig, sondern auch die privaten Verhältnisse. Hat die Partnerin Schulden? Wie steht ihr Ehe- oder Lebenspartner zur Selbstständigkeit? Und weiter: Wie groß ist Ihr Vertrauen in ihre Kompetenz und ihre Verlässlichkeit?
- ❏ Und überlegen Sie auch gründlich, ob Sie wirklich mit Ihrer besten Freundin ein Unternehmen aufziehen wollen. Denn Harmonie im Privatleben ist nicht unbedingt ein Garant für gemeinsamen geschäftlichen Erfolg.

Falls Sie sich zu einer Teamgründung entschließen:

- ❏ Legen Sie die Ziele Ihrer beruflichen Partnerschaft gemeinsam fest. Überprüfen Sie die Ziele regelmäßig.
- ❏ Erarbeiten Sie das Unternehmenskonzept gemeinsam.
- ❏ Vereinbaren Sie klare, eindeutige Spielregeln zu den Verantwortungsbereichen, der Aufgabenverteilung, der Arbeitsorganisation, den Kommunikationswegen, zu Gewinnverteilung und Privatentnahmen.
- ❏ Legen Sie alles schriftlich fest.
- ❏ Falls Sie Büroräume gemeinsam nutzen, sollten Sie auch dafür eindeutige Absprachen treffen, denn gerade der Alltag mit seinen Stresssituationen ist ein idealer Nährboden für Streitig-

keiten: Besprechen Sie ganz alltägliche Dinge. Wer ist wann anwesend? Wer bedient das Telefon, wenn kein gemeinsames Sekretariat vorhanden ist? Wird eine Putzfrau engagiert? Welche Küchenausstattung wird angeschafft? Welche Bürogeräte werden gemeinsam genutzt? (Wer besorgt Druckerpapier, wer hat wann Küchendienst?)

Unternehmensübernahme

Sie haben das Zeug zur Unternehmerin, aber keine konkrete Geschäftsidee.

Die Selbstständigkeit reizt Sie, dabei ist es Ihnen nicht so wichtig, ein Unternehmen nach Ihren persönlichen Vorstellungen von null aufzubauen. Sie wollen nicht unbedingt Ihre Energien in eine langwierige Vorbereitungs- und Gründungsphase investieren, eine Geschäftsidee testen, ein Geschäftskonzept ausarbeiten. Sie bevorzugen es, möglichst schnell »loszulegen« – wie beim Erwerb der eigenen »vier Wände«: kaufen statt selber bauen.

Alternative zur Neugründung: ein bestehendes Unternehmen erwerben. Vielleicht denken Sie auch daran, in den Familienbetrieb einzusteigen. In jedem Fall sollten Sie eine Stange Eigenkapital mitbringen. Dafür können Sie dann auch gleich Geld verdienen. Zumindest kurzfristig sind bei einer Unternehmensübernahme Ihre Einnahmen zur Finanzierung Ihres Lebensunterhalts gesichert. So vermindern Sie das Gründungsrisiko.

Das war auch der Grund für Cornelia Brucks, eine eingeführte Praxis für Physiotherapie zu kaufen, statt selbst eine zu gründen: »Eine bereits bestehende und gut gehende Praxis zu übernehmen minimierte das Risiko, trotz der ständigen Gesundheitsreformen, und erhöhte die Chancen auf erfolgreiche Zukunftsaussichten. Eine Neugründung erschien mir wesentlich riskanter.« Doch erwarten Sie nicht, dass ein Unternehmen nach der Übernahme von allein laufen wird. Die neue Inhaberin muss selbst hohen Einsatz bringen und sich das Vertrauen der Kunden beziehungsweise im Fall von Cornelia Brucks der Patienten erst erarbeiten:

»Natürlich waren auch die Patienten erst mal skeptisch, weil ich neu war. Wird sie das schaffen? Was wird sie ändern? Wie wird sie es machen? Etc. Ich musste mich als Person mit fachlicher Kompetenz beweisen, aber das ist ja auch bei einem neuen Arbeitsplatz so.«

Die besonderen Herausforderungen beim Kauf eines Unternehmens:

❏   Im Gegensatz zu einer Neugründung haben Sie keine Gelegenheit, sich Schritt für Schritt in das Unternehmen einzuarbeiten. Sie müssen gleich voll einsteigen und von Anfang an in jedem Bereich Präsenz und Kompetenz zeigen.

❏   Sie formen das Unternehmen nicht selbst, die Strukturen sind vom bisherigen Eigentümer geprägt.

❏   Sie müssen die Mitarbeiter, die Kunden, Lieferanten, Geschäftspartner erst noch für sich gewinnen, von Ihrer Kompetenz überzeugen, Kontinuität beweisen.

❏   Eine Erfolgsgarantie ist beim Kauf nicht inklusive. Es ist an Ihnen, mit unternehmerischem Denken und Handeln das Unternehmen erfolgreich weiterzuführen. Dabei müssen Sie Balance halten: einerseits Bewährtes erhalten und andererseits Neues finden, neue Geschäftsideen, neue Verkaufschancen, neue Vertriebskanäle etc.

Wie Sie diesen Herausforderungen begegnen:

❏   Sie sollten unternehmerische Erfahrungen, auf jeden Fall Führungsqualitäten und unternehmerisches Know-how, Fachkenntnisse, Branchen- und Marktkenntnisse mitbringen. Überlegen Sie, ob Sie Ihre Stärken einsetzen können und Ihre Schwächen nicht kontraproduktiv sind.

❏   Wählen Sie ein Unternehmen aus, das zu Ihnen passt: die Geschäftsidee, Image, Positionierung, Größe des Unternehmens, Standort. Und prüfen Sie kritisch Ihre Stärken und Schwächen. Welche Kompetenzen benötigen Sie zur erfolgrei-

chen Weiterführung, welche Kenntnisse und Fähigkeiten müssen Sie sich noch aneignen? Welche Defizite müssen Sie durch Partnerinnen ausgleichen?

❑ Nehmen Sie eine gründliche Analyse des Betriebes vor. Schalten Sie eventuell Sachverständige, Berater ein. Ist der Kaufpreis angemessen? Wie ist die aktuelle Ertragslage? Reichen die Erträge aus, um notwendige Investitionen finanzieren zu können? Wie sieht es mit der Zukunftsfähigkeit und dem langfristigen Ertragspotenzial aus? Können Ihre mittel- und langfristigen Gewinnerwartungen erfüllt werden?

❑ Pflegen Sie gute Beziehungen zur/zum früheren Eigentümer/in. Lassen Sie sich bekannt machen bei den Mitarbeitern und Geschäftspartnern. Suchen Sie sich eine Vertrauensperson im neuen Unternehmen.

Eine besondere Form der Unternehmensübernahme ist das MBO beziehungsweise MBI.

Beim Management-Buy-Out, MBO, erwirbt das Management, in der Regel leitende Angestellte oder die Geschäftsführung, Teile des Unternehmens. Beim Management-Buy-In, MBI, kauft sich die Gründerin oder ein Team von Gründerinnen in ein fremdes Unternehmen ein und leitet es auch.

Unternehmensbeteiligung

Sie wollen nicht gleich ein komplettes Unternehmen erwerben und dafür die alleinige Verantwortung und das volle Risiko tragen, sondern mit Partnern zusammenarbeiten? Bei der Unternehmensbeteiligung kombinieren Sie praktisch Unternehmensübernahme und Teamgründung, mit den entsprechenden Vor- und Nachteilen. Sie werden Miteigentümerin.

Während Sie bei einer stillen Teilhaberschaft in der Regel nur als Investorin fungieren – unter bestimmten Voraussetzungen können Sie mit den Partnern eine Mitarbeit in der Geschäftsführung vereinbaren –, spielen Sie bei der »tätigen Beteiligung« eine aktive

und (mit-)verantwortliche Rolle in der Geschäftsführung und Vertretung des Unternehmens nach außen. Dafür brauchen Sie unternehmerische Kompetenzen und Know-how und unbedingt Branchen- und Fachkenntnisse.

Für den Einkauf in ein Unternehmen mit tätiger Beteiligung können Sie unter bestimmten Voraussetzungen wie beim Kauf eines Unternehmens öffentliche Fördermittel erhalten.

Vor dem Einstieg achten Sie beim Unternehmen Ihrer Wahl besonders auf die Wirtschaftlichkeit, die Zukunftsaussichten, die Angemessenheit des Kaufpreises und Ihre Rechte und Pflichten als Teilhaberin und Mitunternehmerin. Beschäftigen Sie sich gründlich mit den Herausforderungen, Chancen und Risiken der Gründungsvarianten …

Franchising

Ihre Ausgangsposition im »Wegenetz« zum eigenen Unternehmen ist fast identisch wie beim Erwerb eines Unternehmens: Sie sind von Ihrer Gründerpersönlichkeit überzeugt, stehen entschlossen in den Startlöchern. Sie haben noch keine konkrete aussichtsreiche Geschäftsidee. Sie können Startkapital einsetzen und Sie sind daran interessiert, das Risiko, dass Ihre Geschäftsidee am Markt nicht ankommt, einzuschränken.

Ihr Weg zum eigenen Unternehmen könnte Franchising sein: Sie mieten sich ein am Markt eingeführtes Geschäftsmodell vom sogenannten Franchisegeber.

Es müssen nicht die großen Namen sein wie Burger King, Berlitz, Ihr Platz, Kamps oder Yves Rocher. Fast in jeder Branche gibt es eine Fülle von Anbietern von Franchisesystemen, nicht nur im Handel, auch bei Dienstleistungen und im Handwerk: zum Beispiel Lebensmittelbranche, Gastronomie, Textil und Bekleidung, Fremdsprachen, Nachhilfe. PC-Service, Haustechnik, Kfz-Handwerk.

Sie bieten die Produkte oder Dienstleistungen des Franchisegebers unter dessen Markennamen und Logo an Ihrem lokalen Standort

an. Als Franchisenehmerin steigen Sie mit eigenem Kapitaleinsatz und auf eigene Rechnung in das Franchisesystem ein.

Das Prinzip: Franchisegeber und Franchisenehmerin teilen sich die unternehmerischen Aufgaben, Kosten und Risiken. Sie verfolgen dieselben Ziele: Verkaufsförderung, Wettbewerbsfähigkeit, Stärkung der Marke, Wachstum.

Im Idealfall sieht die Aufgabenteilung so aus: Der Franchisegeber liefert das Know-how und die Erfahrungen: Er liefert Informationen zu Produkt und Schutzrechten, bietet Schulungen, leistet Unterstützung bei der Standortwahl, der Einrichtung, beim Marketing, in betriebswirtschaftlichen Fragen, entwickelt das EDV-System, übernimmt überregionale Werbung, handelt günstige Konditionen bei Lieferanten aus, dokumentiert das Konzept in einem Handbuch.

Franchisegeber müssen die Wettbewerbsfähigkeit des Systems sicherstellen und – wie andere Unternehmen auch – die Marketingstrategie immer wieder anpassen, Marktanalyse und Markenpflege betreiben, das Systemkonzept laufend weiterentwickeln. Auch das Franchisepaket muss immer wieder auf den Prüfstand.

Der Franchisegeber sollte bereit sein, mit seinen Kooperationspartnern über Defizite des Systems zu sprechen. Diskussionsbereitschaft und konstruktives Miteinander sind gefragt.

Im Gegenzug zahlt die Franchisenehmerin für die Übernahme des Franchisepaketes Gebühren – Eintrittsgebühr und laufende Gebühren – und verpflichtet sich, den regionalen Markt zu bearbeiten. Sie gibt Markt- und Erfolgsinformationen weiter.

Der wesentliche Pluspunkt des Franchising gegenüber einer Neugründung: Die Franchisenehmerin erhält ein schlüsselfertiges Unternehmenskonzept und kann praktisch mit Unterstützung des Franchisegebers gleich loslegen. Das Geschäftsmodell ist erprobt und das Risiko, dass die Gründerin mit einer wenig erfolgversprechenden Geschäftsidee antritt und hohe Investitionen »in den Sand setzt«, ist geringer als bei einer Neugründung.

Trotzdem ist auch Franchising kein automatischer Fahrstuhl zum dauerhaften Erfolg.

Herausforderungen und Risiken für eine Franchisenehmerin: Sie ist rechtlich und wirtschaftlich selbstständig, kann aber nicht mit voller unternehmerischer Entscheidungsfreiheit handeln. Sie muss auch mal Entscheidungen akzeptieren, die ihr nicht gefallen, anpassungsfähig und kompromissbereit sein. Manchmal ist der Entscheidungsspielraum eingeschränkt, so sehr, dass Scheinselbstständigkeit droht – und dann keine öffentliche Fördermöglichkeit mehr besteht und kein Bankkredit vergeben wird.

Gegenüber einer Neugründerung trägt die Franchisenehmerin das zusätzliche Risiko, das vom Franchisegeber ausgeht: Das Konzept wird nicht weiterentwickelt und der Marktsituation laufend angepasst. Das System weist Defizite auf. Oder der Franchisegeber gibt auf. Das gilt besonders für kleinere Systeme und solche, die erst kurz am Markt sind.

Die Franchisenehmerin sitzt im selben Boot mit den anderen Partnern: Vorteil dabei: Erfahrungsaustausch mit Systempartnern, andererseits ist sie auch von deren unternehmerischen Qualitäten, ihrem wirtschaftlichen Erfolg und ihrem systemkonformen Verhalten abhängig.

Franchisenehmerinnen profitieren von der Bekanntheit und dem Image der Marke, dafür steht am Markt nicht der Name der Unternehmerinnen, sondern des Systems im Vordergrund. Und sie bekommen zu spüren, wenn das Image des Systems bei den Kunden und in der Öffentlichkeit in Verruf gerät.

Im Gegensatz zum Kauf eines Unternehmens hat die Franchisenehmerin nicht unbedingt von Anfang an Einnahmen in der Kasse und muss »Aufbauarbeit« leisten, Kunden akquirieren, je nach Geschäftsmodell einen Standort suchen, Geschäft oder Büro einrichten. Häufig erhält sie dabei aber Unterstützung durch den Franchisegeber.

Worauf Sie besonders achten sollten, bevor Sie in ein Franchisesystem einsteigen:

❏ Wählen Sie ein System, das zu Ihnen, zu Ihren finanziellen Möglichkeiten, zu Ihren Interessen passt. Prüfen Sie kritisch

Ihre unternehmerischen Kompetenzen und Kenntnisse, die Sie für das anvisierte System brauchen.

❑ Trennen Sie die Spreu vom Weizen, das heißt, finden Sie ein seriöses und möglichst geprüftes Konzept. Das ist bei über 800 Systemen nicht einfach. Der Franchisegeber sollte mindestens zwei Pilotprojekt nennen können.

❑ Prüfen Sie die Marktchancen der anvisierten Franchiseidee und haben Sie dabei die Konkurrenz vor Ort im Blick.

❑ Analysieren Sie die Wirtschaftlichkeit, das heißt, ob Sie nach Abzug aller Gebühren genug verdienen, um Ihre Gewinnvorstellungen zu realisieren. Der Ertrag muss auch den Kapitaldienst für die Finanzierung tragen.

❑ Begutachten Sie den Vertrag und sehen Sie sich das Handbuch genau an.

❑ Befragen Sie andere Partner. Denn die Zufriedenheit von Franchisenehmern mit dem System ist ein wichtiger Aspekt. Skepsis ist angebracht, wenn der Franchisegeber Ihnen keine Referenzen nennen will.

❑ Lassen Sie sich nicht unter Zeitdruck setzen.

Neben der Möglichkeit, sich als Franchisenehmerin selbstständig zu machen, können Sie auch selbst als Franchisegeberin auftreten, in zwei Varianten:

❑ Sie entwickeln ein eigenes System auf Basis einer erfolgversprechenden Geschäftsidee, die Sie mit mindestens zwei Unternehmen am Markt testen (Pilotbetriebe). Sie müssen die konzeptionellen Vorarbeiten leisten, das heißt Geschäftskonzept und Franchisesystem entwickeln, was sehr kapitalintensiv ist.

❑ Als Master-Franchisegeberin erhalten Sie die Lizenz eines ausländischen Franchiseunternehmens, das sich auf dem deutschen Markt – in einer bestimmten Region oder in ganz Deutschland – etablieren möchte. Auf eigene Rechnung akquirieren Sie Franchisenehmer.

Bedenken Sie dabei die besonderen Risiken für Franchisegeber neben den normalen unternehmerischen Risiken: Der Erfolg Ihres Systems ist abhängig von der Qualifikation, dem Arbeitseinsatz, dem wirtschaftlichem Erfolg der Franchisenehmer. »Systemkonformes Verhalten« ist gefragt, alle Partner verstehen sich als Teamworker.

Kooperationen

Viele Gründerinnen und Solounternehmerinnen wollen ihr Unternehmen in alleiniger Verantwortung aufbauen und führen, aber dennoch sich nicht einsam und allein durch die Businesswelt bewegen. Aufgrund von Veränderungen in den Märkten hin zu mehr Dienstleistungen und aufgrund von Kundenwünschen kann es manchmal sogar pure Notwendigkeit sein, mit anderen Einzelunternehmerinnen oder auch größeren Unternehmen gemeinsam am Markt aufzutreten, um sich im Wettbewerb zu behaupten. Die Strategie hier mit Potenzial für »Win-Win-Geschäfte«: Kooperation.

So wie Béatrice Hecht, die berichtet: »Ich habe keine Angestellten, aber 22 Kolleginnen und Kollegen im direkten Netzwerk, mit denen ich eher virtuell verbunden bin und die ich ab und zu in einem gemeinsamen Seminar treffe. Sie alle arbeiten in ihren Büros, national und international. Das sind sowohl Beratungspartner/innen für Konzepte als auch Kolleginnen, denen ich Aufträge abgebe, und andere, die mir welche zuleiten.«

Oder Gabriele Engelmann und Marion Wögler: Die PR-Beraterinnen arbeiten an verschiedenen Standorten, sind rechtlich und wirtschaftlich selbstständig und jede Beraterin hat ihren eigenen Kundenstamm. In der »strategischen« Kooperation bündeln sie ihre Kompetenzen und ihr Know-how. Das gemeinsame Angebot von PR-Dienstleistungen mit unterschiedlichen Branchenschwerpunkten erhöht ihre Marktchancen in mehrfacher Hinsicht: Es erweitert ihr Angebotsspektrum, sie können auch umfangreichere Aufträge bearbeiten und außerdem den Kunden besseren Service

bieten. Dadurch können sie auch mit größeren Agenturen konkurrieren. So kann letzten Endes jede Beraterin auch höhere Einnahmen erzielen als im Alleingang.

Vorteile, die Sie aus einer Kooperation ziehen können:

- Erfahrungsaustausch und Unterstützung
- Risikoverminderung
- Leichtere Erschließung des Marktpotenzials
- Gesteigerte Wettbewerbsfähigkeit

Das Menü der Möglichkeiten ist vielfältig.

Anregungen für Gründerinnen – und Unternehmerinnen, auf welchen Feldern Sie kooperieren können und was es zu bedenken gilt, damit die Kooperation erfolgreich abläuft:

Gemeinsamer Marktauftritt in einer Werbekooperation

Sie machen Ihr Angebot gemeinsam mit den Leistungen anderer Gründerinnen/Unternehmerinnen in Flyern, Broschüren, Anzeigen oder Mailingaktionen bekannt oder präsentieren sich zusammen bei einem Messeauftritt oder auf einem Unternehmerinnentag. Nützlicher Nebeneffekt zum gemeinsamen Marktauftritt: Sie können sich die Kosten teilen.

Voraussetzung für solche gemeinsamen Aktionen ist natürlich, dass Sie die gleiche Zielgruppe ansprechen. Und am ehesten erfolgversprechend, wenn Sie nicht in direkter Konkurrenz stehen. Also suchen Sie am besten Partnerinnen, die Ihr Angebot – aus Kundensicht – sinnvoll ergänzen. Ausnahme: Manchmal bietet es sich geradezu an, mit Unternehmerinnen der gleichen Branche gemeinsam zu werben, um potenzielle Kunden auf das Angebot an sich, etwa einer bestimmten Branche oder eines bestimmten Berufes, aufmerksam zu machen, zum Beispiel bei Sonderaktionen in der lokalen Tageszeitung. Achten Sie darauf, dass die Partnerinnen zu Ihrer Persönlichkeit, Ihrem Image und Ihrem Unternehmensleitbild passen. Besprechen Sie vorher Ihre Ziele und legen Sie ein Budget und die Aufteilung fest. Werbegemeinschaften sind übrigens eine

geschickte Methode, um die Zusammenarbeit zu testen und dann in eine längerfristige Kooperation einzusteigen.

Eine interessante – und meistens kostengünstige – Alternative speziell für Frauen können der Webauftritt eines Unternehmerinnen-Netzwerks oder Frauenbranchenbücher, ob in gedruckter Form oder im Internet, sein.

Kooperationsfelder für Kostensenkungsmaßnahmen

Neben gemeinsamen Werbeaktivitäten oder einer Bürogemeinschaft, bei der Sie sich zum Beispiel die laufenden Kosten für Miete, Strom, Heizung oder die Anschaffungskosten für gemeinsam genutzte Bürogeräte teilen, haben sich noch andere »Kostensparegemeinschaften« bewährt: der gemeinsame Einkauf von Büromaterial, Material für die Herstellung von Produkten oder Waren. Sie erreichen günstigere Bedingungen von Lieferanten. Auch zu diesem Zweck bieten sich Internetplattformen an. Je nachdem, an welchem Standort Sie Ihre Geschäftsaktivitäten ausüben, kann eine gemeinsame Büroorganisation vorteilhaft sein.

Durch niedrigere Kosten reduzieren Sie Ihr finanzielles Risiko, können eventuell Ihren Preis senken und dadurch Ihre Wettbewerbsfähigkeit verbessern sowie das Gewinnpotenzial Ihres Unternehmens steigern.

Sich gegenseitig Aufträge verschaffen

Für Gründerinnen oder Unternehmerinnen mit gleichem oder ähnlichem Angebotsprofil, besonders im Dienstleistungsbereich und im Handwerk, ist das ein aussichtsreiches Modell für alle Partnerinnen, um mehr Einnahmen zu erzielen als im Alleingang.

Sie geben Aufträge weiter, für die Sie im Moment keine Kapazität haben. Das geht natürlich nur dann, wenn Ihre Kunden nicht auf Sie persönlich als Auftragnehmerin Wert legen, wenn also Ihre Dienstleistung mit Ihrer Persönlichkeit als »Markenzeichen« verknüpft ist. Umgekehrt erhalten Sie Aufträge von Kooperationspartnerinnen.

Oder Sie kooperieren mit Partnerinnen in unterschiedlichen Regionen oder in verschiedenen Städten. Ein Weg, den Rechtsanwältinnen häufig nutzen.

Oder Sie gehen Kooperationen ein mit Partnerinnen der gleichen Branche oder des gleichen Berufes, aber mit unterschiedlichen fachlichen Schwerpunkten. Dann können Sie sich bei Anfragen, die nicht genau Ihre eigene Kernkompetenz treffen, gegenseitig empfehlen und damit gleichzeitig Ihren (potenziellen) Kunden einen Service bieten.

Vorteilhaft für beide Seiten kann auch eine Zusammenarbeit von Gründerinnen/Unternehmerinnen sein, deren Angebote sich ergänzen und den Kunden einen zusätzlichen Nutzen oder einen bequemen Service bieten. Beispiel: Eine Grafikerin kooperiert mit einer Druckerei oder einer Werbeagentur oder die Inhaberin eines Textilgeschäfts kooperiert mit einer Schneiderin, die Änderungen an den Kleidern übernimmt.

Daran sollten Sie denken, damit die Kooperation reibungslos verläuft: Wählen Sie Ihre Partnerinnen sorgfältig aus, ob Sie nur sporadisch oder längerfristig kooperieren wollen. Sie sollten sie gut kennen, die fachliche Kompetenz, den Arbeitsstil, die Motive. Wenn Kunden unzufrieden sind mit der Leistung Ihrer Partnerin, fällt das auch auf Sie zurück und erzeugt unter Umständen Verstimmungen in der Kundenbeziehung. Ihre Kooperation sollte auf Vertrauen und Loyalität aufgebaut sein. Klären Sie vorher die Erwartungen, um für beide Seiten unerfreuliche Differenzen zu vermeiden.

Auf welcher Basis wollen Sie Aufträge weiterleiten oder Empfehlungen geben: auf Gegenseitigkeit oder gegen Provision? In diesem Fall nimmt die Partnerin eine direkte Geschäftsbeziehung zu Ihrem Kunden oder Auftraggeber auf und wird dessen Auftragnehmerin. Sie sind in die weitere Geschäftsabwicklung nicht mehr involviert.

Eine andere Vorgehensweise wäre, dass die Partnerin, die Aufträge erhält, sozusagen als Unterauftragnehmerin tätig wird. Sie ist damit Ihre Auftragnehmerin und Sie selbst bleiben Ansprechpartnerin und – verantwortliche – Auftragnehmerin für Ihren Kunden/

Auftraggeber. Sie wickeln das Geschäft/den Auftrag organisatorisch und finanziell ab und stellen die Rechnung. Ihre Partnerin als Unterauftragnehmerin stellt Ihnen ihre Leistung in Rechnung. Hier sollten Sie vorher die Abrechnungsmodalitäten klären, zum Beispiel Stundensätze, die dem Endkunden in Rechnung gestellt werden, sonstige Leistungen wie Fahrtkosten oder Übernachtung, Honorar für die Abwicklung, Zahlungsbedingungen etc.

Gegenseitige Auftragsvergabe und Empfehlungen sind ein praktischer Weg für Gründerinnen, die noch keine Kunden haben. Allerdings: Sie sollten sich nicht nur auf diesen Weg verlassen, um Aufträge zu erhalten. Denn erstens machen Sie sich damit unter Umständen von einer Auftraggeberin abhängig. Und zweitens funktioniert so auch das Gegenseitigkeitsprinzip nicht. Für Unternehmerinnen als »Auftragslieferantinnen« besteht das Risiko, dass ihre Kooperationspartnerin ausfällt. Also sollten Sie am besten vorsichtshalber mehrere »Eisen im Feuer« haben, wenn Sie Ihre Kunden nicht enttäuschen wollen.

»Alles aus einer Hand«-Angebote, »Rundum-Service«, »Strategisches Netzwerk«

Eine kundenorientierte Lösung besonders für Einzelunternehmerinnen, durch Kooperation ihr Marktpotenzial zu erschließen: Sie schnüren Komplettpakete für die Kunden. Leistungen, die sich ergänzen, spezielles Know-how und zusätzliche Services ergeben ein abgerundetes Dienstleistungsspektrum.

Gabriele Engelmann und Marion Wögler zum Beispiel arbeiten in ihrem »strategischen Netzwerk« auch noch mit Grafikern, Druckereien und Lektoren zusammen. Die Kunden haben den Vorteil, dass sie sich nicht darum kümmern müssen, wo sie geeignete und kompetente Dienstleisterinnen finden. Eben ein »Rundum-sorglos-Paket«.

Ein beliebter Komplettservice ist das gemeinsame Angebot von Vorträgen, Workshops, Schulungen oder sogar ganzen Seminarreisen. Beraterinnen, Trainerinnen, Dozentinnen bündeln ihr Know-

how und stellen für ihre gemeinsame Zielgruppe Veranstaltungen zu den verschiedensten Themen zusammen.

Alle Partnerinnen haben die Chance, zu profitieren von

- ❑ höheren Preisen, die sie gegenüber Einzelleistungen erzielen können;
- ❑ mehr Wettbewerbsfähigkeit, denn sie sind auch konkurrenzfähig mit größeren Anbietern;
- ❑ besserer Erschließung ihres Marktpotenzials, da sie auch umfangreichere und komplexe Aufträge durchführen können;
- ❑ dem Zugang zu neuen Märkten und Kunden, die sie als Einzelkämpferinnen nicht erreichen würden;
- ❑ niedrigeren Kosten durch Synergieeffekte;
- ❑ höheren Umsätzen und Gewinnen, die sie leichter als im Alleingang erwirtschaften können.

Die Voraussetzungen für eine erfolgreiche Kooperation sind die gleichen wie im Abschnitt »Teamgründung«.

Zur Veranschaulichung erfahren Sie, wie das »strategische Netzwerk« von Gabriele Engelmann und Marion Wögler in der Praxis läuft: Die beiden PR-Beraterinnen betreuen zwei große Kunden gemeinsam – und einen davon von Anfang an. Für diese gemeinsamen Kunden erstellen sie gemeinsam Angebote und entwickeln auch die Konzeptionen gemeinsam. In der Umsetzung wird dann entschieden, wer welche Aufgaben bei dem jeweiligen Projekt übernimmt. Glücklicherweise stehen heutzutage mit E-Mail und Internet adäquate Kommunikationsmedien zur Verfügung. Ein Grundprinzip der Mindspin-Zusammenarbeit ist, dass die gesamte E-Mail-Korrespondenz mit dem Kunden immer die jeweils andere in Kopie erhält, sodass beide über den Gesamtvorgang im Bilde sind. Ein Vorteil für den Kunden, der immer eine Ansprechpartnerin hat, wenn die andere unterwegs oder anderweitig verhindert ist. Dennoch müssen die beiden manchen Kunden immer wieder daran erinnern, dass auch er stets beide »mindspins« anschreibt. »Wir sind grundsätzlich beide Ansprechpartnerinnen des gemeinsamen

Kunden, der allerdings auch weiß, wer von uns beiden gerade ein bestimmtes Unterprojekt federführend betreut«, erläutert Gabriele Engelmann.

Auch für Kunden, die eine der beiden allein betreut, arbeiten sie unter dem gemeinsamen Netzwerk-Namen. Schließlich werden diese auch damit geworben, dass die andere Netzwerk-Partnerin jederzeit als Back-up zur Verfügung steht, falls ihre eigene Beraterin einmal ausfällt.

Für beide ist es unerlässlich, sich regelmäßig zusammenzusetzen und auszutauschen. Dies geschieht nicht nur innerhalb der gemeinsamen Projekte, sondern auch an eigens dafür reservierten Terminen. Einmal pro Monat gibt es einen Jour Fixe, der abwechselnd in Gelnhausen und Frankfurt stattfindet. Darüber hinaus beschließen die beiden seit zwei Jahren das Geschäftsjahr mit sogenannten Strategietagen. Dabei kommen die während des Jahres bearbeiteten Projekte auf den Prüfstand: Was ist gut gelaufen, woran müssen wir noch arbeiten? Was hat sich gelohnt, wo haben wir draufgezahlt? Und die Projekte für das kommende Jahr werden geplant. Es geht um neue Ziele und Akquisestrategien, den gemeinsamen Auftritt und darum, welche Maßnahmen der Eigen-PR umgesetzt werden sollen.

Unter Umständen bilden Sie mit Ihrer Kooperation eine BGB-Gesellschaft, ohne dass Sie das beabsichtigen. Rechtliche Folge ist, dass Sie für alle Verbindlichkeiten der Gesellschaft haften, auch für solche Ihrer Partnerin. Merkmale können sein: Sie treten am Markt als eine Person oder ein Unternehmen unter einem gemeinsamen Namen und Logo auf, haben eine gemeinsame Website.

Netzwerke

Zum Schluss das Thema »Netzwerke«: ein Muss für jede Existenzgründerin – gleich welche Gründungsroute sie wählt, wenn sie sich

am Markt etablieren oder erfolgreich ein Unternehmen weiterführen möchte.

Stimmen der Erfolgsfrauen:

- ❏ Kerstin Zahrndt: »Netzwerke sind unabdingbar wichtig für jede Existenzgründerin.«
- ❏ Marion Wögler: »Ohne persönliches Netzwerk kann man nicht selbstständig sein, glaube ich. Als ich gestartet bin, habe ich ein Unternehmerinnen-Netzwerk in unserem Landkreis mit auf die Beine gestellt und dabei viele positive Erfahrungen gemacht, tolle Frauen kennengelernt und gute Kontakte knüpfen können.«

Die Marketingfachfrau, Netzwerkspezialistin und Fachbuchautorin Karin Ruck schildert in ihrem Expertinnenbeitrag, warum Networking für Existenzgründerinnen so wichtig ist.

Netzwerke knüpfen, Kontakte pflegen – das Erfolgsprogramm für Existenzgründerinnen

Herzlichen Glückwunsch! Sie wollen sich selbstständig machen und da dürfen Netzwerke und gute Kontakte nicht fehlen. Neben dem soliden Businessplan und der sicheren Finanzierung sollten sich potenzielle Existenzgründerinnen frühzeitig um den Aufbau und die Pflege ihres Netzwerkes kümmern.

Networking hat sich in den letzten Jahren auch hier in Deutschland erfolgreich durchgesetzt. Wo Visitenkartenpartys und After-Work-Partys früher die Kontaktaufnahme erleichtert haben, flattern heute Einladungen zu Frühstücksclubs, zu Branchennetzwerken ins Haus. Doch Schritt für Schritt ...

Warum ist Networking für Existenzgründerinnen so wichtig?
Getreu der Devise »Gemeinsam sind wir stark!« sollten sich Frauen darüber im Klaren sein, dass das klassische Einzelkämpfertum längst der Vergangenheit angehört. Wer ohne funktionierendes Netzwerk in die

Selbstständigkeit springt, hat es unnötig schwer, Aufträge zu gewinnen und im Sinne des Marketings auf sich und sein Angebot aufmerksam zu machen. Hier soll jetzt nicht die Rede vom berühmten »Vitamin B« sein, à la »Eine Hand wäscht die andere«. Nein, ein Netzwerk zu knüpfen und zu nutzen bedeutet in erster Linie, vertrauensvoll auf andere Menschen zuzugehen, sich gegenseitig zu unterstützen – in Krisen und selbstverständlich bei erfolgreichen Geschäftsabschlüssen. Frauen, die sich von Beginn ihrer Selbstständigkeit an in Netzwerken bewegen und arbeiten, sind erfolgreicher und kontaktstärker. Was wiederum dem Aufbau von Geschäftskontakten und der Akquise zugute kommt.

Netzwerke im Allgemeinen, Netzwerke im Besonderen ...
Netzwerke sind als Meilensteine für die Karriere von Existenzgründerinnen unentbehrlich. Damit sich angehende Unternehmerinnen zielsicher dem Thema »Netzwerk« nähern können, gilt es, zunächst mit dem einen oder anderen Klischee aufzuräumen. Netzwerke sind weder Kuschelgruppe noch Kaffeekränzchen. Wenn sich Architektinnen, Winzerinnen, Ingenieurinnen, Journalistinnen, Beraterinnen zusammensetzen, dann sollen daraus Kooperationen, Allianzen, Projekte und wertvoller Austausch entstehen, sprich: Umsatz, Informationen, Synergien. Kaffeetrinken kann frau dann nebenbei ... Netzwerke aufzubauen, Kontakte zu knüpfen und zu pflegen ist geprägt von Vertrauen, Menschen und Informationen. Mit dem »Vitamin C-Prinzip« starten Existenzgründerinnen ihre persönliche Netzwerkarbeit und damit die wertvolle Beziehungspflege.

Das Networking- »Vitamin C«

V   Vertrauen
ist das Fundament für erfolgreiches und dauerhaftes Netzwerken. Sich vertrauensvoll auf Menschen, Situationen und Projekte einlassen, ohne zunächst zu wissen, ob am Schluss der Erfolg oder die Enttäuschung steht.

I   Initiative
Aktiv werden und auf Menschen offen zugehen. Ins Gespräch kommen, Meinungen austauschen, Erfahrungen sammeln.

T   Timing
Zur richtigen Zeit, am richtigen Ort zu sein ist oft mit dem berühmten Quäntchen Glück verbunden, um interessante Menschen kennenzulernen und Kontakte zu knüpfen.

A   Authentizität
ist der Begeisterungsfaktor für Netzwerker schlechthin. Echt und glaubwürdig kommunizieren.

M   Menschen
brauchen Menschen, um soziale Bindungen und Beziehungen einzugehen. Das Miteinander sollte vertrauensvoll und ehrlich gestaltet werden.

I   Informationen
sammeln, aufbereiten und für besondere Gelegenheiten verwenden. Informationen und Tipps im Netzwerk weitergeben und andere ins Spiel bringen.

N   Neugierde
An Menschen, Dingen, Zusammenhängen stark interessiert sein.

C   Connections
Kontakte, Beziehungen, Bindungen. Das »Salz« in der Suppe des Lebens und für viele Menschen fester Halt.
(Quelle: Karin Ruck, Professionelles Networking, Redline Wirtschaft 2005)

Frauen, die sich selbstständig machen wollen und die Vorzüge des Netzwerkens für sich entdeckt haben, packen jetzt fleißig ihren Netzwerk-Handwerkskoffer. Keinesfalls darin fehlen sollten:

Visitenkarten, Small Talk und Kontaktpflege
Wenn Existenzgründerinnen mit dem Austausch der Visitenkarten einen interessanten Kontakt besiegeln, dann sind sie mittendrin im Networking. Die kleinen Businesskärtchen sind aus dem Geschäftsleben nicht mehr

*wegzudenken und sollten in keiner Aktentasche und Handtasche fehlen.
Klein und fein, ohne großen Schnickschnack und vor allem mit genügend
Platz auf der Rückseite für Kontaktnotizen, schaffen die Kärtchen den
Weg ins Beziehungsmanagement der erfolgreichen Existenzgründerin.
Visitenkarten sind kein Luxusgut, das wohl behütet im Schreibtisch
verschwindet, sondern gehören zur Grundausstattung jeder angehenden
Geschäftsfrau. »Immer mit dabei und häufig im Einsatz!«, heißt daher
die Devise in Sachen Visitenkarten. Für Unsicherheit sorgt häufig die
Frage, wann und wie die Kärtchen richtig eingesetzt werden. Zum
Zeitpunkt der Übergabe gibt es zwei Grundregeln: Bei Meetings, Verhandlungen etc. werden die Visitenkarten vor Gesprächsbeginn überreicht. So
haben die Gesprächspartner Gelegenheit, sich über Schreibweise und
korrekte Ansprache zu informieren. Bei informellen Anlässen, etwa
Kongressen, Seminaren, Veranstaltungen, wird die Visitenkarte als Kon-
taktverstärker zum Ende des Gesprächs eingesetzt. »Danke für Ihre Zeit
und das angenehme Gespräch. Ich würde gern weiter mit Ihnen in
Kontakt bleiben, hier für Sie meine Visitenkarte.« So wird auf sehr
professionelle Art und Weise ein interessanter Kontakt lebendig gehalten.
Lebendig im wahrsten Sinne des Wortes geht es beim Small Talk zu. Für
das »kleine Gespräch«, dem oft nachgesagt wird, es sei oberflächlich, banal
und anstrengend, soll hier eine Lanze gebrochen werden. Weil der Small
Talk einzig und allein dem Vertrauensaufbau zwischen Menschen dient,
darf gern über das Wetter & Co. gesprochen werden. Wie schön ist es doch,
in einer kurzen Kaffeepause, im Fahrstuhl, im Treppenhaus, im Zug etc.
locker und leicht über »Gott und die Welt« zu plaudern. Schließlich will
kaum jemand am frühen Morgen mit Schreckensnachrichten oder tief-
gründigen Analysen der japanischen Börse konfrontiert werden. Locker ins
Gespräch kommen, eine angenehme Atmosphäre schaffen und damit in
guter Erinnerung bleiben, das sind die Ziele im Small Talk.
Wohin mit Visitenkarten und Gesprächsnotizen? Die klassische Form der
Kontaktpflege ist nach wie vor die Datenpflege im PC. Gängige Daten-
bankprogramme liefern den professionellen Rahmen, damit wertvolle
Informationen und Daten sinnvoll erfasst und bearbeitet werden können.
Auf Knopfdruck alle Adressen für die Weihnachtspost oder ein Mailing
parat haben? Ja, das ist das Ziel der Kontaktpflege und gleichzeitig die*

Basis für das professionelle Networking. Mit sorgfältig gepflegten Kontaktnotizen – auf der Rückseite der Visitenkarten! – gelingt der Gesprächseinstieg beim nächsten Treffen unkompliziert und überraschend. Denn wer freut sich nicht darüber, wenn sich die Gesprächspartnerin nach Wochen noch an das Hobby, die letzte Urlaubsreise oder gar die Vorliebe für Gartenarbeit erinnert? Und auch für die Kontaktpflege gilt eine Devise: »Qualität geht vor Quantität!« Lieber nach einem Messebesuch mit einigen wenigen guten Kontakten ins Büro zurückkommen als 50 Visitenkarten mit wenig ergiebigen Gesprächen abarbeiten.

Gelegenheit macht Erfolg – Wohin zum Netzwerken?
Ist der Netzwerk-Handwerkskoffer randvoll gepackt, dann laufen Existenzgründerinnen zur Netzwerk-Hochform auf. Schließlich heißt es jetzt: »Nach der Pflicht kommt die Kür!« Auch hier ist schlichtweg strategisches Kalkül gefragt. Wo gibt es bereits Netzwerke? Lieber ein Frauennetzwerk besuchen oder besser doch eine Plattform für Frauen und Männer suchen? Wie gehen die Netzwerker/innen dort mit Interessentinnen um? Große Freude oder eher Zurückhaltung? Stimmt die Chemie, die Atmosphäre vor Ort? Ein Tipp: Besuchen Sie einige Netzwerke – online wie offline. Suchen Sie im Internet u. a. nach gängigen Plattformen für Selbstständige und Freiberufler. Testen Sie, ob Ihnen das Networking im Internet zusagt. Mittlerweile gibt es regionale Gruppen, die sich zwar über Internetplattformen organisieren, aber im »realen Leben« aufeinandertreffen und dann sehr erfolgreich Kontakte und Geschäftsverbindungen knüpfen. Wie schön! Neben Business-Frauennetzwerken verzeichnen auch sogenannte Frühstücks- oder Lunchclubs hohe Zuwachsraten. Je nach Geschmack treffen Existenzgründerinnen in aller Herrgottsfrühe oder vorzugsweise in der Mittagszeit auf Führungskräfte, Geschäftsleute und Freiberufler zum Frühstück oder Mittagessen. Beim gemeinsamen Essen neue Kontakte zu knüpfen und zu pflegen, das hat Klasse und sollte zum Pflichtprogramm jeder Existenzgründerin gehören!

Networking in der Praxis
Damit Ihr Networking im Prozess der Existenzgründung auch gelingt, verschaffen Sie sich frühzeitig einen gründlichen Überblick Ihrer bestehen-

den Kontakte. Denken Sie darüber nach, wie sinnvoll es sein könnte, länger zurückliegende Kontakte etwa zu Schulfreunden, Studien- und Arbeitskollegen wieder aufleben zu lassen. Binden Sie die Familie, den oder die Lebenspartner/in in Ihre Planungen ein. Fragen Sie sich, ob das Einmieten oder Gründen einer Bürogemeinschaft Ihnen dabei helfen kann, weitere soziale Kontakte aufzubauen. Wägen Sie sorgfältig die Vorteile und Nachteile einer Kooperation ab. Legen Sie eine To-do-Liste mit allen relevanten Messeterminen, Branchentreffs, Veranstaltungen und Vorträgen an. So sind Sie stets auf dem Laufenden in Sachen Kontakte-knüpfen. Und last but not least. Üben, üben, üben. Rein in die Kontaktpflege, rein ins Selbstmarketing, rein ins Rampenlicht, damit sich aus dem zarten Pflänzchen »Existenzgründung« nach und nach ein Unternehmen mit einer erfolgreichen, kontaktstarken Unternehmerin an der Spitze entwickelt. Viel Erfolg!!

Marktpotenzial der Geschäftsidee

Sie wollen mit Ihrer Geschäftsidee Geld verdienen. Das Geld Ihrer Kunden.

Elementare Fragen jeder Gründerin sind: Welche Chance hat meine Geschäftsidee auf dem Markt? Besteht Bedarf für mein Produkt, meine Dienstleistung? Wie groß ist der mögliche Kundenkreis? Werden potenzielle Käufer/Auftraggeber für mein Angebot überhaupt bezahlen wollen? Und welche Preise kann ich erzielen? Nur wenn es eine ausreichend hohe Nachfrage gibt, macht die Realisierung Ihrer Geschäftsidee wirtschaftlich Sinn.

Von Bedürfnissen und Zielgruppen, von Kundennutzen und Nachfrage

Ohne »Kundennutzen« kein Erfolg!

Das A und O für eine erfolgreiche Vermarktung von Waren oder Dienstleistungen: Kunden kaufen nur dann, wenn ihnen das

Produkt, die Leistung einen »Nutzen« verspricht, wenn sie einen Vorteil davon haben! Denn sie erwerben nicht ziellos irgendwelche Dinge, sondern sie verfolgen damit eine bestimmte Absicht und stellen besondere Anforderungen an das Produkt/die Dienstleistung.

Ein Nutzen für Kunden entsteht, wenn Produkte/Dienstleistungen dazu beitragen, ihre Bedürfnisse zu befriedigen, Wünsche zu erfüllen, Probleme zu lösen.

Beispiel: Martina Sancar verkauft mit ihren Petticoats nicht lediglich Kleidungsstücke, sondern Accessoires für Freizeit-Nostalgikerinnen und Rock'n Roll-Fans – und verhilft dabei ihren Kundinnen, bei sportlicher Betätigung einem Lebensgefühl nachzuspüren.

Um die Erfolgsaussichten einer Geschäftsidee auszuloten, muss sich die Gründerin überlegen:

1. Was leistet meine Geschäftsidee generell? Welche Eigenschaften hat mein Produkt? Wofür können die Käufer es verwenden? Wie kann ich meine Fähigkeiten und Kompetenzen in Angebote an Kunden/Auftraggeber umsetzen? Worin besteht meine Dienstleistung?
2. Welchen Kunden/Auftraggebern bietet mein Produkt/meine Dienstleistung welchen Nutzen?

Dabei ist Kundenorientierung oberste Maxime. Es kommt nicht in erster Linie darauf an, dass Ihre Geschäftsidee irgendeinen »abstrakten« Nutzen verspricht, zum Beispiel das Produkt technisch raffiniert ist, handwerklich meisterhaft gearbeitet, aus einwandfreien ökologischen Zutaten besteht oder das Dienstleistungsangebot komplex-facettiert ist etc. Es kommt darauf an, dass der Nutzen, den Sie anbieten, die wirklichen Bedürfnisse und Vorstellungen der potenziellen Kunden trifft.

Ein einfaches Beispiel: Wenn Sie erlesene Teesorten aus biologischem Anbau verkaufen wollen, wenden sich aber an Verbraucher, die Kaffee bevorzugen, werden Sie auf Ihrem wunderbaren Tee sitzen bleiben.

Natürlich kann eine hohe Produktqualität ein hervorragendes Verkaufsargument sein – für Käufer, die eben darauf besonderen Wert legen. Für die Vermarktung kommt es auf die Perspektive der potenziellen Kunden an.

Von Bedürfnissen ...

Menschen und Unternehmen erwerben Produkte und kaufen Dienstleistungen ein, weil sie ihre Bedürfnisse befriedigen wollen. Als Bedürfnisse von Verbrauchern sind neben den Grundbedürfnissen wie Hunger, Durst, Schutz gegen Kälte und Regen auch soziale, seelisch-geistige, ästhetische Bedürfnisse, Sicherheits- und Prestigebedürfnisse bekannt, wie Lebensqualität, Freizeit, Vergnügen, Lebensfreude, Genuss, Prestige, Erfolgserlebnisse, berufliches Vorwärtskommen, persönliche Weiterentwicklung, Selbstvertrauen, gutes Aussehen, Wohlbefinden, Selbstverwirklichung, Anerkennung, Beliebtheit, Zeit für Familie und Freunde, Beruf und Familie vereinbaren, Hilfe für andere Menschen, Auskommen im Alter, Gesundheit, Sicherheit, Komfort, Bequemlichkeit, Bedienungsfreundlichkeit, Umweltverträglichkeit; Arbeit, Geld, Energie, Zeit, Ärger sparen; Risiken, Sorgen vermeiden.

Unternehmen fragen Produkte oder Dienstleistungen nach, um zum Beispiel die Wettbewerbsfähigkeit zu steigern, den Marktanteil zu erweitern, den Gewinn zu erhöhen, Kosten zu minimieren, Ressourcen und Zeit einzusparen, die Produktivität zu steigern, die Kundenzufriedenheit zu verbessern, umweltschonend zu produzieren.

Bedürfnisse von Existenzgründerinnen spricht die »Aufräumexpertin« Kerstin Zahrndt mit ihrem Slogan auf ihrer Website gezielt an: »Ein chaotisches Büro kostet Ihre Zeit, Ihr Geld und Ihre Nerven! Lassen Sie es erst gar nicht so weit kommen. Ein gut strukturiertes Büro von Anfang an erleichtert Ihnen den Start in die Selbständigkeit.«

... und Nutzenerwartungen

Der Nutzen, den Käufer erwarten und der für ihre Kaufentscheidungen ausschlaggebend ist, besteht zunächst im sogenannten Grundnutzen, also in den eigentlichen Gebrauchseigenschaften des Produkts in funktionaler, technischer oder wirtschaftlicher Hinsicht.

Menschen kaufen Mineralwasser gegen Durst, einen Mantel zum Schutz vor Kälte, eine Waschmaschine zum Waschen der Wäsche, einen Beistelltisch für die Sitzecke zum Ablegen von Gegenständen oder eine Massage zum Wohlfühlen und Entspannen.

Für welchen Hersteller eines Produkts oder Anbieter einer Dienstleistung sich Käufer dann entscheiden, hängt ab vom sogenannten Zusatznutzen, den sie aufgrund ihrer individuellen Bedürfnisse erwarten, zum Beispiel beim Mineralwasser Geschmack, Förderung der Gesundheit durch die enthaltenen Mineralstoffe. Bei einem Mantel achtet frau zum Beispiel auf Material (Naturmaterialien oder Kunstfaser), modischen Schnitt und aktuelle Farbe, Verarbeitung, Markenname. Bei einer Waschmaschine zählen wasser- und energiesparende Waschvorgänge, praktische Eigenschaften wie Front- oder Toplader, Platzbedarf, Image eines Herstellers. Bei der Massage entscheidet die Qualität der Dienstleistung an sich, die gute Erreichbarkeit der Praxis, die Kompetenz und Freundlichkeit des Personals.

Kaufentscheidend können auch für Kunden interessante sogenannte Zusatzleistungen sein, auch als Nebennutzen bezeichnet, zum Beispiel Beratung, Wartung, Reparatur, Öffnungszeiten. Zusatzleistungen bei der Waschmaschine können kostenlose Lieferung und Aufstellen, regelmäßige Wartung, bei Bedarf Reparatur sein, bei der Massage das harmonische Ambiente der Praxis und kundenfreundliche Öffnungszeiten.

Wie aus Käufern Kunden werden

Sie werden umso eher Kunden finden, je besser es Ihnen gelingt, mit Ihren Produkten den Wünschen, Bedürfnissen, Erwartungen, Pro-

blemen der Kunden gerecht zu werden – einen individuellen Nutzen anzubieten. In einem Markt mit vielen Wettbewerbern wird diejenige Anbieterin »gewinnen«, welche die Bedürfnisse der Kunden am besten befriedigt und den höchsten Nutzen anbietet – entscheidend dabei sind meistens Zusatznutzen und Zusatzleistungen. Voraussetzung für Ihren Geschäftserfolg: Sie müssen wissen, wer Ihre anvisierten Kunden sind, ihren Wünschen und Bedürfnissen auf die Spur kommen und Ihr Angebot genau darauf abstimmen. Dann stehen die Chancen gut, dass aus Käufern »Ihre« Kunden werden.

Zielgruppen

Mit Ihren Produkten oder Dienstleistungen können Sie nicht den gesamten anvisierten Markt bedienen, Sie müssen sich auf bestimmte Kundengruppen mit ähnlichen Bedürfnissen oder Wünschen konzentrieren.
Diese sogenannten Zielgruppen oder Zielkunden können nach bestimmten Kriterien definiert werden:

- ❏ Privatpersonen:
  - Demografische Merkmale: Geschlecht, Alter, Familienstand, Zahl der Kinder, Schul-/Ausbildung, Beruf, Einkommen, Wohnortgröße
  - Geografische Merkmale: lokal, regional, national, städtisch, ländlich
  - Sozio-psychologische Merkmale: soziale Schicht, Lebensstil, Weltanschauung, Gewohnheiten, persönliche Einstellungen
  - Kaufverhalten: Kaufen sie rational, impulsiv (»Lust auf …«), gewohnheitsmäßig (»wie immer…«), sozial bestimmt (auf Empfehlung oder orientiert an Vorbildern)? Wer in einem Haushalt kauft ein, wer trifft die Kaufentscheidungen, wo kaufen sie ein, wie oft kaufen sie ein, ist ihnen Beratung wichtig, legen sie Wert auf hohe Qualität oder eher auf günstige Preise, welchen Nutzen erwarten sie? Mediennutzungsverhalten: Welche Zeitungen, Zeitschriften

lesen sie, sehen sie fern, hören sie Radio, wie oft gehen sie ins Kino, wofür verwenden sie Handys?
- ❏ Unternehmen:
  - Demografische Merkmale: Branche, Größe der Unternehmen nach Umsatzvolumen oder Mitarbeiteranzahl, Standort
  - Sektor: Dienstleistung, Handwerk, Handel, Produktion, Landwirtschaft
  - Entwicklungssituation: Gründung, Wachstumsphase, Sanierung

Die erste »Bewährungsprobe« für Ihre Geschäftsidee

Testen Sie Ihre Marktchancen: Besteht Bedarf an Ihrem Angebot? Welche potenziellen Kunden könnten von Ihrer Geschäftsidee profitieren? Und wird Ihre Geschäftsidee bereits in gleicher oder ähnlicher Art angeboten?

Geben Sie eine genaue Beschreibung Ihrer Geschäftsidee mit den Stärken, Besonderheiten, Vorteilen, Nutzen.

Sprechen Sie mit Experten, zum Beispiel einem Unternehmensberater, Steuerberater, Gründungsberater bei IHK oder Handwerkskammern. Stellen Sie Ihre Idee bei Gründerinnen- oder Unternehmerinnenstammtischen und in Netzwerken vor. Fragen Sie auch im privaten Bereich nach, Familienmitglieder, Freunde, Nachbarn, Kollegen. Besuchen Sie Fachmessen und -ausstellungen. Informieren Sie sich in Katalogen. Recherchieren Sie im Internet, nutzen Sie Mailinglisten, Foren und Blogs.

Und suchen Sie vor allem nach potenziellen Kunden Ihrer anvisierten Zielgruppe.

Erkundigen Sie sich, welche Wünsche, Bedürfnisse und Probleme Ihre Gesprächspartner haben und ob Ihre Geschäftsidee aus deren Sicht ein Weg zur Erfüllung der Wünsche oder Lösung der Probleme sein könnte. Und klären Sie ab, ob potenzielle Kunden dafür bezahlen würden und welchen Preis.

Auch wenn jemand Kaufbereitschaft signalisiert, heißt das nicht, dass Interessenten Ihr Produkt/Ihre Dienstleistung dann auch tatsächlich kaufen. Beurteilen Sie die Chancen also mit einer guten Portion Skepsis.

Loten Sie Absatzchancen und Preisvorstellungen unter realen Marktbedingungen aus:

❑ Probieren Sie Testverkäufe aus, wie zum Beispiel Martina Sancar, die ihren ersten selbst gefertigten Petticoat mit Erfolg im Internet verkaufen konnte.
❑ Bieten Sie Ihre Produkte oder Dienstleistungen erst einmal nebenberuflich an, wie Esther Everding – bei ihr der erste Schritt in die hauptberufliche Selbstständigkeit.
❑ Versuchen Sie, Ihre Waren bei anderen Geschäften in Kommission zu geben.
❑ Dienstleistungen könnten Sie über Zeitungsannoncen anbieten und so die Resonanz testen.
❑ Führen Sie Testkäufe oder Testbestellungen bei bereits am Markt operierenden Unternehmen durch, die ähnliche Produkte/Leistungen anbieten. So können Sie sich über die Angebote möglicher Mitbewerber ein Bild machen.

Hier haben Sie die Chance, bereits erste Kunden zu gewinnen. Und Gelegenheit, Ihr Selbstvermarktungspotenzial zu trainieren.
In dieser Testphase können Sie wichtige Erkenntnisse gewinnen:

❑ Ob Ihre Geschäftsidee überhaupt ankommt.
❑ Welche potenziellen Kunden Bedarf an Ihrem Angebot haben könnten.
❑ Ob es ein gleiches oder ähnliches Produkt schon gibt.
❑ Welche Bedürfnisse und Wünsche potenzielle Kunden haben.
❑ Ob Ihr Angebot die Wünsche der Kunden trifft, sie bei der Lösung der Probleme unterstützt.

❑ Welchen Nutzen, welche Vorteile Ihr Produkt/Ihre Dienstleistung für die Kunden besitzt.
❑ Ob Ihre Preisvorstellungen realistisch sind.
❑ Wo Ihre potenziellen Kunden zu erreichen sind.
❑ Wie viele Wettbewerber auf Ihrem anvisierten Markt aktiv sind.

Die Geschäftsidee realisieren, entwickeln

Ihre Geschäftsidee hat die Feuerprobe bestanden und Sie haben sich entschlossen, sie unternehmerisch umzusetzen? Dann können Sie darangehen, anhand Ihrer Erkenntnisse aus dem Markttest Ihre Geschäftsidee zu präzisieren und weiterzuentwickeln. Im Rahmen Ihres Geschäftskonzepts sollten Sie unbedingt gleichzeitig Ihr Marketingkonzept ausarbeiten. Denn ohne kundenorientierte Vermarktungsstrategien werden Sie sich am Markt nicht etablieren können. Sie laufen sonst Gefahr, dass Ihre Geschäftsidee am Markt vorbei läuft.

Seien Sie sich darüber im Klaren, dass Sie in der Planungsphase Ihre Geschäftsidee immer wieder überarbeiten und verfeinern müssen. Denn im Zuge der laufenden Recherchen und mit wachsender Erfahrung werden Sie neue Aspekte und Perspektiven entdecken. Unter Umständen müssen Sie dann ein paar Schritte zurückgehen und früher getroffene Entscheidungen überprüfen und neu treffen.

Markt- und Branchenanalyse

Erfolgsfaktor für die Realisierung Ihrer Geschäftsidee sind umfassende Markt- und Branchenkenntnisse. Informationsdefizite hier sind häufig Ursache, dass Gründungen kurz nach dem Start wieder aufgegeben werden müssen. Falls Sie selbst nicht entsprechende Erfahrungen besitzen, wenden Sie sich an Experten (Gründungs-, Unternehmensberater, Kammern, Wirtschaftsförderung).

Zuerst müssen Sie recherchieren, ob Ihr anvisierter Markt so groß ist, dass Sie auch Ihren Vorstellungen entsprechend genügend verdienen können, jetzt und in Zukunft. Voraussetzung: Sie haben

den Markt, in dem Sie aktiv werden wollen, räumlich abgesteckt (Absatzgebiet lokal, regional, überregional, Ausland), Ihr Angebot und Ihre Zielgruppe definiert.

Abschätzen des Marktpotenzials

Um das Marktpotenzial (= den maximal möglichen Umsatz) auszuloten, recherchieren Sie:

- ❑ Die Anzahl der potenziellen Kunden
- ❑ Die Kaufkraft
- ❑ Das Marktvolumen (= tatsächlich verkaufte Absatzmenge)
- ❑ Die Kaufbereitschaft
- ❑ Gesättigter oder ungesättigter Markt
- ❑ Zukünftige Entwicklung des Marktes

Auf einem gesättigten Markt tummeln sich viele Wettbewerber. Die Kunden haben eine starke Position, denn es werden mehr Güter angeboten, als die Kunden nachfragen. In diesem Fall ist es besonders schwierig, Fuß zu fassen – und kostenintensiv, denn umfangreiche Marketingmaßnahmen sind zu treffen.
Auf einem ungesättigten Markt ist die Nachfrage größer als das Angebot. Für Gründerinnen ist es daher leichter, sich zu etablieren.

Branche

Zusätzlich kommt es auch auf die aktuelle Situation und die zukünftige Entwicklung der Branche an. Hier recherchieren Sie:

- ❑ Das aktuelle Umsatzvolumen der Branche
- ❑ Die geschätzte zukünftige Entwicklung: Wachstum beziehungsweise Höhe des Wachstums oder Rückgang
- ❑ Branchenübliche Preise und Preisniveau, Kosten und Gewinne und deren zukünftige Entwicklung
- ❑ Preis- und Absatzstrategien

❏ Rahmenbedingungen der Branche, ökonomisch, rechtlich, gesellschaftlich, ökologisch
❏ Aktuelle und zukünftige Trends

Informationsquellen

Amtliche Statistiken (Statistisches Bundesamt, Statistische Landesämter und Ämter der Gemeinden), Branchen-, Fach-, Wirtschaftsverbände, IHK, Handwerkskammern, Innungen, Fachpresse, Fachliteratur, Branchenberichte von Banken, Sparkassen, Wirtschaftspresse, Fachartikel, Datenbanken, Marktforschungsinstitute, Recherchen im Internet, Betriebsvergleiche, veröffentlichte Daten Ihrer Konkurrenz, zum Beispiel Geschäftsberichte und Zahlen im öffentlich zugänglichen Unternehmensregister, Adressenverlage, »Gelbe Seiten«, eigene Marktstudien (ist allerdings meistens sehr teuer), Experten in Kammern und Verbänden, Wirtschaftsförderungsgesellschaften.

Wettbewerber

Markt heißt Wettbewerb. Wie sieht es mit der Wettbewerbssituation in Ihrer Branche aus?

❏ Welches sind die wichtigsten Wettbewerber?
❏ Welchen Marktanteil haben sie?
❏ Mit welchen Produkten/Sortimenten/Dienstleistungen sind sie auf dem Markt?
❏ Welchen besonderen Nutzen bieten sie den Kunden?
❏ Welche Zusatz- und Serviceleistungen halten sie bereit?
❏ Welche Preise verlangen sie?
❏ Welche Zahlungskonditionen und -modalitäten sind üblich?
❏ Auf welchen Vertriebswegen setzen sie ihre Produkte ab?
❏ Worin liegen die Stärken und Schwächen des Angebots der Mitbewerber (zum Beispiel Qualität, Preis, Design, Kundendienst, Zuverlässigkeit)?

- ❑ Welche Plus- und Minuspunkte hat Ihr Angebot gegenüber dem der Konkurrenz?
- ❑ Welches sind Ihre Wettbewerbsvorteile?
- ❑ Wie leicht können die Konkurrenten Ihre Wettbewerbsvorteile einholen?
- ❑ Wie können Sie Ihren Wettbewerbsvorsprung verteidigen oder sogar ausbauen?
- ❑ Wie könnten die Mitbewerber auf Ihr Auftauchen am Markt reagieren?
- ❑ Wie wahrscheinlich ist es, dass Mitbewerber Ihre Geschäftsidee nachahmen?
- ❑ Gibt es Substitutionsprodukte?
- ❑ Wo sitzen Ihre Mitbewerber?
- ❑ Gibt es Marktnischen (sehr kleiner Teilmarkt, der von großen Anbietern nicht bedient wird) oder Marktlücken (Kundenbedürfnisse, die bisher nicht oder ungenügend befriedigt werden)?

Substitutionsprodukte sind Produkte, die den gleichen Kundennutzen, den Ihr Produkt bietet, auf andere Art erfüllen und damit Ihr Produkt ersetzen können.

Wo können Sie recherchieren?

Gelbe Seiten, Internet-Präsenz der Gemeinde, Branchenbücher, Internet-Branchenbücher, -Marktplätze, elektronisches Unternehmensregister.

Standortanalyse

Je nach Branche kommt dem »richtigen« Standort eine entscheidende Bedeutung für den Erfolg eines Gründungsvorhabens zu. Frage für die Gründerin: Welche Bedeutung kommt dem Standort für den Absatz meines Produkts/meiner Dienstleistung zu?
Der Standort ist zum Beispiel dann sehr wichtig, wenn Kunden zum Produkt, zur Dienstleistung kommen, sich sozusagen die Leistung

abholen. Hier ist die Nähe zu den Kunden, zur Zielgruppe ausschlaggebend: Wie leicht ist der Zugang zum Standort, die Erreichbarkeit? Wie hoch ist die Mobilität oder Bereitschaft zur Mobilität bei den Kunden? Markt und Standort sollten in diesem Fall gleichzeitig untersucht werden.

Dies gilt beispielsweise:

- ❑ Wenn Sie ein Einzelhandelsgeschäft eröffnen möchten.
- ❑ Wenn Sie eine konsumnahe Dienstleistung anbieten wollen, die ein Geschäftslokal erfordert, zum Beispiel Bäckerei, Friseur, Kosmetiksalon, Optiker, Immobilienmakler, Reisebüro, Sprachschule, Nachhilfeunterricht, Copy-Shop, Reinigung, Änderungsschneiderei, Gastronomie, gesundheitsnahe Dienstleistungen etc.
- ❑ Für Handwerkerinnen mit Kundenbesuch
- ❑ Für Freiberuflerinnen wie Architektinnen, Rechtsanwältinnen, Steuerberaterinnen

Um das Marktpotenzial am Standort einschätzen zu können, sind zu berücksichtigen:

Größe des Einzugsgebietes

Welche Entfernungen zu Ihrem Standort nehmen Kunden in Kauf, um bei Ihnen einzukaufen oder Dienstleistungen in Anspruch zu nehmen?

Das ist ganz stark abhängig von Ihrem Angebot: Bei Waren des täglichen Bedarfs oder häufig genutzten Dienstleistungen wollen Kunden erfahrungsgemäß nur wenige Gehminuten (bis zu 10) oder Autominuten (bis 30) unterwegs sein. Für mittel- bis langfristige Anschaffungen oder selten gebrauchte Dienstleistungen sind die Kunden bereit, auch aus einem größeren Umkreis zu Ihrem Standort zu kommen. Generell gilt: Je spezieller Ihr Angebot, desto mehr Einwohner müssen am Standort leben und/oder desto weiter muss das Einzugsgebiet sein, damit das Marktpotenzial genügend

groß ist. Kalkulieren Sie dabei Unterschiede zwischen Großstädten und einer ländlichen Region ein.

Lage des Ladenlokals/Büros

Für Ihre Absatzchancen kommt es an auf:

- ❏ Gute Erreichbarkeit: Innenstadt, Fußgängerzone, Hauptverkehrsstraße, Nebenstraße
- ❏ Passantenfrequenz vor dem Geschäft/Büro
- ❏ Geschäfte/Betriebe/Büros in der unmittelbaren und weiteren Umgebung: gleiche oder unterschiedliche Branche, günstiger Branchen-Mix, Mitarbeiter als potenzielle Kunden
- ❏ Kundenmagnete am Standort: Kaufhäuser, Haltestellen des ÖPNV, Ärztehäuser, Einkaufszentren oder -galerien
- ❏ Verkehrsanbindung: Haltestellen öffentlicher Verkehrsmittel? Gute Zufahrtsmöglichkeiten für Kunden/Lieferanten? Parkplätze?

Konkurrenzsituation

Wenn sich in unmittelbarer Nähe mehrere Geschäfte/Betriebe/Läden/Büros der gleichen Art oder Branche befinden, kann dies die Kundenfrequenz erhöhen. Sie werden aber nur dann profitieren, wenn Sie sich in einer Marktlücke oder -nische selbstständig machen oder gegenüber Ihren Wettbewerbern ein deutliches Alleinstellungsmerkmal besitzen.
Analysieren Sie die Konkurrenz nach Verkaufsflächen, Umsatz, Sortiment/Angebot (ergänzend oder konkurrierend zu Ihrem Angebot).

Das Marktpotenzial am Standort oder im Einzugsgebiet

Wichtige Daten sind u.a. (je nach Zielgruppe berücksichtigen):

- ❏ Anzahl der potenziellen Kunden
- ❏ Bevölkerungsstand, -struktur und -entwicklung, Anteil der Zielgruppe

- ❑ Kaufkraft, zukünftige Entwicklung der Kaufkraft
- ❑ Kaufkraftbindung am geplanten Standort/Kaufkraftabschöpfung aus/von angrenzenden Regionen
- ❑ Anzahl der ansässigen Unternehmen, Branchen, Größe nach Umsatz und Mitarbeiterzahl
- ❑ Zukünftige Entwicklung des Standortes, geplante Baumaßnahmen

Für Ihre Marktanalyse am zukünftigen Standort sind geeignet: Branchenverzeichnisse, »Gelbe Seiten«, Online-Präsentation der Stadt oder Region, Presseveröffentlichungen, Gespräche mit HK und IHK.

Die Auswahl der Räume

Bevor Sie sich für einen Standort entscheiden, prüfen Sie auch das Raumangebot:

- ❑ Für Ihren Zweck passende Größe
- ❑ Platz für Warenpräsentation, Lager
- ❑ Platz vor dem Geschäft für Auslage, Plakat
- ❑ Schaufensterflächen
- ❑ Miete und Nebenkosten
- ❑ Zulässigkeit

 Tipp Berücksichtigen Sie bei der Wahl des Standortes, ob er zur anvisierten Zielgruppe, zur »Preiskategorie« Ihres Angebots, zum Erscheinungsbild Ihres Unternehmens passt.

Keine Rolle spielt Ihr Standort für die Erreichbarkeit durch Ihre Kunden:

- ❑ Wenn Sie selbst mobil sind und die Kunden aufsuchen, wie Kerstin Zahrndt oder Beatrice Hecht.

❑ Wenn für Anbahnung und Ausführung von Geschäften, den Verkauf der Waren oder für die Dienstleistung kein persönlicher Kontakt notwendig ist.

❑ Wenn Sie Ihre Waren über das Internet vertreiben wollen, ob über einen eigenen Online-Shop, Marktplätze, Branchenportale – oder über das Telefon. Auch manche Dienstleistungen lassen sich bequem standortunabhängig über das Telefon erbringen, wie Telefon-Coaching oder Beratung.

❑ Wenn Sie als Dienstleisterin ihre Aufträge per E-Mail und über das Internet abwickeln können (Webdesignerinnen, Programmiererinnen, Grafikerinnen, Texterinnen, Lektorinnen, Anbieterinnen von Online-Seminaren oder E-Learning).

❑ Auch ein kleinerer »Produktionsbetrieb« wie der von Martina Sancar kann ohne Probleme am Wohnort geführt werden. Die »Dreamdancer«-Produkte versendet die Unternehmerin per Post. Aufträge/Akquise laufen telefonisch oder über das Internet.

❑ Auch wenn Sie mit Ihren Waren und Dienstleistungen einen überregionalen Absatzmarkt bedienen wollen, zum Beispiel ein Produktionsunternehmen gründen oder eine industrienahe Dienstleistung anbieten wollen, ist die räumliche Nähe zu den Kunden nicht von Bedeutung. Wichtige Standortkriterien sind Zustand, Größe, Eignung, Zulässigkeit von Gebäuden/Räumen, vorhandene Gewerbeflächen, Infrastruktur, Verkehrsanbindung, Miete und Nebenkosten oder Kaufpreis, Höhe der Gewerbesteuer (des Hebesatzes der Standortgemeinde), Fördermittel zur Finanzierung, Arbeitsmarkt, Wohnungsangebot, Wohnumfeld, Freizeitwert. Erkundigen Sie sich am besten beim Stadtentwicklungs-, Gewerbeamt der Gemeinde oder bei der Wirtschaftsförderungsstelle der Region.

Für die meisten Gründerinnen steht ihr Wohnort von vornherein als Standort fest, vor allem wenn sie ein kleineres Vorhaben planen.

Geschäftsräume in der Wohnung

Für kleinere Gründungsvorhaben, wenn frau für ihre selbstständige Tätigkeit nur ein Büro benötigt oder das Büro als »Basis« nutzt, weil die Aktivitäten hauptsächlich bei Kunden stattfinden, oder für die Tätigkeit eine kleinere Werkstatt oder ein Warenlager benötigt wird, bietet sich die eigene Wohnung oder das Haus an.
Allerdings müssen Sie prüfen, ob Sie dafür eine Genehmigung brauchen.

❑ Nach gesetzlichen Bestimmungen: Es kommt darauf an, ob durch die berufliche Tätigkeit eine sogenannte »Zweckentfremdung« von Wohnraum gegeben ist – und falls ja, ob diese genehmigungspflichtig ist. Das ist in den einzelnen Kommunen unterschiedlich. In der Regel stellt ein Büro oder eine kleine Werkstatt in der Wohnung, ob Miet- oder Eigentumswohnung, oder im Eigenheim keine Zweckentfremdung dar. Es kommt immer auf die Art der geschäftlichen Tätigkeit und den Umfang und die Intensität der Nutzung an: Wird die Wohnung zu mehr als 50 Prozent geschäftlich genutzt, finden regelmäßig Kunden- oder Lieferantenbesuche statt, werden Hilfskräfte beschäftigt, störende Maschinen verwendet, kann eine genehmigungspflichtige Zweckentfremdung vorliegen. Wenn Sie auf Nummer sicher gehen wollen, fragen Sie beim Wohnungsamt oder bei der Bauaufsichtbehörde nach.

❑ Nach privatrechtlichen Bestimmungen: Mietwohnung: Grundsätzlich muss ein Vermieter zustimmen, wenn ein Mieter einen Teil der Wohnung geschäftlich nutzen will. Er ist allerdings auch verpflichtet, die berufliche Tätigkeit seines Mieters in der Wohnung zu dulden, wenn die Wohnung nicht stark strapaziert wird oder die Mitmieter nicht unzumutbar gestört werden. Die Duldungspflicht entfällt, wenn eine genehmigungspflichtige Zweckentfremdung vorliegt. Im schlimmsten Fall, wenn sich Mieter und Vermieter nicht einigen, kann der Vermieter den Mietvertrag kündigen. Sprechen Sie also auf jeden Fall vor Beginn Ihrer selbstständigen Tätigkeit mit dem

Vermieter und lassen Sie sich die geschäftliche Nutzung der Wohnung im Mietvertrag bestätigen, gegebenenfalls auch eine Zweckentfremdungsgenehmigung durch die zuständige Behörde.

❏ Eigentumswohnung: Hier müssen Sie zusätzlich darauf achten, ob im Rahmen des Vertragswerks mit der Eigentümergemeinschaft geschäftliche Aktivitäten in der Wohnung erlaubt sind.

 Überlegen Sie, ob ein Home-Office für Ihr Business und Ihr angestrebtes Image angebracht ist, besonders wenn Sie Kundenbesuche erwarten. Manche Ihrer potenziellen Kunden könnten ein repräsentatives Büro erwarten.

Ihr Marketingkonzept

Ihr Marketingkonzept enthält:

❏ Die Ziele, die Sie erreichen wollen (Marketingziele)
❏ Die Strategien, mit denen Sie Ihre Leistungen gewinnbringend verkaufen wollen (Marketingstrategie)
❏ Das Maßnahmenpaket zur Umsetzung der Strategien (Produkt-, Preis-, Distributions-, Kommunikationspolitik) (Marketing-Mix)
❏ Die Planung Ihrer finanziellen Ressourcen (Marketingbudget)
❏ Die Planung Ihrer Aktionen (Aktions- und Zeitplan)

Marketingziele

Die Marketingziele formulieren Sie im Rahmen der Unternehmensziele, zum Beispiel:

❏ Eine bestimmte Umsatzhöhe, die ein bestimmtes Produkt bringen soll

- ❑ Den Marktanteil, den Sie in einem Markt oder Marktsegment erreichen wollen
- ❑ Starke Kundenbindung
- ❑ Hohe Kundenzufriedenheit
- ❑ Nur hochwertige Produkte, beste Qualität

Marketingstrategie

Im Rahmen der Marketingstrategie gilt es zu entscheiden:

- ❑ Über Märkte, in denen Ihr Unternehmen tätig sein will, die Zielkunden, die erreicht werden sollen: Marktsegmentierung
- ❑ Wie sich Ihr Angebot, Ihr Unternehmen von der Konkurrenz unterscheidet: Positionierung

Marktsegmentierung

Welche Kunden wollen Sie mit Ihrem Angebot ansprechen? Ihr Gründungsvorhaben wird nur dann eine Erfolgsstory, wenn Sie Ihren potenziellen Kunden mit Ihrem Produkt/Ihrer Dienstleistung Vorteile verschaffen.

Das wird aber nur dann gelingen, wenn Sie sich auf bestimmte Kundengruppen konzentrieren. Denn wenn Sie den potenziellen Kundenkreis zu weit fassen oder sogar den Gesamtmarkt bedienen wollen, um sich ein möglichst großes Einnahmenreservoir zu erschließen, müssen Sie zwangsläufig eine breit gefächerte Angebotspalette bereithalten. Von einem »Allerweltsangebot« wird sich kein potenzieller Kunde angesprochen fühlen. Dazu kommt: Je größer Ihr Zielmarkt, desto größer wird die Zahl Ihrer Wettbewerber sein.

Eine klar umrissene Zielgruppe ist auch Voraussetzung, um die Marketinginstrumente gezielt und effizient einzusetzen. Konzentrieren Sie sich daher auf

- ❑ Kunden, denen Ihre Leistungen den höchsten Nutzen bieten;
- ❑ Kunden, deren Bedürfnisse Ihr Angebot am besten abdeckt;

❑   Kunden, bei denen Sie mit Ihren Stärken punkten können, den größten Wettbewerbsvorteil ausspielen können;

❑   Kunden mit hoher Kaufkraft;

❑   Kunden mit großer Kaufbereitschaft.

Planen Sie in Ihre Überlegungen mit ein, dass sich auch Konkurrenten auf diese attraktiven Zielmärkte konzentrieren werden. Überlegen Sie daher Strategien, wie Sie im Wettbewerb bestehen wollen, zum Beispiel indem Sie ein Alleinstellungsmerkmal aufbauen oder Marktnischen oder Marktlücken suchen.

Schätzen Sie die künftige Entwicklung des Segments ein: Das Gewinnpotenzial muss auch in Zukunft groß genug sein. Im Lauf der Zeit können sich Märkte, die Bedürfnisse und das Kaufverhalten der Käufer verändern, neue Wettbewerber mit neuen Produkten auf den Markt kommen. Machen Sie sich die regelmäßige Beobachtung Ihres Marktes zur Aufgabe!

Positionierung

Die Positionierung soll durch gezielte Aktionen im Bewusstsein der potenziellen Kunden eine bestimmte positive Einstellung zu einem Produkt, einer Dienstleistung oder einem Unternehmen hervorrufen, die sich deutlich von der Einstellung zur Konkurrenz unterscheidet.

Die Positionierung kann zum Beispiel festgemacht werden an Produkteigenschaften, Kompetenzen, Know-how, Nutzen, Kundenbedürfnissen, -wünschen, Preis, Image etc.

Beispielsweise kommt es für die Positionierung nicht nur darauf an, dass Ihr Produkt einem Kunden seiner Ansicht nach einen bestimmten Nutzen bringt, sondern dass der Kunde Ihr Produkt mit bestimmten Eigenschaften in Verbindung bringt, auf die er besonderen Wert legt – und die ihm die Konkurrenz nicht bietet, zum Beispiel Qualität, Zuverlässigkeit, Umweltverträglichkeit, Originalität. Dann wird er sich entscheiden, Ihr Produkt zu kaufen und nicht das der Konkurrenz.

Als Dienstleister müssen Sie Ihre besonderen Stärken und Kompetenzen so »rüberbringen«, dass Sie von potenziellen Auftraggebern im Vergleich zu den Mitbewerbern als beste Adresse für die Erledigung eines bestimmten Auftrags angesehen werden. So werden Sie als Spezialistin in Ihrer Branche wahrgenommen.

Mit einer geschickten Positionierung schaffen Sie Anziehungskraft für Ihre Kunden/Auftraggeber und landen nicht in der »Austauschbarkeitsfalle«. Sie selbst, Ihr Unternehmen, Ihre Produkte/Dienstleistungen werden von Ihrer potenziellen Zielgruppe als einzigartig und unverwechselbar wahrgenommen. Das ist besonders wichtig, wenn Sie »Me-too-Leistungen« anbieten.

Voraussetzungen für eine erfolgversprechende Positionierung:

❑ Sie haben Ihre Zielgruppe klar umrissen.
❑ Sie kennen die Bedürfnisse und Probleme, das Kaufverhalten und die Kaufmotive Ihrer Zielgruppe und passen Ihr Angebot entsprechend an.
❑ Sie besitzen ein Alleinstellungsmerkmal.
❑ Ihre Positionierung ist nicht nur Fassade, es stehen wirkliche Stärken dahinter.
❑ Sie sind am Markt sichtbar und kommunizieren Ihr Angebot, Ihre Stärken, Ihr Alleinstellungsmerkmal nach außen.
❑ Sie halten Ihre Positionierung laufend unter Beobachtung und passen sie an wechselnde Kundenbedürfnisse und Konkurrenzverhältnisse an.

Ihr USP oder Alleinstellungsmerkmal: Um im Wettbewerb zu bestehen, sollten Sie für sich die Frage beantworten: Warum sollen Kunden gerade mein Produkt kaufen, meine Dienstleistung in Anspruch nehmen? Die Antwort lautet: Sie können Kunden dann überzeugen, wenn sich Ihr Angebot von dem der Konkurrenz deutlich abhebt und wenn Ihr Angebot die von den Kunden gewünschten Vorteile hat. Dies gilt besonders, wenn Sie in einen sehr wettbewerbsintensiven Markt einsteigen. Das Schlüsselwort lautet »USP«, Unique Selling Proposition, Alleinstellungsmerkmal.

Was bedeutet, dass im Vergleich zur Konkurrenz Ihr Produkt einzigartige Eigenschaften, Ihr Unternehmen ein unverwechselbares Profil besitzt, Ihre Dienstleistung ein spezielles Know-how beinhaltet, das die Konkurrenz nicht vorzuweisen hat. Ein Alleinstellungsmerkmal ist unverzichtbar, damit Sie den Wettbewerb um die Gunst der Kunden nicht allein über den Preis ausfechten müssen, sondern mit Ihren Stärken oder jenen Ihres Produkts »punkten« können.
Ein Alleinstellungsmerkmal können Sie schaffen durch:

❏　Produkte und Leistungen: zum Beispiel innovative Produkte oder Produkte, welche die Bedürfnisse der Zielkunden besser erfüllen; spezielle Dienstleistungen, die Kunden von anderen Anbietern nicht erhalten oder die Probleme einfacher, schneller oder kostengünstiger lösen
❏　Alleinvertrieb von Waren zum Beispiel als Importeur, Alleinvertretung von Waren und Dienstleistungen durch Gebietsschutz
❏　Fachliche Kompetenzen, persönliche Stärken, die andere Unternehmer/Dienstleister nicht vorweisen können
❏　Zusatznutzen (bessere Funktionalität, längere Haltbarkeit, leichtere Pflege, eine besondere Technologie, außergewöhnliches Design Ihres Produkts)
❏　Zusatzleistungen (ungewöhnliche Service- oder Wartungsangebote, besonders kundenfreundliche Arbeitszeiten, Extra-Beratung, Angebote aus einer Hand, komplette Leistungspakete durch Kooperationen)
❏　Verkaufskonzept
❏　Kommunikation
❏　Image
❏　Sponsoring, Corporate Citizenship

Marketing-Mix

Um die Ziele Ihrer Marketingstrategie zu erreichen, kombinieren Sie einzelne Instrumente aus Ihrer »Marketing-Toolbox« zu einem sogenannten Marketing-Mix. Dazu zählen:

- ❑ Produktpolitik
- ❑ Preispolitik
- ❑ Distributionspolitik
- ❑ Kommunikationspolitik

Produktpolitik

Die Produktpolitik ist Ihr wichtigstes Marketinginstrument: Schlecht konzipierte Produkte/Dienstleistungen, welche die Bedürfnisse, Wünsche, Probleme Erwartungen der Zielkunden nicht berücksichtigen, werden langfristig auf dem Markt nicht erfolgreich sein. Bei der Entwicklung Ihres Angebotes ist entscheidend: Welchen Nutzen bieten Sie den Kunden an – aus deren Perspektive. Schnüren Sie dabei ein »Gesamtpaket« aus Waren, Dienstleistungen oder Waren und Dienstleistungen: Welchen Grundnutzen bedient Ihr Angebot, welchen Zusatznutzen, welche Zusatzleistungen bieten Sie an. Orientieren Sie sich dabei am Anspruchsniveau Ihrer Zielkunden und setzen Sie sich eigene Qualitätsstandards.
Differenzieren Sie sich mit Ihrem Angebot deutlich von dem der Konkurrenz, arbeiten Sie Ihr Alleinstellungsmerkmal heraus, seien Sie besser als die Konkurrenz!
Stellen Sie Ihr Angebot laufend auf den Prüfstand, passen Sie Ihre Produkte/Dienstleistungen veränderten Marktbedingungen, Trends, Kundenbedürfnissen und Wettbewerbsverhältnissen an.
Zum Produkt gehört auch die Verpackung. Sie sollte genauso sorgfältig gestaltet werden wie das Produkt selbst. Denn sie bestimmt das äußere Erscheinungsbild des Produkts, dient der Kommunikation mit dem Kunden und kann als wirkungsvolles Positionierungsinstrument genutzt werden.

Preispolitik

Die Verkaufspreise sind Ihre hauptsächliche Einnahmequelle, wenn nicht sogar die einzige. Es gilt also, die Preise herauszufinden, welche die Kunden akzeptieren und Ihnen Gewinn versprechen. Den »richtigen« Preis zu finden ist nicht einfach. Sowohl zu hohe als auch zu niedrige Preise könnten Käufer abschrecken (zu hoch = zu teuer, zu niedrig = Leistung ist nichts wert). Für Ihre kundenorientierte Preisfindung werden Sie also zunächst »experimentieren« müssen.

Gerade für den Start ist eine gut durchdachte Preisstrategie wichtig, denn wenn Sie spätere Preisänderungen Ihren Kunden/Auftraggebern »verkaufen« wollen, brauchen Sie überzeugende Argumente.

Ihr preispolitischer Spielraum bewegt sich zwischen dem Kostenpreis und dem Marktpreis:

❑ Kostenpreis: Das ist Ihr Mindestpreis, der so hoch sein muss, dass Sie durch den Verkauf Ihrer Produkte/Dienstleistungen die Kosten (bei Personenunternehmen auch die privaten Kosten der Lebensführung) decken können und Gewinn erzielen.

❑ Marktpreis: Um die Preise herauszufinden, die am Markt üblich sind, müssen Sie recherchieren: Wie hoch sind die Preise der Konkurrenz für gleiche oder ähnliche Produkte? Welche Leistungen bieten die Wettbewerber dafür? Können die Kunden auf Substitutionsprodukte ausweichen? Welchen Preis werden die Kunden akzeptieren? Was ist ihnen die Leistung wert?

Ihre Preisstrategie: Richten Sie Ihren Preis an Ihren Zielmärkten und Ihrer Positionierung aus:

❑ Kommen für Ihre Zielkunden »psychologische Preise« infrage: zum Beispiel »Schwellenpreise« (Preisgrenze wird nicht überschritten) oder Prestigepreise (suggerieren besondere Qualität, Image, Gruppenzugehörigkeit)?

- Sie können die Preise differenzieren nach Kundengruppen, Märkten, Regionen, Verkaufssaison.
- Berücksichtigen Sie bei der Preisfindung Rabatte, die Sie als Anreiz zum Kauf anbieten können, und Ihre Liefer- und Zahlungsbedingungen.
- Stellen Sie Ihre Preise fortlaufend auf den Prüfstand: Bei Änderungen Ihrer Kosten oder Änderungen auf dem Markt müssen Sie neu kalkulieren.

Distributionspolitik

Auf welchen Vertriebswegen gelangen Ihre Produkte zu den Kunden?

Als Herstellerin von Waren kommt für Sie der direkte oder indirekte Vertrieb infrage.

- Direktvertrieb: Sie organisieren den Verkauf ihrer Produkte/Waren selbst, zum Beispiel im Versandabsatz durch Kataloge, Direktmailing, E-Commerce (eigener Online-Shop, Internet-Marktplätze, Branchen-Portale) oder im Eigenvertrieb (telefonischer Vertrieb/Callcenter, auf Messen und Ausstellungen).
- Beim indirekten Vertrieb schalten Sie sogenannte Absatzmittler ein wie Einzelhandel, Großhandel, Vertreter, Handwerksunternehmen. Für Ihren Verkaufserfolg ist dabei die Leistungsfähigkeit der einzelnen Absatzmittler entscheidend: Wie viele Kunden erreichen sie, wie intensiv sind die Kontakte zu Kunden, wie gut ist der Service, wie hoch ist die Zuverlässigkeit, wie effektiv und effizient betreiben sie Werbung/Verkaufsförderung)?

Ein Gesichtspunkt bei der Wahl der Vertriebsform sind die Vertriebskosten, unter anderem für Transport, Provisionen, Händlerrabatte.

Kommunikationspolitik

Sie haben ein interessantes Angebot konzipiert, abgestimmt auf die Bedürfnisse Ihrer Zielkunden. Sie werden aber keinen Erfolg haben, wenn Ihre Zielgruppe Ihr Unternehmen, Ihr Produkt oder Ihre Dienstleistung nicht kennt. Es heißt also, auf dem Markt sichtbar zu werden und sich Gehör zu verschaffen mit einem geeigneten Kommunikations-Mix. Das gilt nicht nur, um neue Kunden zu gewinnen, sondern auch, um die gewonnenen Kunden auf Dauer an Ihr Unternehmen zu binden, damit sie nicht zur Konkurrenz abwandern. Für den Start ist eine einfallsreiche Eröffnungswerbung gefragt.

Die wichtigsten Kommunikationsinstrumente sind:

❑ Verkaufsförderung – das sind Maßnahmen, die den persönlichen Verkauf unterstützen und zusätzliche Kaufanreize hervorrufen sollen, wie Werbegeschenke, Warenproben, Gutscheine, Rabatte, Sonderangebote, Modenschauen, Wettbewerbe.

❑ Werbung – es gibt eine breite Palette an Möglichkeiten:
   ● Anzeigen und Beilagen in Zeitungen, (Fach-)Zeitschriften, Anzeigenblättern
   ● Postwurfsendungen
   ● Kataloge, Prospekte, Flyer, Imagebroschüren
   ● Direktmailings
   ● Plakate, Außenwerbung, Firmenfahrzeuge
   ● Rundfunkspots, Kinowerbung
   ● Ausstellen auf Fachmessen
   ● Persönliche telefonische Akquise
   ● Eintrag in Branchenbüchern, »Gelben Seiten«
   ● Internet-Branchenbücher
   ● Eigene Website, Newsletter
   ● Anzeigen in Newslettern von anderen Unternehmen

❑ Öffentlichkeitsarbeit, Public Relations – PR, richtet sich nicht nur an Kunden, sondern an einen breiten Interessentenkreis wie Lieferanten, Mitarbeiter, Anwohner, kurz: die Öffentlich-

keit. Instrumente hier sind Pressemitteilungen, Artikel in der Fachpresse, Events, Sponsoring, Tag der offenen Tür.

Falls Sie selbst keine Erfahrungen mit diesem Marketinginstrument haben, ist es empfehlenswert, eine Fachfrau/Fachagentur einzuschalten. Denn sicher steht Ihnen dafür kein unbegrenztes Budget zur Verfügung. Schnell sind die Mittel ausgegeben – und die Wirkung ist verpufft. Sparen Sie hier nicht am falschen Ende und setzen Sie Ihr Geld effizient ein.
Die Wirkung Ihrer Werbemaßnahmen können Sie zum Beispiel kontrollieren, indem Sie Neukunden befragen, wie sie auf Ihr Unternehmen oder Ihr Angebot aufmerksam geworden sind.

Schaffen Sie Ihr Unternehmensprofil

❏　Was genau wollen Sie anbieten, welches Produkt, welche Dienstleistung, ein Produkt mit einer Dienstleistung kombinieren?
❏　Worin besteht der Grundnutzen Ihres Angebots?
❏　Welches sind die besonderen Eigenschaften Ihres Produkts?
❏　Welches sind Ihre Stärken? Welche Fähigkeiten und Kompetenzen liegen Ihrer Dienstleistung zugrunde?

Wenn Sie noch keine konkrete Geschäftsidee haben: Überlegen Sie, was Sie besonders gut können, worin Sie besonders viel Erfahrung gesammelt haben, worüber Sie viel wissen, was Ihnen Spaß macht, was Sie gern tun, was Sie früher für Hobbys und Interessen hatten …
Als erfolgreiches Beispiel für den Beginn steht Béatrice Hecht: »Ich habe meine Erfahrungen resümiert und reflektiert, meine Kompetenzen analysiert und peu à peu als Produkte (Konzepte in Artikel und Bücher und für Beratungen und Seminare) marktfähig aufbereitet.«

Das Angebot sollte zu Ihrer Persönlichkeit passen: Wichtig ist, Authentizität und Glaubwürdigkeit auszustrahlen.

Offerieren Sie keine »Pauschalangebote«: »alles für alle«, »für jeden etwas«. Konzentrieren Sie sich auf eine bestimmte oder auch mehrere Zielgruppen. Wählen Sie jedoch nicht so viele Zielgruppen, dass keine klare Eingrenzung erkennbar ist, sonst gewinnen Sie kein Profil.

Welche Bedürfnisse Ihrer Zielgruppe wollen oder können Sie befriedigen? Welche Wünsche erfüllen? Welche Probleme lösen?

Wenn Sie auf Ihrem Markt nicht die einzige Anbieterin sind: Wie lautet Ihr Alleinstellungsmerkmal? Was können Sie oder Ihr Produkt besser als Ihre Mitbewerber? Stellen Sie Ihr umfangreiches Wissen, Ihre umfassenden Erfahrungen heraus. Mit welchem Zusatznutzen, welchen Zusatzleistungen wollen Sie sich von Ihren Wettbewerbern abheben?

Bauen Sie Ihre Positionierung auf, damit Ihre Kunden klar erkennen, welchen Nutzen, welche Vorteile sie haben, gerade Ihr Produkt zu kaufen, Ihre Dienstleistung in Anspruch zu nehmen. Durch eine »gewiefte« authentische Positionierung schaffen Sie eine einzigartige Unternehmenspersönlichkeit. Stärken Sie Ihre Positionierung durch Ihre Unternehmensphilosophie, Ihr Credo: Wofür stehe ich? Was zeichnet mich aus? Wie lauten meine Visionen?

Denken Sie an Ihren WILLEN zum Erfolg: Um sich und die Geschäftsidee verkaufen zu können, sind Leidenschaft, Begeisterung und Enthusiasmus gefragt. Wenn Sie mit Feuer und Flamme hinter Ihrem Vorhaben stehen, kommen Sie glaubwürdiger bei Ihren Kunden, Mitarbeitern und Geschäftspartnern an.

Und schärfen Sie Ihr Profil durch Ihre Corporate Identity, Ihr einheitliches Erscheinungsbild am Markt, mit einem individuellen Kommunikationsstil, dem passenden Unternehmensnamen, unterstrichen durch Ihr Corporate Design: Logo, Geschäftspapiere (Visitenkarte, Briefpapier, Broschüren), Verpackung Ihres Produkts, Büroeinrichtung, Ladenausstattung. So wird Ihr Unternehmensprofil unverwechselbar bei Kunden und Geschäftspartnern – die beste Voraussetzung, sich am Markt zu etablieren.

Rentabilitätsvorschau: Wie hoch ist das Gewinnpotenzial?

Wenn Ihre Überlegungen zum Startkapital ein deutliches und begeistertes Pro Existenzgründung ergeben haben, Sie den festen Willen zur Selbstständigkeit besitzen, Ihre Marktrecherchen grünes Licht für die Umsetzung Ihrer Geschäftsidee signalisieren, steht der Test der Wirtschaftlichkeit Ihres Gründungsvorhabens an.

Wie viel Geld können und wollen Sie mit Ihrer Geschäftsidee verdienen?

Eine gesicherte Existenz lässt sich nur dann aufbauen, wenn Sie mit Ihrem Unternehmen auf Dauer Gewinn erzielen. Überlegen Sie: Wie hoch sollte oder müsste Ihr Gewinn sein, kurzfristig und langfristig?

Eine Gründung ist nur dann tragfähig, wenn die Umsätze nach der Anlaufphase so hoch sind, dass »unter dem Strich«, also nach Abzug aller betrieblichen Kosten, ein so großer Betrag übrig bleibt, dass Sie alle Ihre privaten Ausgaben finanzieren können. Sie müssen so bald als möglich Liquiditätsreserven schaffen, denn als Selbstständige können Sie nicht mit regelmäßigen Einnahmen rechnen – die Auftragseingänge schwanken, Aufträge sind vorzufinanzieren, Kunden zahlen häufig spät. Kurz: Sie werden Zeiten mit »Ebbe in der Kasse« überbrücken müssen, während Ihre Kosten, betrieblich und privat, weiterlaufen. Sie werden neue Investitionen tätigen müssen, um konkurrenzfähig zu bleiben. Als kluge Unternehmerin werden Sie Eigenkapital aufbauen als Risikopuffer, zum Beispiel für Forderungsausfälle, für nicht versicherte oder versicherbare Risiken. Und sicher erwarten Sie für Ihre unternehmerische Tätigkeit nicht nur »Gottes Lohn«, sondern einen angemessenen Gewinnzuschlag als Prämie für Ihren unternehmerischen Einsatz und Ihr unternehmerisches Risiko sowie die Verzinsung Ihres Kapitals.

Wichtig: Geld von der Bank oder von Kapitalgebern werden Sie nur dann erhalten, wenn Ihr Gründungsvorhaben rentabel ist.

Das Instrument, um das Gewinnpotenzial Ihrer Geschäftsidee zu testen, ist die Rentabilitätsvorschau. Planen Sie die möglichen Umsätze und voraussichtlichen Kosten. Der Gewinnplan zeigt als Ergebnis die Rentabilitätsvorschau. Erstellen Sie die Planungen für drei Jahre.

Private Lebensführungskosten

In die Planung der Kosten müssen Sie Ihre privaten Lebenshaltungskosten einbeziehen, die Sie mit Ihrer Selbstständigkeit finanzieren wollen und die unter dem Strich mindestens herauskommen sollen. Wird sich die Gründung auszahlen? Nehmen Sie das mal wörtlich. Denn wenn Sie selbstständig sind, sind Sie auch Ihre eigene Arbeitgeberin und zahlen sich Ihren Lohn beziehungsweise Ihr Gehalt selbst aus. In Einzelunternehmen und in Personengesellschaften stellen die privaten Ausgaben, die Sie mit Ihrer Selbstständigkeit finanzieren, Ihren »Unternehmerinnenlohn« dar. Berücksichtigen Sie dabei: Dieser muss höher sein als ein Angestelltengehalt, da Sie Ihre Renten-, Kranken- und Pflegeversicherung voll selbst bezahlen müssen. Bei Kapitalgesellschaften fällt die »Entlohnung« für Ihre Tätigkeit unter die Personalkosten, zum Beispiel Ihr Gehalt als geschäftsführende Gesellschafterin einer GmbH.

Messlatte für Ihren Unternehmerinnenlohn sind Ihre eigenen Bedürfnisse und Vorstellungen, wie viel Geld Sie für Ihren privaten Lebensunterhalt und eventuell den Ihrer Kinder oder der gesamten Familie brauchen. Welchen Lebensstandard wollen Sie für sich und die Familie jetzt und in Zukunft mit Ihrer Selbstständigkeit finanzieren?

Für Ihre Planungen sollten Sie zumindest im Gründungsjahr davon ausgehen, dass Sie sich wahrscheinlich werden einschränken müssen, wenn die Einnahmen nur spärlich fließen. Dies fällt den meisten Frauen eher leicht, da haben sie einen »Gründungsvorteil« gegenüber Männern. Denn sie sind ja im Allgemeinen Meisterinnen darin, sparsam zu wirtschaften und mit dem zur Verfügung stehenden Einkommen auszukommen.

Wichtig: Wenn es ans Sparen geht, setzen viele Gründerinnen und Unternehmerinnen den Rotstift gern bei Versicherungen an. Prüfen Sie hier unbedingt später Ihren Bedarf an Risiko- und Altersvorsorge.

Gehen Sie alle Ihre bisherigen Ausgaben systematisch durch, realistisch und ehrlich. So vermeiden Sie böse Überraschungen, wenn das Geld nicht reichen sollte. Berücksichtigen Sie Kreditverpflichtungen, Sparverträge und Rücklagen für Steuern. Denken Sie auch daran, für unvorhergesehene Ausgaben vorzusorgen – Reparaturen am Auto oder im Haus, eine neue Waschmaschine usw. Und auf jeden Fall müssen Sie einen Puffer einplanen für Zeiten, in denen die Einnahmen aus der Selbstständigkeit nicht so üppig fließen. Ziehen Sie für die Ermittlung des privaten Ausgabenbedarfs alle Einnahmen ab.

Kluge Frauen planen für die Zukunft auch eine Veränderung der Lebenshaltungskosten ein, in Zeiten wie diesen mit stark steigenden Lebensmittel- und Energiepreisen kein Luxus, und kalkulieren absehbare Änderungen in den privaten Lebensumständen ein, zum Beispiel bevorstehende Einschulung der Kinder, vielleicht Nachwuchs, ein Umzug, auslaufende Verträge.

Eine Checkliste der privaten Lebenshaltungskosten, die Sie auf Ihre Lebensverhältnisse anpassen können, finden Sie in Kapitel 5.

Kostenplan

Der Kostenplan enthält Ihre betrieblichen Kosten. Betriebswirtschaftlich werden fixe und variable Kosten unterschieden. Fixe Kosten sind solche Kosten, die immer anfallen, ob Sie arbeiten oder in Urlaub sind, ob Sie Einnahmen erzielen oder nicht. Sie brauchen die entsprechenden Posten, um Ihr Unternehmen am Laufen zu halten. Manche Kosten können Sie auch nicht kurzfristig ändern, weil Sie zum Beispiel vertraglich gebunden sind. Beispiele für fixe Kosten: Miete, Versicherungen, Beiträge, Personalkosten, Strom, Wasser, Telekommunikation, Kosten für Ihren Firmenwagen, Werbe- und Reisekosten, Büromaterial. (Checkliste der betrieblichen Kosten in Kapitel 5.)

Die sogenannten variablen, das heißt umsatzabhängigen Kosten, Material- und Wareneinsatz und Nebenkosten wie Transport- und Lieferkosten, planen Sie am besten im Zusammenhang mit dem Umsatz.

 Tipp An dieser Stelle kommen Ihre Markt- und Branchen-kenntnisse zum Einsatz. Sie können auch auf Branchen- und Betriebsvergleichszahlen zurückgreifen.
Nehmen Sie die Kosten gründlich und realistisch unter die Lupe, damit die Gewinnplanung nicht zu hoch ausfällt. Planen Sie auch einen Puffer ein für unvorher-sehbare Kosten.

Umsatzplan

Die Umsatzplanung ist, neben dem Finanzierungskonzept, eine tragende Säule Ihres Geschäftskonzepts und die schwierigste Auf-gabe der Rentabilitätsvorschau, zu deren Bewältigung Sie profunde Branchen- und Marktkenntnisse brauchen.
Zur Umsatzprognose kommen Sie in zwei Schritten:

❑ Ermittlung des Mindestumsatzes: Welchen Umsatz müssen Sie mindestens erreichen, um Ihre privaten und betrieblichen Kosten zu decken?
❑ Realistische Umsatzeinschätzung: Können Sie diesen Umsatz auch am Markt erreichen? Mit kostendeckenden Preisen? (Markteinschätzung mit Branchen- und Betriebsvergleichszah-len.)

Erster Schritt

Ausgangspunkt ist Ihr Mindestumsatz, der sozusagen Ihre »Schmerzgrenze« darstellt. Den müssen Sie mindestens erzielen, damit die Gründung für Sie wirtschaftlich ist. Zur Berechnung beziehen Sie Ihre privaten und betrieblichen Kosten ein. Außerdem je nach der wirtschaftlichen Situation und Ihrem Sicherheitsbe-

dürfnis weitere Posten wie Tilgung von Krediten, Reserven für Liquiditätsschwankungen und unvorhergesehene Ausgaben.

Den Mindestumsatz legen Sie übrigens auch Ihren Preiskalkulationen zugrunde. So ermitteln Sie die Preisuntergrenze für Ihre Produkte und Dienstleistungen.

Wenn Sie sich im Dienstleistungsbereich selbstständig machen wollen, ist der erste Schritt damit erledigt. Wenn Sie eine Gründung im produzierenden Gewerbe, im Handwerk oder im Handel planen, ist die Rechnung etwas komplizierter. Denn zur Berechnung des Mindestumsatzes müssen Sie die umsatzabhängigen Kosten für Material- und Wareneinsatz berücksichtigen. Auch dafür können Sie Branchenkennzahlen zugrunde legen.

Zweiter Schritt

Sie erarbeiten die Prognose des am Markt tatsächlich erreichbaren Umsatzes. Dieser muss kurzfristig auf jeden Fall dem Mindestumsatz entsprechen, auf längere Sicht sollte er aber höher liegen, damit Sie auch Ihre eingeplante Gewinnspanne erzielen. Hier heißt es, eine Gleichung mit mehreren Unbekannten zu lösen. Denn Umsatz bedeutet ja, eine bestimmte Menge an Waren und Dienstleistungen zu einem bestimmten Preis oder Honorar zu verkaufen. Sie müssen also zu Ihren kalkulierten Preisen so hohe Stückzahlen absetzen oder Dienstleistungsstunden verkaufen, dass mindestens Ihre Kosten gedeckt sind und Sie Ihren kalkulierten Gewinn erzielen. Die Menge, die Sie verkaufen können, ist dabei abhängig von der Kapazität Ihres Betriebes beziehungsweise von Ihrem »Arbeitspotenzial« (in Stunden), wenn Sie Dienstleistungen anbieten. Außerdem müssen Sie, falls vorhanden, die Anzahl Ihrer Mitarbeiter berücksichtigen.

Hier ist die Schnittstelle zu Ihrer Marktanalyse, in der Sie Marktpotenzial, Zielgruppe, Wettbewerber, Standort und Branchenentwicklung analysiert haben. Recherchieren und kalkulieren Sie:

❑ *Faktor Absatz*: Wie hoch ist das Absatzpotenzial in Ihrem Zielmarkt? Wie viele Wettbewerber gibt es? Welche Absatz-

mengen können Sie realistisch am Markt verkaufen? Wie lange wird schätzungsweise die Anlaufzeit sein, wann können Sie mit den ersten Käufen oder Aufträgen rechnen? Falls Sie schon mit Kunden starten: Wie wird sich die Auftragslage entwickeln? Innerhalb welchen Zeitraums können Sie eine Auslastung Ihrer Kapazitäten erreichen?

Kalkulieren Sie hier vorsichtig die Nachfrage nach Ihrem Angebot und gehen Sie nicht davon aus, dass gleich nach dem Start Ihre Auftragsbücher voll sind oder die Kunden in Ihrem Laden Schlange stehen.

❑ *Faktor Preis*: Welche Verkaufspreise für Ihre Produkte oder Waren können Sie erzielen beziehungsweise welche Honorare für Ihre Dienstleistungen in Rechnung stellen? Welche Preise verlangen Ihre Wettbewerber? Sind Ihre Preise konkurrenzfähig?

Falls Ihre Berechnungen und Recherchen ergeben, dass Sie den kalkulierten Gewinn nicht erzielen oder Sie sogar den Mindestumsatz nicht erreichen, überprüfen Sie noch einmal Ihren Kostenplan: Können Sie Kosten einsparen? Oder überarbeiten Sie Ihr Angebot und Ihre Marketingstrategie. Suchen Sie nach Möglichkeiten, den Umsatz zu erhöhen.

Um zu realistischen Einschätzungen des Absatzpotenzials zu kommen, können Sie sich an Branchen- und Betriebsvergleichen orientieren, die bei Kammern und Verbänden erhältlich sind, oder an Richtsatzsammlungen der Finanzämter. Bedenken Sie aber, dass diese Zahlen nur Anhaltspunkte sein können, denn die Angebote sind nur bedingt vergleichbar, das gilt natürlich besonders bei neuen Produkten. Und Sie als Existenzgründerin sind neu am Markt. Außerdem ist die Wettbewerbssituation an den jeweiligen Standorten unterschiedlich.

Gewinnplan

Im Gewinnplan stellen Sie dann dem prognostizierten Umsatz Ihre voraussichtlichen Kosten gegenüber.

Für Personenunternehmen müsste unter dem Strich mindestens der für die Lebenshaltungskosten notwendige Betrag plus der kalkulierte Gewinnzuschlag herauskommen. Bei Kapitalgesellschaften müssen Sie noch die Steuern für die Gesellschaft berücksichtigen. (Berechnungsschema Kosten-, Umsatz- und Gewinnplan in Kapitel 5.)

Kapitalbedarf und Finanzierung

Eine Unternehmensgründung kostet Geld. Sie müssen Ihr Unternehmen erst einmal aufbauen und »zum Laufen bringen«, bevor Sie Ihr Produkt oder Ihre Dienstleistung verkaufen können. Ob es eine Tätigkeit im Home-Office oder in einem gemieteten Büro ist, eine Produktion in einer Werkstatt oder in einem Gebäude mit Maschinenpark oder ein Einzelhandelsgeschäft: Es sind Anschaffungen wie Bürogeräte, Maschinen, Werkzeuge zu tätigen, ein Büro ist einzurichten, ein Waren- oder Materiallager anzulegen. In der Anlaufphase fallen Betriebsausgaben an, während Sie Kunden akquirieren, Aufträge bearbeiten oder auf Geldeingänge auf Ihrem Konto aus Rechnungen warten. Auch in der Zeit vor der Gründung müssen Sie bereits Rechnungen bezahlen. Und Sie benötigen Geld, um privat mit Ihrer Familie über die Runden zu kommen.

Kapitalbedarfsplan

Wenn Ihre Geschäftsidee den Test auf Wirtschaftlichkeit bestanden hat, müssen Sie im nächsten Schritt überlegen, wie viel Geld Sie für den Start Ihres Gründungsvorhabens brauchen. Dazu erstellen Sie einen Kapitalbedarfsplan.

Wichtig: Auch den Kapitalbedarf sollten Sie möglichst genau planen, denn darauf basiert Ihr anschließendes Finanzierungskonzept. Sonst kann es passieren, dass Ihnen finanziell die Puste ausgeht.

Wie viel Geld Sie langfristig brauchen

Investitionen (Anlagevermögen) werden langfristig finanziert. Langfristigen Kapitalbedarf haben Sie also für Einrichtung und Ausstattung für Büro, Laden, Praxis, Werkstatt etc.: Bürogeräte, Firmen-PKW und sonstige Fahrzeuge, Maschinen und Werkzeuge, Grundstücke und Gebäude, Beitrittsgebühr beim Franchise-Geber. Die Kosten können Sie leicht ermitteln durch Kostenvoranschläge, Kataloge, Preislisten im Internet, Messebesuche etc.

❑ Planen Sie für einen Zeitraum von drei Jahren und staffeln Sie Ihre Umsatzerwartungen. Im ersten Jahr werden Sie aller Voraussicht nach niedrigere Umsätze erzielen als in den darauffolgenden Jahren, wenn Ihre Marketingaktivitäten greifen.

❑ Vermeiden Sie von vornherein einen Fehler, den viele Gründerinnen und Gründer machen: die Umsatzprognosen zu optimistisch einzuschätzen und die Kosten zu unterschätzen oder sogar Kostenpositionen zu vergessen. Das hat fatale Auswirkungen auf die Finanzierungsplanung; Finanzierungslücken und Liquiditätsengpässe können die Folge sein.

❑ Stellen Sie die Pläne möglichst allein auf. Wenn Ihnen diese »Zahlenspiele« nicht liegen, ist die gute Nachricht: Es wird jede Menge Hilfe angeboten (Infos in Kapitel 5).

❑ Eine Rentabilitätsvorschau ist nicht nur für Sie als Gründerin hilfreich, um festzustellen, ob sich Ihr Vorhaben lohnt. Falls Sie Kredite oder Beteiligungskapital aufnehmen wollen, können Sie damit Banken oder Kapitalgebern die Tragfähigkeit Ihrer selbstständigen Existenz nachweisen.

❑ Ihre Planungen müssen nicht auf Euro und Cent genau eintreffen. Benutzen Sie sie nicht als starre Fahrpläne, sondern eher als Marschrouten, mit denen Sie Änderungen und Abweichungen feststellen. So können Sie rechtzeitig und gezielt gegensteuern.

> ❏ Führen Sie die Planungen also nach dem Start weiter und vergleichen Sie – am besten monatlich – die tatsächlich erreichten Ist-Werte mit den geplanten Soll-Werten.
> ❏ Ihre Rentabilitätsvorschau ist auch ein geeignetes Instrument, sich – geschäftliche – Ziele zu setzen und festzulegen, was Sie erreichen wollen.

Wie viel Geld Sie kurz- bis mittelfristig brauchen

Das sogenannte Umlaufvermögen, also Material- und Warenlager und Außenstände, wird kurzfristig finanziert. Hier planen Sie den kurzfristigen Kapitalbedarf für den Aufbau der ersten Material- und Warenbestände (produzierendes Gewerbe, Handwerk) beziehungsweise die Bestückung Ihres Einzelhandelsgeschäfts sowie für die Vorfinanzierung von Außenständen.

Wenn Sie sich im Dienstleistungsbereich selbstständig machen wollen, können Sie in der Regel auf diese Planung verzichten.

Die Prognose dieser Posten ist nicht ganz leicht: Greifen Sie zurück auf Ihre Zahlen in der Rentabilitätsvorschau, dort haben Sie bereits Ihren voraussichtlichen Material- und Wareneinsatz geschätzt. Berücksichtigen Sie noch die Umschlagshäufigkeit. Bezüglich der Außenstände müssen Sie den Zahlungsmodus Ihrer Kunden einschätzen.

Zur Vereinfachung können Sie auch mit Vergleichszahlen anderer Unternehmen der gleichen Branche arbeiten. Diese Zahlen sind dann allerdings nur eingeschränkt aussagefähig. Gründerinnen »vom Fach« profitieren auch hier von ihren einschlägigen Markt- und Branchenerfahrungen.

Auch den Betriebsmittelbedarf in der Anlaufphase – für die Vorfinanzierung von Aufträgen, Produktion beziehungsweise Dienstleistung – finanzieren Sie kurzfristig.

Greifen Sie hier auf die Betriebsausgaben laut Kostenplan und die Schätzungen aus der Rentabilitätsvorschau zurück: Wann fließen die ersten Zahlungseingänge von Kunden oder Auftraggebern? Ab

wann sind voraussichtlich die Kosten voll durch Einnahmen gedeckt? Planen Sie unbedingt Reserven ein.

Welche Ausgaben für die Gründung selbst anfallen

Anmeldungen/Genehmigungen, Notar, Beratungen, Seminare, Fachliteratur oder Markterschließungskosten – darunter fallen zum Beispiel Ausgaben für das Erstellen eines Werbekonzepts, Anbahnung von Geschäftskontakten, Eröffnungswerbung, Marktuntersuchungen, Teilnahme beziehungsweise Besuch von Fachmessen.

Wie hoch ist Ihr Unternehmerinnenlohn?

Führen Sie im Kapitalbedarfsplan auch auf, wie viel Geld Sie für Ihre private Lebens- und Haushaltsführung benötigen, bis die Einnahmen aus Ihrer Selbstständigkeit zur Finanzierung ausreichen. Planen Sie für eine Anlaufphase von 6 bis 12 Monaten.

Fremdkapital

Bei den meisten Gründerinnen ist das Geld am Anfang knapp. Und viele möchten möglichst wenig Fremdkapital aufnehmen. Wie können Sie Ihren Kapitalbedarf also so niedrig wie möglich halten?

- ❏ Gegenstände, die Sie bereits besitzen, in Ihr Betriebsvermögen übernehmen
- ❏ Geräte, Einrichtung, Maschinen, Werkzeuge, Fahrzeuge gebraucht kaufen
- ❏ Nur den unbedingt notwendigen Material- und Warenbestand vorhalten
- ❏ Das Budget entlasten durch Leasing. Allerdings erhöht das die laufenden Kosten.
- ❏ Kooperationen für Einkauf von Waren, Material, Bürobedarf eingehen
- ❏ Mitstreiterinnen für eine Bürogemeinschaft suchen: weniger Miete, gemeinsame Nutzung von Bürogeräten
- ❏ Ein effizientes Forderungsmanagement betreiben

(Berechnungsschema Kapitalbedarfsplan in Kapitel 5.)

 Tipp Gründerinnen, die für ihr Vorhaben Kredite aufnehmen wollen, müssen der Bank auf jeden Fall einen Kapitalbedarfsplan präsentieren. Zweck der Übung ist, festzustellen und festzuhalten, wie viel Kapital zur Gründung benötigt wird und aus welchen Quellen das Geld kommt. Gewiefte Gründerinnen erstellen auch dann einen Kapitalbedarfsplan, wenn sie nur eigene Mittel einsetzen wollen. Erstens: Sie behalten damit den Überblick über ihren Investitionsbedarf und die Kosten. Und zweitens: Nur durch genaue Planungen entdecken sie, ob nicht doch eine Finanzierungslücke vorhanden ist. Dann wäre es schwierig, auf die Schnelle Finanzmittel zu finden. Und öffentliche Fördermittel kämen dann nicht mehr infrage, denn die müssen vor dem Start beantragt werden.

Finanzierung

Den Kapitalbedarf für die Realisierung Ihre Geschäftsidee haben Sie – nach gründlicher Planung! – festgestellt.

Letzter Prüfstein auf Ihrem Weg zur selbstständigen beruflichen Existenz ist die Finanzierung. Jetzt müssen Sie überlegen, wie Sie den Kapitalbedarf finanzieren, aus welchen Quellen Sie sich Finanzierungsmittel besorgen können und ob Sie überhaupt genügend Finanzierungsmittel für die Umsetzung Ihres Gründungsvorhabens aufbringen.

Ein solides Finanzierungskonzept ist eine weitere tragende Säule für einen erfolgreichen Unternehmensaufbau.

Manche Gründungspläne müssen schon vor dem Start ad acta gelegt werden, weil die Hürde Finanzierung zu hoch ist. Aus den Vorüberlegungen wissen Sie, dass ohne Eigenkapital der Gründerin der Schritt in die Selbstständigkeit – zumindest in der Regel – nicht gelingt.

Ein weiterer Grund, warum Existenzgründerinnen in der Vorbereitungsphase stecken bleiben und gar nicht erst in die Startlöcher gelangen, ist, dass sie von Banken keine Kredite erhalten. Dafür kann es verschiedene Ursachen geben, aber oft genug liegt es einfach an mangelhafter Planung und zu wenig Information. So wie bei Cornelia Brucks, deren erster Versuch, eine Physiotherapiepraxis zu erwerben, misslang, weil sie sich nicht gründlich genug vorbereitet hatte und die Banken nicht von ihrem Gründungskonzept überzeugen konnte.

Auch nach dem Start sind Finanzierungsfehler häufig Grund für das »Aus«. Vermeiden Sie:

❏ mit zu wenig Eigenkapital zu starten
❏ öffentliche Finanzierungshilfen nicht oder zu spät zu beantragen
❏ nicht rechtzeitig Verhandlungen mit der Hausbank aufzunehmen
❏ sich nicht gründlich auf die Gespräche mit Geldgebern vorzubereiten
❏ die Umsatzentwicklung zu optimistisch einzuschätzen
❏ den Bedarf an Investitionen und Betriebsmitteln zu unterschätzen
❏ den Kapitalbedarf nicht gründlich zu planen
❏ bei Lieferanten zu hohe Verbindlichkeiten einzugehen
❏ einen hohen Fixkostenblock aufzubauen
❏ Kontokorrentkredite zur langfristigen Investitionsfinanzierung zu nutzen
❏ Kreditaufnahme über dubiose Vermittler

Planen Sie also die Finanzierung sorgfältig, machen Sie einen Kassensturz und informieren Sie sich genau.

Ebenfalls aus den Vorüberlegungen wissen Sie, dass Finanzierungsinstrumente grundsätzlich Eigenkapital und Fremdkapital sind. Öffentliche Fördermittel sind eine wesentliche kostengünstige Fi-

nanzierungshilfe für Gründerinnen. Die gibt es sowohl mit Eigen-
kapitalcharakter als auch als reine Fremdfinanzierung.

 Eine Finanzierung durch die Bank und öffentliche Fördermittel sind nur für den betrieblichen Kapitalbedarf
möglich. Für Ihren privaten Kapitalbedarf müssen Sie
andere Geldgeber suchen, wenn Sie nicht selbst genügend
Ersparnisse haben, Zum Beispiel »Family and Friends-
Finanzierung«, Existenzgründungszuschuss oder Einstiegsgeld der Bundesagentur für Arbeit. (Informationen
dazu in Kapitel 5.)

Eigenkapital: Was ist das überhaupt?

Eigenkapital sind eigene finanzielle Mittel, die eine Gründerin zur
Finanzierung einbringt, daher auch die Bezeichnung »Eigenmittel«.
Eigenkapital bleibt langfristig als Kapitalbasis im Unternehmen
stehen und trägt unternehmerisches Risiko mit der Gefahr des
»Totalverlustes«. Eigenkapital besitzt zwei typische Kennzeichen:

❏ Eigenkapital ist nachrangig, das heißt, bei Insolvenz werden
zuerst die Forderungen von Gläubigern des Fremdkapitals
bedient.
❏ Eigenkapital wird ohne Sicherheiten zur Verfügung gestellt (es
spielt im Prinzip selbst die Rolle einer Sicherheit, nämlich für
die Gläubiger von Fremdkapital). Eigenkapital kann nicht
gekündigt werden.

Eigenkapital kann eigenes Geld sein, das die Gründerin für ihr
Vorhaben aus »eigener Tasche« einsetzt. Eigenkapital kann der
Gründerin aber auch von anderen Personen oder auch von anderen
Unternehmen zur Verfügung gestellt werden.
Wenn Sie eine Kapitalgesellschaft gründen wollen: Bei einer GmbH
ist Eigenkapital das Grundkapital, bei einer Aktiengesellschaft das

Stammkapital. Grund- und Stammkapital müssen eine Mindest-
höhe haben (bei der geplanten Mini-GmbH gerade mal 1 Euro!).
Warum Eigenkapital so wichtig ist:

- ❏ *Eigenkapital gewährleistet Unabhängigkeit*: Eigenkapital steht un-
  eingeschränkt zur Verfügung. Wer über genügend Eigenkapital
  verfügt, kann schnell und flexibel auf Finanzierungsbedarf
  reagieren und profitiert damit auch von einem Wettbewerbsvorteil. Und ist unabhängiger von Finanzierungsbedingungen
  von Kreditgebern. Denn wer Vermögenswerte als Sicherheiten
  stellen muss, kann nicht mehr frei darüber verfügen.
- ❏ *Eigenkapital schafft Sicherheit*: Eigenkapital ist Sicherheitspolster
  und Risikopuffer. Je mehr Eigenkapital, desto besser. Es
  reduziert die Gefahr von Liquiditätsengpässen und fängt
  Verluste auf, zum Beispiel bei Forderungsausfällen. Alles
  Risikofaktoren, die im schlimmsten Fall zur Insolvenz führen
  können.
- ❏ *Eigenkapital fördert die Kreditwürdigkeit*: Je mehr Eigenkapital die
  Gründerin selbst einsetzt, desto höher wird ihre Bonität von
  Banken und Sparkassen beurteilt, desto besser ist die Verhandlungsposition und desto geringere Zinssätze werden für Kredite verlangt.
- ❏ *Eigenkapital gilt auch als Zeichen des Engagements* der Gründerin
  für ihr Vorhaben und schafft damit Vertrauen. Denn wer nicht
  selbst hinter seinem Gründungsprojekt steht, kann nicht erwarten, dass andere ihm dafür Kapital zur Verfügung stellen.
  Eigenkapital motiviert also nicht nur Kreditgeber zur Kreditvergabe, sondern auch Kapitalgeber zur Kapitalbeteiligung.

Eigenmittel reduzieren den notwendigen Bedarf an
Fremdkapital. Mehr noch: Ohne Eigenkapital werden
Sie in der Regel auch kein Fremdkapital erhalten. Auch
für die Beantragung öffentlicher Fördermittel müssen Sie
einen Eigenkapitalanteil nachweisen.

Wie hoch sollte das Eigenkapital mindestens sein? Für den Anteil des Eigenkapitals an der Gesamtfinanzierung gibt es keinen allgemeingültigen Richtsatz bei Banken. Als absolut unterste Grenze gelten 15 Prozent, vorteilhafter sind 20 Prozent und mehr.

Quellen von Eigenkapital

❑ *Eigenes Geld*: Stellen Sie zusammen, welche Ersparnisse Sie besitzen oder über welche Kapitalanlagen Sie kurzfristig verfügen. Auch Sachwerte, die Sie in Ihr Unternehmen einbringen können, zählen zum Eigenkapital, zum Beispiel eine Büroausstattung, Bürogeräte wie PC und Drucker, PKW, Werkzeuge.

❑ *Familie und Freunde*: Geld von Eltern – vielleicht als vorgezogene Erbschaft –, von Geschwistern oder anderen Verwandten, von Freunden oder Bekannten ist eine unbürokratische Unterstützung für die Gründerin. Vorteilhaft ist der Einstieg als stille Teilhaber. Familie und Freunde kommen statt als Eigenkapitalgeber auch als Darlehensgeber infrage. Vorteil der Eigenkapitalvariante ist, dass dadurch die Haftungsbasis und damit die Bonität steigt. Vorsicht ist geboten bei Schenkungen. Es könnte Schenkungsteuer anfallen.

Damit das Geld als Eigenkapital zählt, sollte es für einen längeren Zeitraum zur Verfügung stehen, nicht kurzfristig gekündigt werden können und nachrangig sein. Schließen Sie auf jeden Fall einen schriftlichen Vertrag mit dem Kapitalgeber ab mit klaren Regeln zu Laufzeit, Rückzahlung, Gewinnbeteiligung und eventuell Verzinsung, Nachrangigkeit, gegebenenfalls Mitspracherechte. Die Kapitalbeteiligung beruht auf gegenseitigem Vertrauen und meistens emotionaler Beziehung. Darum sollte der Schritt vorher gut überlegt sein und die »Beteiligten« müssen sich im Klaren sein, dass im Ernstfall der Verlust des Kapitals und als Folge unter Umständen ein handfester Familienkrach droht. (»Bei Geld hört die Freundschaft schnell auf!«)

❑ *Geschäftspartner*: Auch Geschäftspartner, zum Beispiel Kunden oder Lieferanten, kommen als Kapitalgeber infrage. Sie kön-

nen als Teilhaber in Ihr Unternehmen einsteigen, in stiller Form oder mit einer direkten offenen Beteiligung. Das fiele dann unter das Thema »Teamgründung«. Vorteil: Die Teilhaber können ihr Know-how und ihre Erfahrungen einbringen. Gegen die Beteiligung von Geschäftspartnern könnte sprechen, dass sie je nach der Art der Beteiligung Einblick in Ihre Geschäftszahlen erhalten und Mitspracherechte einfordern. Die Entscheidung über diese Art der Finanzierung sollte die Gründerin gut überlegen.

Beteiligungskapital

Eine Alternative für Eigenkapital ist Beteiligungskapital, das Kapitalbeteiligungsgesellschaften oder Einzelpersonen in Kapitalgesellschaften einbringen. Der Vorteil: Beteiligungskapital wird ohne banübliche Sicherheiten gegeben und beteiligt sich am unternehmerischen Risiko. Daher auch Risiko- oder Wagniskapital genannt. Beteiligungsgeber übernehmen entweder stille Beteiligungen, dann nehmen sie in der Regel keinen Einfluss auf die Geschäftsführung. Oder sie stellen zusätzliches Stamm- oder Grundkapital zur Verfügung, üblicherweise mit aktiver Managementunterstützung. Was bedeutet, die Gründerin muss die Kapitalgeber an der Geschäftsführung beteiligen oder ihnen zumindest Mitspracherechte einräumen und verliert dadurch die alleinige Entscheidungsmacht in ihrem Unternehmen. Vorteil: Sie kann von Erfahrungen, vom Know-how und von Geschäftskontakten der Beteiligungsgeber profitieren.
Einzelpersonen als Kapitalgeber können Privatleute, andere Unternehmer oder Business Angels sein.
Es gibt private und öffentliche beziehungsweise öffentlich geförderte Beteiligungsgesellschaften.
Interessant auch für kleinere Gründungen sind öffentlich geförderte mittelständische Beteiligungsgesellschaften, die es in jedem Bundesland gibt. Deren Zielgruppe sind kleine und mittlere Unternehmen und Existenzgründer. Gesellschafter sind in der Regel Kammern, Verbände und Banken. Meistens übernehmen sie typische stille Beteiligungen (halten sich also aus der laufenden Geschäftsführung

heraus). Manchmal wird die Beteiligung mit einer Bürgschaftsübernahme durch eine Bürgschaftsbank kombiniert.

Die Beteiligungssummen variieren stark von Gesellschaft zu Gesellschaft. Das niedrigste »Angebot« liegt bei 2000 Euro. (Was aber ein absoluter Ausnahmefall ist. Die meisten Mindestbeteiligungen liegen zwischen 20.000 und 50.000 Euro.) Manche Beteiligungsgesellschaften bieten Gründern zusätzlich auch Beratung und Weiterbildung an. Folgende Voraussetzungen müssen erfüllt sein:

❑ Gründungsidee mit (überdurchschnittlichem) Wachstumspotenzial
❑ Tragfähiges Gründungskonzept
❑ Businessplan, zumindest als Grobplanung
❑ Überzeugende Gründerpersönlichkeit

Die KfW-Mittelstandsbank bietet verschiedene Alternativen:

❑ Direkte Beteiligungen an kleinen und mittleren Unternehmen
❑ Förderung von Beteiligungsgebern
❑ ERP-Kapital für Gründung

(Mehr zu den Beteiligungsangeboten der KfW in der Liste »Existenzgründungsfinanzierung« in Kapitel 5.)

Private Kapitalbeteiligungsgesellschaften arbeiten im Gegensatz zu den öffentlichen Beteiligungsgesellschaften gewinnorientiert, beteiligen sich in der Regel nur in direkter Form an größeren Gründungen, vor allem an sogenannten innovativen oder technologieorientierten Gründungen, die mit hohem Risiko verbunden sind, dafür aber überdurchschnittliche Renditechancen aufweisen.

Kapitalgeber sind Unternehmen, Banken und Sparkassen sowie Einzelpersonen. Für Gründerinnen mit – ziffernmäßig – hohen Ambitionen: Beteiligungen (»Venture Capital«) werden hier in der Regel erst ab mindestens 500.000 Euro getätigt und sind meistens mit aktiver Managementunterstützung verbunden.

Fremdkapital

Wenn Ihr eigenes Eigenkapital zur Finanzierung der Gründung nicht ausreicht und Beteiligungsfinanzierung über Partner/Beteiligungsgesellschaften als Alternative für Sie nicht infrage kommt, müssen Sie sich wohl oder übel auf die Suche nach Fremdkapital begeben.

 Gewiefte Gründerinnen suchen selbstverständlich keinen Kreditgeber im Kleinanzeigenteil der Tageszeitung. Sonst sitzen sie schneller als gedacht auf einem Schuldenberg statt auf dem Chefsessel.

Wie in der »Gründungsszene« seit Langem bekannt, ist es besonders für kleinere Gründungen mit einem Kapitalbedarf bis zu 50.000 Euro schwierig, an Fremdkapital zu kommen. Und besonders die sogenannten Kleinstgründungen, die weniger als 10.000 Euro benötigen, werden von den »klassischen« Geldgebern links liegen gelassen. Und wieder trifft das am meisten die Frauen. Aber glücklicherweise sind erfreuliche Aktivitäten auf den Kreditmärkten zu verzeichnen. In den letzten Jahren ist das »Microlending«, die Vergabe von Klein- und Kleinstkrediten, auf dem Vormarsch. Als Quellen für Fremdkapital kommen infrage:

❑ *Familie und Freunde*: Für Darlehen von Eltern oder anderen Familienangehörigen und von Freunden gelten die gleichen Überlegungen wie für die Beteiligung mit Eigenkapital. Denken Sie an die Möglichkeit, dass Sie das Darlehen nicht zurückzahlen können, und an die Konsequenzen für den Darlehensgeber. Im Gegensatz zu Eigenkapital wird das Darlehen im Falle der Insolvenz in die Konkursmasse genommen. Der Gläubiger bekommt je nach Masse einen Teil des Geldes zurück.
Sie sollten auch hier auf jeden Fall einen schriftlichen Vertrag abschließen, in dem alle Konditionen festgelegt werden – Darlehensgeber, Darlehensnehmer, Betrag, Zinssatz (fest oder

variabel oder zinslos), Laufzeit, Rückzahlung (in Raten oder in einem Betrag), Darlehenskündigung.

❑ *Öffentliche Fördermittel*: Die Finanzierungsprogramme der öffentlichen Hand sind für Gründerinnen immer erste Wahl – wenn die Voraussetzungen vorliegen. Vorteile öffentlicher Fördermittel sind günstige Zinsen, feste Zinssätze, lange Laufzeiten und häufig eine rückzahlungsfreie Zeit, bis Sie mit der Tilgung beginnen müssen. Viele verschiedene Kreditprogramme unterschiedlicher Darlehensgeber sind »im Angebot«, zum Beispiel die »klassischen« bekannten Kreditprogramme der KfW Bankengruppe.

Für Gründerinnen und Gründer in der Startphase sind das:

● KfW-Start-Geld für Existenzgründer, Freiberufler und kleine Unternehmen, die weniger als drei Jahre am Markt tätig sind und die nicht mehr als 50.000 Euro finanzieren müssen. Gefördert wird auch ein Nebenerwerb, wenn er mittelfristig zum Haupterwerb wird.

● Unternehmerkredit für Existenzgründer, Freiberufler und gewerbliche Unternehmen, Finanzierung auch der Übernahme eines bestehenden Unternehmens oder Erwerb einer tätigen Beteiligung.

● ERP-Kapital für Gründung: Darlehen mit Eigenkapitalfunktion für die Gründung eines Unternehmens oder einer freiberuflichen Existenz (Neugründung, Übernahme eines bestehenden Unternehmens oder tätige Beteiligung) und für Festigungsmaßnahmen innerhalb von zwei Jahren nach Aufnahme der Geschäftstätigkeit.

(Mehr Informationen in der Liste »Existenzgründungsfinanzierung« in Kapitel 5.)

Allgemeine Grundsätze bei öffentlichen Förderdarlehen:

❏   Anträge können nur über die Hausbank gestellt werden,
    welche die Kredite »durchleitet« und zum Teil die Haftung
    übernimmt (»Hausbankprinzip«).
❏   Der Antrag muss vor Beginn des Vorhabens gestellt werden.
    Das bedeutet, Gründerinnen dürfen vor dem Start keine
    finanziellen Verpflichtungen eingehen, zum Beispiel Anschaf-
    fungen tätigen (Vorbeginnklausel).
❏   Die Gründerin muss Eigenmittel zur Finanzierung einsetzen.
❏   Gefördert werden nur Vorhaben, die eine dauerhaft tragfähige
    Existenz erwarten lassen.
❏   Ein Rechtsanspruch auf öffentliche Fördermittel besteht nicht.
    Da ist Verhandlungsgeschick bei den Gesprächen mit der
    Hausbank gefragt.

Die meisten Bundesländer haben eigene Programme für die finanzielle Starthilfe bei Gründungen.

❏   *Microlending*: Für Gründer mit wenig oder keinem Eigenkapital
    und geringem Kapitalbedarf (sogenannte Klein- und Kleinst-
    gründungen) stellen verschiedene Institutionen Kredite mit
    niedrigen Beträgen zur Verfügung, meistens mit kurzen Lauf-
    zeiten bis maximal zwei Jahre.
    Hinter den Vergabestellen stehen Kommunen, Kreise, Wirt-
    schaftsfördergesellschaften, Hochschulen, IHKs, Banken,
    Sparkassen etc.
    Die Kreditvergabe ist häufig mit Beratung, Coaching, Weiter-
    bildung, Hilfestellung bei der Businessplanerstellung etc. ver-
    bunden und teilweise bestimmten Gründergruppen wie Grün-
    der aus der Arbeitslosigkeit oder mit Migrationshintergrund
    vorbehalten.
    Zu den Microlending-Organisationen gehört auch das DMI,
    Deutsches Mikrofinanz Institut, das einen Mikrofinanzsektor
    in Deutschland aufbaut. Zielgruppe sind neben Kleingründun-

gen vor allem Gründer in der Nachgründungs- und Wachstumsphase, die Kredite zur Finanzierung von Aufträgen oder Überbrückung von saisonalen Schwankungen benötigen. Das DMI kooperiert mit verschiedenen Mikrofinanzorganisationen, die sich akkreditieren müssen und Anlaufstellen für die Unternehmer sind. Sie unterstützen beim Kreditantrag an die Hausbank, über welche die Kreditvergabe läuft, und bieten Begleitung und Qualifizierung während der Kreditlaufzeit. Das DMI kooperiert mit dem Mikrofinanzfonds Deutschland, der das Kreditausfallrisiko übernimmt und dessen Träger u.a. Bundesministerien und die KfW sind. (Weitere Informationen in Kapitel 5.)

❏ *Bankkredite*: Kredite vergeben, das heißt Geld verleihen und dafür Zinsen kassieren, gehört zum Geschäft der Banken und Sparkassen. Dabei gehen sie ein »Kreditausfallrisiko« ein, nämlich das Risiko, dass sie das geliehene Geld von den Kreditnehmern nicht wieder zurückbekommen. Bevor Banken Darlehen vergeben, schätzen sie daher die Wahrscheinlichkeit eines Ausfallrisikos ein. Dazu nehmen sie eine Bonitätsprüfung oder Kreditwürdigkeitsprüfung der Kreditantragsteller vor. Kriterien sind:

● Person der Gründerin: Sie sollte fachlich qualifiziert sein, von ihrem Vorhaben überzeugt sein und es kompetent vertreten können, sich mit ihren Zahlen im Businessplan auskennen und gut vorbereitet sein. Berücksichtigt werden auch Ausbildung, Kenntnisse und Erfahrungen sowie ein sicheres und professionelles Auftreten. Und sie muss in »geordneten persönlichen Verhältnissen« leben. Das heißt im Klartext, sie darf keinen Schuldenberg haben und keine eidesstattliche Versicherung abgegeben haben.

● Erfolgsaussichten des Gründungsvorhabens: Die Rentabilität des Geschäftskonzepts muss so hoch sein, dass sichergestellt ist, dass die Unternehmerin beziehungsweise das Unternehmen den Kredit zurückzahlen und die Zinsen

darauf erbringen kann, dass also die sogenannte »Kapitaldienstfähigkeit« gegeben ist.

- Eigenkapital: Die Gründerin muss eigenes Geld vorweisen können und damit signalisieren, dass sie selbst von ihrem Gründungsvorhaben überzeugt ist und dahintersteht.
- Sicherheiten: Die Gründerin muss »werthaltige und bankübliche« Sicherheiten zur Verfügung stellen können.
- Wenn die Kreditnehmerin schon Kundin bei der Bank ist, werden auch die bisherigen Erfahrungen bei der Kontoführung herangezogen: ob das Konto innerhalb der Kreditlinie geführt oder häufig (ungenehmigt) überzogen wurde, ob bei einer früheren Kreditvergabe pünktlich der Kapitaldienst erbracht wurde. Konsequenz: darauf achten, immer pünktlich die Raten zu zahlen, und die Bank rechtzeitig ansprechen, wenn Liquiditätsprobleme drohen.
- Von der Bonität eines Kreditnehmers ist auch die Höhe des Zinssatzes abhängig: Je höher die Bank die Bonität beurteilt und je geringer sie die Ausfallwahrscheinlichkeit einstuft, desto niedriger der Zins. Wenn eine Bank keine Kapitaldienstfähigkeit sieht, nützen auch keine Sicherheiten. Nur auf vorhandene Sicherheiten stützt sich eine Bank bei einer Kreditvergabe nicht.

Im Zeitalter von »Basel II« ist es für Unternehmer und Gründer noch schwieriger geworden, an Kredite zu kommen. Ganz wichtig ist die gute Vorbereitung eines Bankgesprächs. (Dazu Checkliste in Kapitel 5.)

Kreditarten

Wenn auch manche Bank oder Sparkasse mit eigenen Wortkreationen ihre Kredite anbietet, am grundsätzlichen Verwendungszweck ändert das nichts:

❏ *Kontokorrentkredit*: Die Bank oder Sparkasse räumt eine Kreditlinie auf dem Geschäftskonto ein. Der Kontokorrentkredit

entspricht dem Dispositionskredit bei Privatkunden und dient zur kurzfristigen Finanzierung von Betriebsmitteln, daher auch als Betriebsmittelkredit bezeichnet. Über eine einmal eingeräumte Kreditlinie kann die Unternehmerin frei verfügen, sie wird »b.a.w« (bis auf weiteres) zugesagt, aber jährlich überprüft, das heißt, die Bank entscheidet jährlich darüber, ob der Kontokorrentkredit weiterhin eingeräumt wird. Die Zinsen werden nur für den tatsächlich in Anspruch genommenen Betrag berechnet.

Vermeiden Sie »geduldete« Überziehungen der Kreditlinie, denn dafür schlagen die Banken noch »Strafzinsen« von mindestens 4 Prozent auf den normalen Zinssatz auf.

Decken Sie nur kurzfristigen Kreditbedarf über den Kontokorrentkredit, finanzieren Sie keinesfalls Anschaffungen darüber. Denn nicht nur, dass ein Kontokorrentkredit teurer ist als mittel- und langfristige Darlehen. Größer noch ist die Gefahr von Liquiditätsproblemen.

Wenn Sie vor der Gründung eine Anstellung hatten und über einen Dispo verfügten, bleiben nach dem Start die regelmäßigen Gehaltseingänge, die Grundlage für den Dispo, aus. Informieren Sie die Bank rechtzeitig, um Ärger zu vermeiden. Das könnte auch Ihre Verhandlungsposition für einen Betriebsmittelkredit beeinflussen.

❑ *Investitionskredit*: Diese mittelfristigen (4 Jahre) bis langfristigen (bis 20 Jahre) Darlehen dienen zur Finanzierung des Anlagevermögens (Grundstück, Gebäude, Maschinen, Fuhrpark usw.). Die Laufzeit soll mit der wirtschaftlichen Nutzungsdauer der erforderlichen Investitionen übereinstimmen.

Banken bieten verschiedene Darlehensarten an, üblich sind Annuitäten- und Ratendarlehen.

● Annuitätendarlehen: Der Kapitaldienst = Zinsen + Tilgung = Annuität bleibt über die Laufzeit hinweg gleich. Dabei nimmt der Zinsanteil, der anfangs hoch ist, stetig ab, der Tilgungsanteil steigt. Achten Sie darauf, dass im Tilgungsplan nicht nur die Annuität, sondern auch der Zinsanteil

angegeben wird. Denn der gehört zu den Betriebsausgaben. Die Aufwendungen sind in den ersten Jahren niedriger als bei Ratendarlehen, daher vorteilhaft für die Anlaufphase Ihres Unternehmens.

- Ratendarlehen oder Tilgungsdarlehen: Die Darlehenssumme wird in gleichbleibenden Raten zurückgezahlt – monatlich, vierteljährlich oder auch jährlich. Zinsen sind in bestimmten Zeitabständen, monatlich oder vierteljährlich, auf den restlichen Kapitalbetrag zusätzlich zu zahlen. Anfänglich ist der Kapitaldienst höher als bei Annuitätendarlehen, nimmt im Tilgungsverlauf aber stetig ab.

Grundsätzlich gilt: Je länger die Laufzeit eines Kredites, desto niedriger sind die monatlichen Tilgungsraten, mit denen Sie den Kredit zurückzahlen. Die laufende finanzielle Belastung ist daher geringer. Allerdings: Je länger die Laufzeit, desto länger dauert auch die Zinszahlung. Die Investition verteuert sich daher.

 Halten Sie sich an die »Finanzierungsregeln«: Finanzieren Sie Ihren Kapitalbedarf »fristenkongruent«, das heißt, Ihren kurzfristigen Kapitalbedarf, Betriebsmittel, decken Sie mit kurzfristigen bis mittelfristigen Krediten. Für den langfristigen Kapitalbedarf, also Anlagegüter, nehmen Sie langfristige Darlehen auf. Auf keinen Fall sollten Sie langfristigen Kapitalbedarf mit Betriebsmittelkrediten finanzieren. Dann sind Liquiditätsengpässe programmiert. Außerdem sind diese Kredite meistens erheblich teurer. Wenn Sie andererseits Kredite mit langen Laufzeiten zur Finanzierung von kurzfristigem Kapitalbedarf aufnehmen, fehlt Ihnen vielleicht später der finanzielle Spielraum für Ersatzinvestitionen.

Sicherheiten

Das dritte Standbein, auf das sich Banken und Sparkassen bei Beurteilung der Kreditwürdigkeit stützen, sind die Sicherheiten. Ohne »bankübliche« Sicherheiten werden selten Existenzgründungsdarlehen vergeben, es sei denn, die Gründerin verfügt über ein ausreichend dickes Polster an Eigenkapital. Auch für öffentliche Förderdarlehen müssen Sicherheiten gestellt werden.

Mit dem Sicherheitenvertrag überträgt die Kreditnehmerin Teile ihres Vermögens beziehungsweise bestimmte Rechte daran an die Bank. Das bedeutet: Die Unternehmerin verliert die freie Verfügungsgewalt über die als Sicherheit gestellten Vermögenswerte.

- ❏ *Grundschuld auf Grundstücke und Gebäude (Eintragung ins Grundbuch)*. Vorsicht: Wenn Sie Ihr Wohngebäude beleihen, können Sie es im Fall der Zwangsvollstreckung verlieren. Die Eintragung von Grundschulden ist mit Kosten verbunden.
- ❏ *Sicherungsübereignung von Maschinen, Kfz, Warenlager, Ladeneinrichtung*: Dabei wird die Bank Eigentümer der Gegenstände, der Kreditnehmer ist nur Nutzer.
- ❏ *Forderungsabtretung, das heißt Abtretung von Forderungen gegenüber Kunden*: Die Abtretung sollte in stiller Form vorgenommen werden, Offenlegung an die Kunden nur im »Ernstfall«. Denn sonst könnten die Kunden den Eindruck gewinnen, Sie stecken in einer Krise, und würden womöglich zur Konkurrenz abwandern.
- ❏ *Bankguthaben, Sparverträge, Wertpapiere*: Sie können auch Kapitalanlagen verpfänden, die bei anderen als der kreditgebenden Bank liegen, oder auch Geldanlagen, die dritten Personen gehören.
- ❏ *Lebensversicherung*: Bewertet wird der sogenannte Rückkaufswert. Der ist in den ersten Jahren sehr niedrig und steigt mit den laufenden Einzahlungen an.
  Kündigt die Bank den Vertrag, verlieren Sie je nach Laufzeit einen Teil der Einzahlungen. Sie sollten daher keine Lebensver-

sicherung als Sicherheit stellen, die der Altersvorsorge dient, die geht sonst verloren.

❑ *Bürgschaften*: Personen oder Unternehmen können sich für die Bedienung von Krediten – Tilgung, Zinsen und Kosten – bei der Bank verbürgen. Dabei wird meist vereinbart, dass die Bank den Zugriff auf den Bürgen auch ohne vorheriges gerichtliches Vorgehen gegen den Hauptschuldner vornehmen kann (»selbstschuldnerische Bürgschaft«). Die Bank kann also den Bürgen jederzeit in Anspruch nehmen, selbst wenn der Hauptschuldner noch zahlen könnte.

Achtung: Kaufleute können nur selbstschuldnerische Bürgschaften übernehmen.

Bei Kreditvergabe an eine GmbH verlangen die Banken immer die persönliche Haftung der Geschäftsführerin, manchmal aller Gesellschafter. Gegenüber der Bank ist die Haftungsbeschränkung also nicht wirksam.

Ist eine Gründerin verheiratet, wird häufig die Bürgschaft des Ehemannes verlangt.

Gerade über Bürgschaften von Ehepartnern gibt es mehrere Gerichtsurteile, in denen die Bürgschaft als sittenwidrig eingestuft wurde. Unterschreiben Sie oder Ihr Ehepartner also nicht vorschnell eine Bürgschaftsurkunde, sondern lassen Sie sich beraten.

Als Bürgen werden bei entsprechendem Vermögen, das sie der Bank gegenüber offenlegen müssen, auch Familienmitglieder, Verwandte oder Freunde akzeptiert.

Häufig wird die Tragweite einer Bürgschaftsübernahme nicht gründlich genug bedacht. Bürgen sollten sich darüber im Klaren sein, dass sie auch tatsächlich in Anspruch genommen werden. Klären Sie mit dem Bürgen vorher, ob er bei der Unternehmensführung ein Wörtchen mitreden möchte. Das kann besonders in der Familie zu Konflikten führen.

Achten Sie darauf, dass die Bürgschaft nur für den aufgenommenen Kredit gilt, nicht für die gesamte Geschäftsbeziehung und auch nur für die Laufzeit des Kredites.

Damit Banken berechnen können, in welcher Höhe der Darlehens-betrag – einschließlich Zinsen – von den Sicherheiten gedeckt ist, bewerten sie die Sicherheiten. Dafür wendet jede Bank unterschiedliche Bewertungsmaßstäbe und Kriterien an, gesetzliche Vorschriften gibt es nicht (außer bei Hypothekenbanken). Die wenigsten Sicherheiten werden mit 100 Prozent ihres Wertes bewertet. Zum Beispiel Grundstücke mit 60 bis 80 Prozent des Verkehrswertes, Bundesschatzbriefe mit 80 Prozent des Nennwertes, ein Firmen-PKW mit maximal 60 Prozent des Zeitwertes. Da jede Bank ihre eigenen Richtlinien hat, bestehen Spielräume, die Sie bei Verhandlungen nutzen können. Fragen Sie auf jeden Fall Ihre Bank nach ihren Bewertungsrichtlinien.

Bürgschaften werden je nach Bonität des Bürgen bewertet, abgestellt auf die Vermögenslage.

Tipps zu Sicherheiten:

❑ Legen Sie nicht gleich alle Karten auf den Tisch, das heißt, bieten Sie nicht von vornherein zu viele Sicherheiten an.

❑ Arbeiten Sie selbst im Businessplan einen Besicherungsvorschlag aus.

❑ Verlangen Sie schriftlich die Freigabe von Bürgschaften nach Tilgung.

❑ Behalten Sie die Werthaltigkeit der Sicherheiten und die Höhe der Darlehensinanspruchnahme im Auge.

Kreditinstitute lassen sich in ihren allgemeinen Geschäftsbedingungen ein Pfandrecht einräumen (Nr. 21 Bank-AGB). Folge: Ihre privaten Vermögenswerte, die Sie beim Kreditinstitut unterhalten, können ebenfalls als Sicherheiten für Kredite an Ihr Unternehmen herangezogen werden.

Falls die Bank nicht damit einverstanden ist, das AGB-Pfandrecht auszuschließen, verlagern Sie oder auch Bürgen Sparverträge und Wertpapiere auf eine andere Bank.

Bürgschaftsbanken

Für eine Gründerin oder Unternehmerin, die keine oder nicht ausreichende Vermögenswerte zur Absicherung von Krediten hat und nicht auf Bürgen zurückgreifen kann, können unter bestimmten Voraussetzungen die Bürgschaftsbanken in den einzelnen Bundesländern einspringen. Dahinter stehen Handwerkskammern, Industrie- und Handelskammern, Kammern der Freien Berufe, Wirtschaftsverbände und Innungen, Banken und Sparkassen sowie Versicherungsunternehmen.

Sie bieten sogenannte Ausfallbürgschaften (das heißt, sie zahlen nur, wenn der Kreditnehmer nicht in der Lage ist, den Kredit zurückzuzahlen):

❑   Bürgschaftsbetrag bis maximal 1 Mio. Euro, aber nur bis zu 80 Prozent des zu besichernden Kreditbedarfs. Für die restlichen 20 Prozent muss die Hausbank das Risiko tragen.
❑   Für alle gewerblichen Unternehmen und Freiberufler (in einigen Bundesländern auch Landwirte, Gartenbaubetriebe und Fischer), Voraussetzung: Das Finanzierungsvorhaben muss betriebswirtschaftlich sinnvoll sein.
❑   Für kurz-, mittel- und langfristige Kredite aller Art und alle wirtschaftlich vertretbaren Vorhaben, zum Beispiel für Existenzgründungen und Betriebsübernahmen, Investitions- und Wachstumsfinanzierungen, Betriebsmittel (auch Kontokorrentkreditrahmen).

Wie kommen Sie an eine Bürgschaft einer Bürgschaftsbank?

❑   Über Ihre Hausbank
❑   Direkt über die Bürgschaftsbank: Die meisten Bundesländer bieten das Programm »Bürgschaft ohne Bank« an: Existenzgründer und Unternehmer können sich direkt an die Bürgschaftsbank in ihrem Bundesland wenden. Diese prüft den Finanzplan und bietet bei positiver Beurteilung eine Kreditbürgschaft in der Regel zwischen 60 und 80 Prozent an.

Kreditgarantiegemeinschaften

Verschiedene Kreditgarantiegemeinschaften des Handels, des Handwerks, der Industrie und des Hotel- und Gaststättengewerbes stellen für die Mitglieder des entsprechenden Verbandes oder der Kammer gegenüber deren Hausbanken Ausfallbürgschaften, wenn Sicherheiten nicht oder nicht ausreichend zur Verfügung stehen.

Lieferantenkredite

Wenn Lieferanten – »Lieferanten« können auch Grafiker, Webdesigner, Druckereien sein – Ihnen Waren liefern oder Dienstleistungen für Sie erbringen, die Sie nicht sofort, sondern erst zu einem späteren vereinbarten Termin bezahlen müssen, räumen Ihnen diese Unternehmer Kredit ein. Das sogenannte Zahlungsziel beträgt häufig 7 bis 14 Tage, manchmal auch bis zu 30 Tage.
Wenn Sie das Zahlungsziel in Anspruch nehmen, streichen Sie einen Zinsvorteil ein, sofern Sie das Geld ohnehin auf dem Konto haben. Müssen Sie Ihre Kreditlinie in Anspruch nehmen, »sparen« Sie immerhin Zinsen.
Eine andere Rechnung sollten Sie aufmachen, wenn ein Lieferant Skonto bei Sofortzahlung zwischen 1 und 3 Prozent anbietet. Das ist ein wirksames Instrument, um Kunden zu motivieren, möglichst schnell die Rechnung zu bezahlen. Übrigens auch für Ihr eigenes Forderungsmanagement ein empfehlenswerter Versuch, um möglichst schnell Geld auf dem Konto zu haben. Wenn Sie bei Einräumung von Skonto dies nicht ausnutzen, machen Sie unter Umständen ein schlechtes Geschäft. Angenommen, Sie zahlen aus Guthaben auf Ihrem Geschäftskonto: Bei einem Skonto von 2 Prozent, einer Skontofrist von 7 Tagen und einem Zahlungsziel von 30 Tagen würde Sie die Inanspruchnahme des Zahlungsziels einen effektiven Jahreszins von mehr als 31 Prozent kosten! Wenn Sie die Kreditlinie in Anspruch nehmen, kann Sie das Lieferantenziel je nach Höhe des Zinssatzes immer noch mehr kosten als der Kontokorrentkredit.

Lieferanten verlangen keine Sicherheiten, holen aber unter Umständen Bank- oder Büroauskunft über ihre Kunden ein. Existenzgründer brauchen schon Verhandlungsgeschick, um Lieferantenkredit zu erhalten.

Finanzierungsalternative Leasing

Leasing ist eine Art Miete von Investitionsgütern, zum Beispiel Kraftfahrzeuge, Bürogeräte, Produktionsanlagen, Immobilien.
Der »Vermieter« oder Leasinggeber bleibt juristischer und wirtschaftlicher Eigentümer des Objekts. Die Unternehmerin als »Mieterin« beziehungsweise Leasingnehmerin nutzt die Wirtschaftsgüter und zahlt dafür monatliche Gebühren. Die sogenannten Leasingraten sind als Betriebsausgaben absetzbar.
Vorteile:

- ❑ Das »Gründungsbudget« wird entlastet.
- ❑ Die Liquidität wird geschont.
- ❑ Es müssen keine Sicherheiten gestellt werden.
- ❑ Die Leasinggebühren sind steuerlich abzugsfähig.

Nachteile:

- ❑ Leasing ist ein teureres Vergnügen als eine Finanzierung, es entstehen höhere laufende Kosten.
- ❑ Auch die Leasinggesellschaft nimmt eine Bonitätsbeurteilung vor.

(Muster für einen Investitions- und Finanzierungsplan in Kapitel 5.)

Liquiditätsplan

Die letzte Ihrer Planungsaufgaben ist, eine Übersicht über die Liquidität Ihres zukünftigen Unternehmens zu erstellen.
Denn ob Sie mit Ihrem Geschäftsmodell den erwarteten Gewinn erzielen, ist nur die eine Seite der Zukunftsfähigkeit. Ihr Unterneh-

men kann auf Dauer nur überleben, wenn es nicht nur rentabel arbeitet, sondern auch liquide ist, das heißt, wenn es die laufenden Verbindlichkeiten fristgerecht bezahlen kann. Besonders in der Startphase, wenn Sie weniger Einnahmen haben, ist es wichtig, die Liquidität im Auge zu behalten, damit keine Finanzierungslücke entsteht.

Sonst droht schnell das Aus durch Zahlungsunfähigkeit. Liquiditätsprobleme sind ein wesentlicher Grund, warum Jungunternehmen in den ersten Jahren wieder schließen müssen. Ein wichtiger unternehmerischer Grundsatz lautet daher: Liquidität vor Rentabilität.

Jede Unternehmerin sollte also unbedingt die Zahlungsfähigkeit überwachen.

Das Tool dafür ist der Liquiditätsplan. Er liefert einen aktuellen Überblick über alle zu erwartenden Geldströme. Den geplanten Einnahmen werden die voraussichtlichen Ausgaben, betriebliche und private, gegenübergestellt. Und zwar zeitpunktbezogen. Daraus ergibt sich entweder ein Überschuss oder ein Fehlbetrag.

Den Liquiditätsplan sollten Sie monatsweise, eventuell auch wochenweise erstellen, und das für einen Zeitraum von mindestens sechs, besser zwölf Monaten im Voraus.

So gehen Sie vor: Nehmen Sie den voraussichtlichen Umsatz im ersten Geschäftsjahr der Gründung aus Ihrem Umsatzplan und teilen ihn auf. Überlegen Sie, in welchen Monaten und in welcher Höhe daraus Zahlungseingänge werden könnten. Stützen Sie sich dabei auf Ihre Branchenerfahrungen und berücksichtigen Sie saisonale Schwankungen, die Dauer längerfristiger Aufträge und Urlaubszeiten. Falls vorhanden, planen Sie auch private Einnahmen zu den erwarteten Zahlungsterminen ein (gilt aber nur für Personenunternehmen). Die Zahlungsverpflichtungen ergeben sich aus den einzelnen Positionen des Kostenplans. Wann und in welcher Höhe Sie die fixen Kosten wie Miete, Gehälter, Versicherungen, Zinsen als Ausgaben planen müssen, wissen Sie.

Zahlungen an Lieferanten für Büromaterial, Werbung etc. können Sie steuern. »Umrechnen« in Zahlungen müssen Sie außerdem die

Kosten für Material und Waren aus dem Umsatzplan. Und Sie müssen noch Steuern, Tilgungen für Kredite und Ihre Privatentnahmen berücksichtigen.

 Die Umsatzsteuer dürfen Sie auf keinen Fall außer Acht lassen.
In Umsatz- und Kostenplan haben Sie mit Nettopreisen gearbeitet. Im Liquiditätsplan müssen Sie die Bruttopreise berücksichtigen. Planen Sie Umsatzsteuerzahlungen und Umsatzsteuererstattungen ein.

Der Vorteil der Planung ist: Sie können vorausschauend handeln und, falls ein Defizit droht, rechtzeitig für Deckung sorgen, anstatt hektisch und planlos auf »rote Zahlen« in Ihrem Kontoauszug zu reagieren.
(Tipps für Ihr Liquiditätsmanagement in Kapitel 4. Berechnungsschema Liquiditätsplan in Kapitel 5.)

4 Risiken: Gefahr erkannt – Gefahr gebannt

Selbstständigkeit bedeutet Risiko

Unternehmerinnen brauchen Mut zum Risiko. Denn die Chancen der Selbstständigkeit sind nicht zum Nulltarif zu bekommen. Der Erfolgsfaktor ist dabei der bewusste Umgang mit dem Risiko. Risikomanagement betreiben heißt, Risiken zu identifizieren, zu bewerten und Strategien zur Bewältigung zu entwickeln. »Bewältigung« beinhaltet die Entscheidung, sich kalkuliert auf ein Risiko einzulassen – oder es zu vermeiden.

Ziel des Risikomanagements ist, potenziellen Bedrohungen vorzubeugen und die finanziellen Auswirkungen auf ein Minimum zu begrenzen, wenn die Bedrohungen Realität geworden sind. Unternehmerische Herausforderung dabei ist, die Entscheidungen über die Bewältigungsstrategien unter Kosten/Nutzen-Aspekten zu treffen. Denn Vorbeugemaßnahmen kosten Geld und es kann je nach Bedrohungspotenzial eines Risikos günstiger sein, das Risiko zu akzeptieren.

Mit Risiken umgehen

Risiken erkennen

Voraussetzung für ein effizientes Risikomanagement ist, die Risiken erst einmal zu identifizieren. Beleuchten Sie Ihr Geschäftsmodell, Ihren Markt und die wirtschaftlichen/rechtlichen Rahmenbedingungen von allen Seiten, um einzuschätzen, wo Ihre Risiken liegen.

Wichtig ist dabei, die Risiken früh genug zu erkennen, ein Gespür für Risiken zu entwickeln, im unternehmerischen Alltag aufmerksam zu sein und möglichst viele Informationen zu sammeln.

Wirtschaftliche Risiken, Markt- und Kostenrisiken

Die Nachfrage nach Ihrer Ware/Dienstleistung lässt nach: Veränderungen im Käuferverhalten, Verschiebung von Marktanteilen, neue Konkurrenten oder Produkte, Konkurrenten ahmen Ihr Produkt nach, verstärkter Preiswettbewerb, die Wirkung Ihrer Werbemaßnahmen lässt nach, die Kundenzufriedenheit sinkt, einer der besten Kunden fällt wegen Insolvenz aus, neue Märkte, neue Trends, Standortveränderungen, Lieferanten erhöhen die Preise, andere Kosten steigen, zum Beispiel für Energie, Konjunkturschwankungen.

Finanzielle Risiken

Kredit(ausfall)risiko, Forderungsausfallrisiko: Kunden zahlen Rechnungen nicht, ein wichtiger Kunde wird zahlungsunfähig/ insolvent bei hohen Außenständen. Eng damit einhergehend das Liquiditätsrisiko: Kunden halten Zahlungsziele nicht ein, Steuernachforderungen oder Erhöhung von Steuervorauszahlungen, Unternehmerin kann eigene Zahlungsverpflichtungen nicht erfüllen, keine oder zu geringe Liquiditätsreserve. Und schließlich das Finanzierungsrisiko: fehlende Finanzierungsspielräume, keine oder zu wenig Sicherheiten, Zinserhöhung für laufende Kredite, Steuererhöhungen.

Rechtliche Risiken

Änderung von Gesetzen und gesetzlichen Vorschriften, zum Beispiel im Umwelt-, Produkthaftungs-, Gewährleistungsrecht, neue Rechtsprechung, Änderung oder Neuerlass von behördlichen Auflagen, Risiken in Verträgen, Rechtsstreitigkeiten.

Betriebliche Risiken

Technische, personelle und organisatorische Gefahren innerhalb des Unternehmens und als Folge der unternehmerischen Tätigkeit: Defekte der EDV/Computer oder anderer elektronischer Geräte, Maschinen; Schäden oder Zerstörung des Betriebsvermögens durch Naturereignisse wie Brand, Wasser, Sturm, Blitz etc. und Gewaltdelikte; Haftpflichtrisiken (s. Abschnitt »Betriebliche Versicherungen«), Transportrisiken, IT-Risiken, Ausfall der Chefin oder von Mitarbeitern, Fluktuation, Wissensdefizite.

Persönliche Risiken der Unternehmerin

Krankheit, Unfall, Tod, Stress, Überlastung, Überforderung, dadurch Gefahr des Ausfalls der Chefin, Managementfehler, Wissensdefizite durch vernachlässigte Weiterbildung.

Risiken bewerten

Im nächsten Schritt der Risikoanalyse geht es darum, die einzelnen Risiken einzuschätzen:

❑ Wie hoch ist die Wahrscheinlichkeit, dass sich ein Risiko »realisiert«, das heißt, wie groß ist die Wahrscheinlichkeit eines Schadens oder einer Gefährdung des Unternehmens, der Unternehmerin, der Mitarbeiter?
❑ Wie häufig könnte ein Schadenereignis auftreten?
❑ Wie groß ist das Schadenpotenzial? Welche finanziellen Auswirkungen könnten auf das Unternehmen zukommen? Wie stark könnten der Betriebsablauf und der wirtschaftliche Erfolg des Unternehmens beeinträchtigt werden? Wäre sogar der Bestand des gesamten Unternehmens gefährdet?

Je nachdem, wie Sie die »Risikokomponenten« eines Risikos beurteilen, ergibt sich dessen gesamtes »Bedrohungspotenzial«. So lassen sich die Risiken klassifizieren, angefangen von den kleinen

»Bagatellrisiken« bis hin zu den großen »Katastrophenrisiken«. Beispiele:

- ❑ Ein Risiko mit niedriger Wahrscheinlichkeit kombiniert mit geringen finanziellen Auswirkungen wird entsprechend als »gering« oder sogar »unbedeutend«, eben als »Bagatellrisiko« eingestuft.
- ❑ Ein Risiko mit einer möglichen Wahrscheinlichkeit kombiniert mit hohen finanziellen Auswirkungen wäre dann schon eine »mittlere Katastrophe«.
- ❑ Und ein Risiko mit hoher Wahrscheinlichkeit kombiniert mit hohen finanziellen Auswirkungen bedeutet ein echtes »Katastrophenrisiko« mit Existenzgefährdungspotenzial.

Wie können Sie das Ziel des Risikomanagements, die Zukunftsfähigkeit Ihres Unternehmens zu sichern, erreichen? Sie richten die Strategien zur Bewältigung der Risiken am Bedrohungspotenzial aus.

Risikostrategien

Risikovermeidung

Die sicherste Risikoprävention ist, Risiken überhaupt nicht einzugehen. Für eine Unternehmerin kann das natürlich nicht bedeuten, jedes Risiko zu vermeiden, sonst wäre sie ja nicht Unternehmerin. Risiken vermeiden heißt ja auch, Chancen nicht zu ergreifen. Es geht darum, sich bewusst gegen unnötige oder existenzgefährdende Risiken zu entscheiden. Zum Beispiel Kundenanfragen oder Aufträge abzulehnen, wenn erhebliche Zweifel an der Bonität des potenziellen Kunden/Auftraggebers bestehen. Sich nicht von wenigen Kunden oder Lieferanten abhängig zu machen. Oder keine Bürgschaften zu übernehmen.

Risikoreduzierung

Die Strategie: durch verschiedene Maßnahmen oder Regelungen die Wahrscheinlichkeit eines Schadens oder einer Bedrohung herabzusetzen oder die finanziellen Auswirkungen abzuschwächen. Zum Beispiel durch einen Notfallplan Vorsorge für den Fall zu treffen, dass die Unternehmerin ausfällt oder ein PC-Crash die Arbeit vorübergehend unmöglich macht; durch ein professionelles Liquiditätsmanagement die jederzeitige Zahlungsfähigkeit des Unternehmens sicherzustellen oder durch effizientes Forderungsmanagement die Gefahr von Forderungsausfällen oder verspäteten Zahlungen durch Kunden zu minimieren.

Laufende Marktbeobachtung verringert die Gefahr von Marktrisiken, zum Beispiel aufgrund von Änderungen in Kundenwünschen oder Aktionen von Wettbewerbern.

Risikoüberwälzung

Die häufigste Methode der Risikoüberwälzung sind Versicherungen. Bei manchen Risiken hat die Unternehmerin keine Entscheidungsfreiheit, der Gesetzgeber schreibt die Versicherung vor, Beispiel Krankenversicherung. Bei den übrigen Risiken muss die Unternehmerin zwischen Kosten und Nutzen abwägen, denn alle denkbaren Schadenereignisse durch Versicherungen abzudecken wird das Budget nicht zulassen. Unternehmerisch vernünftig ist es, zuerst existenzgefährdende Risiken zu versichern, falls keine andere Risikostrategie möglich ist. Wenn es die Finanzlage erlaubt, können später weitere Risiken versichert werden.

Risiko selbst tragen

Die letzte Strategie, welche die Unternehmerin nach Risikovermeidung, -reduzierung und -überwälzung wählen kann, ist, Risiken allein zu tragen. Kalkuliertes Risikomanagement kann hier nur bedeuten, ausschließlich Risiken mit geringem Bedrohungspotenzial im »Portefeuille« zu haben. Das setzt auch voraus, dass die bewusst entscheidende Unternehmerin ihren »Risikobestand« so-

zusagen selbst versichert, indem sie ein ausreichendes Risiko-deckungspotenzial besitzt.

 Zur Abdeckung von Risiken ist es überlebenswichtig, finanzielle Rücklagen zu halten oder mittelfristig aufzu-bauen.

Strategieauswahl

Der letzte Baustein Ihres individuellen Risikomanagementsystems ist die Auswahl der geeigneten Strategie für jedes identifizierte Risiko. Orientierungsmaßstab für die Entscheidung sind Einstellung zum Risiko, Unternehmensziele, finanzielle Polster und Kosten/Nutzen-Abwägung. Dokumentieren Sie Ihr Risikomanagement in einem »Risk Book«, zum Beispiel Checkliste, Maßnahmenkatalog und Notfallplan. Halten Sie Ihr »Risk Book« immer aktuell.

Risiko	Eintrittswahrschein-lichkeit	Gefährdungs-potenzial
Strategie	klein/mittel/gering	klein/mittel/gering

Liquiditätsmanagement

Behalten Sie von Anfang an den Überblick über Ihre Einnahmen und Ausgaben und bleiben Sie »flüssig«.

Strategien zur Sicherstellung der Liquidität

❑ *Liquiditätsreserven*: Bauen Sie eine Liquiditätsreserve auf. Faust-regel drei Monatsumsätze: Legen Sie vorhandenes Geld auf einem Extrakonto zurück oder sparen Sie ein Guthaben an. Wenn Sie mit einer Bank oder Sparkasse einen Kontokorrent-kredit vereinbaren können, lassen Sie einen Teil der Kreditlinie

ungenutzt. Und verwenden Sie Ihren Kontokorrentkredit nicht für längerfristige Anschaffungen.

»Spare in der Zeit, dann hast du in der Not.« Diese alte Volksweisheit ist für gewiefte Gründerinnen kein »alter Zopf«. Nutzen Sie Liquiditätsüberschüsse, um Reserven anzulegen oder einen Kontokorrentkredit zurückzuführen. Erhöhen Sie nicht voreilig Ihre Privatentnahmen und tätigen Sie keine nicht unbedingt notwendigen Anschaffungen. Die nächste Rechnung kommt bestimmt!

Sorgen Sie auch für ein finanzielles Polster für Ihre privaten Ausgaben. Empfehlenswert ist eine Reserve, von der Sie drei Monate lang leben können, wenn Einnahmen ausbleiben.

Für alle Fälle: Möglichst eine Finanzierungsquelle »in petto« haben. Oder eine »Sicherheitenreserve« – in Form von Sicherheiten oder Bürgen –, die Sie einer Bank anbieten können, damit bei Liquiditätsengpass eine Erhöhung Ihres Kontokorrentkredits leichter genehmigt wird.

❑ *Liquiditätsplan*: Nehmen Sie die Liquiditätsplanung umsichtig vor und planen Sie Reserven ein: Setzen Sie Einnahmen niedriger und Ausgaben höher an, um circa 2 bis 5 Prozent.

Schreiben Sie Ihren anfänglichen Liquiditätsplan laufend fort und nehmen Sie regelmäßig einen Soll-Ist-Vergleich vor.

❑ *Liquiditätsschonendes Ausgabeverhalten*:
   - Halten Sie Ihre fixen betrieblichen Kosten niedrig.
   - Kaufen Sie kostenbewusst ein.
   - Binden Sie nicht unnötig Mittel im Waren- und Materiallager.
   - Vereinbaren Sie Zahlungsziele mit Lieferanten (aber rechnen Sie mit spitzem Bleistift bei Skontoangeboten), um Ausgaben hinauszuzögern.
   - Schaffen Sie kein »überflüssiges« Betriebsvermögen an, planen Sie die Anschaffung von Sachanlagen – Büroeinrichtung, Geschäftsausstattung etc. – gründlich.

❑ *Forderungen schnell in Einnahmen verwandeln*: Betreiben Sie von Anfang an ein effizientes Forderungsmanagement, damit Sie

nach erledigten Aufträgen möglichst rasch an Ihr Geld kommen.

❑ *Professionell die Bücher führen*: Achten Sie von Anfang an auf ein gut funktionierendes, übersichtliches Rechnungswesen/Buchhaltungssystem.

❑ *»Chronische Liquiditätslücke«*: Sollte sich in Ihrer Planung häufiger eine Liquiditätsunterdeckung ergeben, ist Ursachenforschung angesagt. Welches sind die Gründe? Zu optimistische Umsatzplanung, verschlechterte Zahlungsmoral der Kunden, unvorhergesehene Ausgaben? Überlegen und ergreifen Sie Gegenmaßnahmen.

❑ *Vorausschauend planen*: Überlegen Sie Handlungsalternativen, bevor eine Liquiditätslücke entsteht, damit Sie gezielt und rechtzeitig reagieren können.

❑ *Keine »Vogel-Strauß-Strategie«*: Lieber früher als später: Holen Sie sich rechtzeitig Beratung. Sprechen Sie auf jeden Fall frühzeitig mit der Bank. Je eher Sie Ihre Situation erkennen, umso besser ist Ihre Verhandlungsposition.

Sofortmaßnahmen bei drohender Liquiditätsunterdeckung

❑ *Einnahmen vorziehen und kurzfristige Geldbeschaffungsmaßnahmen ergreifen*:
- Kreditlinie kurzfristig voll ausschöpfen beziehungsweise mit der Bank über kurzfristige Ausweitung des Kreditrahmens verhandeln; dabei auch günstigere Konditionen ansprechen
- Prüfen, ob öffentliche Fördermittel (zum Beispiel KfW-Unternehmerkredit) oder Microlending zur Überbrückung möglich sind
- Lagerhaltung überprüfen, Materialbestellungen reduzieren
- Nicht notwendiges (Betriebs-)Vermögen verkaufen
- Kurzfristig umzusetzende Maßnahmen des Forderungsmanagements einleiten
- Privateinlage vornehmen oder besorgen

- Sale and lease back (Verkauf von Anlagegütern und anschließendes Leasen) bringt kurzfristig zusätzlich flüssige Mittel in die Kasse, allerdings mit dem Nachteil höherer laufender Kosten.

❏ *Ausgaben verschieben oder reduzieren*:
  - Generell: Zahlungen auf einen späteren Zeitraum verschieben (aber Vorsicht: Die Kreditwürdigkeit bei Geschäftspartnern könnte beeinträchtigt werden.)
  - Mit Lieferanten oder Dienstleistern über Zahlungsaufschub verhandeln
  - Überlegen, ob geplante Anschaffungen überhaupt oder im geplanten Umfang notwendig sind, eventuell zurückstellen, leasen statt kaufen, gebraucht statt neu kaufen
  - Wenn Sie Kredite laufen haben: mit der Bank über Aussetzen von Tilgungen sprechen
  - Mit dem Finanzamt über niedrigere Einkommensteuervorauszahlungen und mit der (gesetzlichen) Krankenkasse über niedrigere Beiträge verhandeln

Forderungsmanagement

Behalten Sie Ihre Außenstände im Blick und sichern Sie Ihre Liquidität – von Anfang an. Warten Sie nicht, bis die ersten Rechnungen unbezahlt bleiben.

Forderungsmanagement beginnt mit »Auftragsmanagement«

❏ Holen Sie möglichst viele Erkundigungen über die Bonität/das Zahlungsverhalten von (potenziellen) Kunden/Auftraggebern ein, bevor Sie einen Auftrag annehmen oder Waren auf Rechnung liefern (vor allem bei größeren Auftragsvolumina/ Verkäufen) – möglich über Banken, Wirtschaftsauskunfteien, öffentliche Schuldnerverzeichnisse (bei den Amtsgerichten, im Bundesanzeiger), elektronisches Unternehmensregister (https://

www.unternehmensregister.de). Fragen Sie eventuell auch vertrauenswürdige Geschäftspartner. Wenn Sie Kunden Zahlungsziele einräumen, haben Sie damit die Position einer Kreditgeberin!

❑ Es hat nichts mit fehlendem Mut zum unternehmerischen Risiko zu tun, wenn Sie einen Auftrag ablehnen, weil Ihnen die Bonität nicht ausreichend erscheint!

❑ Kalkulieren Sie Ihre Kosten für einen Lieferantenkredit in den Angebots-/Warenpreis ein.

❑ Achten Sie auf den richtigen »Kundenmix«: Zur Risikostreuung ist es günstiger, nicht nur für Kunden/Auftraggeber einer Branche und für mehrere Kunden zu arbeiten anstatt für einen einzigen Großkunden.

❑ Auftragsabwicklung: Erbringen Sie einwandfreie und vertragsgemäße Leistungen, versenden Sie nur einwandfreie Waren. Halten Sie vereinbarte Liefertermine ein, um Kunden/Auftraggebern keinen Grund zum Zahlungsaufschub zu geben. Unterbrechen Sie die Arbeit an einem Auftrag, wenn vereinbarte Zwischenzahlungen ausbleiben. Bearbeiten Sie Reklamationen nach Beendigung des Auftrags sofort.

Zahlungsbedingungen, Verträge

❑ Überlegen Sie genau, welche Zahlungsziele Sie festlegen: Diese sollten den branchenüblichen Zahlungsmodalitäten der Wettbewerber entsprechen (Branchenkenntnisse!), aber Ihr individuelles Angebot berücksichtigen; seien Sie nicht zu großzügig, das könnte den Wert Ihrer besonderen Leistung mindern.

❑ Verlangen Sie je nach Branche und Auftragsgröße An- und/ oder Zwischenzahlungen.

❑ Oder liefern Sie nur gegen Vorauskasse oder Barzahlung, zumindest bei erstmaliger Lieferung/Leistung.

❑ Motivieren Sie die Kunden/Auftraggeber durch Angebot von Skontoabzug, die Rechnungen schneller zu begleichen. Oder

bieten Sie einen besonderen Service an, der nach vollständiger Zahlung zur Verfügung steht.

❑ Bieten Sie einen Anreiz zum Lastschrifteinzug, besonders bei Stammkunden.

❑ Schließen Sie klare und eindeutige Verträge ab, in denen geregelt ist, welche Leistung wann zu zahlen ist.

»Rechnungsmanagement«

❑ Stellen Sie die Rechnungen zeitnah aus, sowohl Zwischen- als auch Abschlussrechnungen.

❑ Achten Sie darauf, dass die Rechnungen auch korrekt nach den steuerlichen Vorschriften und vollständig gestellt sind. Denn wenn eine Rechnung nicht die gesetzlichen Anforderungen erfüllt, könnte der Kunde die Zahlung hinausschieben oder ganz verweigern.

❑ Setzen Sie einen festen Zahlungstermin (Datum) fest; dann gerät der Kunde automatisch in Verzug, wenn er nicht fristgerecht zahlt.

❑ Sparen Sie dem Kunden/Auftraggeber Zeit beim Bezahlen: Positionieren Sie die Bankverbindung gut leserlich an einer günstigen Stelle. Fügen Sie einen vorbereiteten Überweisungsträger mit Ihrem eingedruckten Namen, Kontoverbindung und eventuell Verwendungszweck bei. (Im Zeitalter von Online-Banking ist das Papier zwar entbehrlich, hat aber Vorteile: Der richtige Name Ihres Unternehmens beziehungsweise Ihr richtiger Name ist genannt; die Kunden können die Angaben vom Überweisungsträger in ihr Online-Formular übertragen; Sie haben die Möglichkeit, wenn Sie mehrere Konten führen, die Zahlung auf ein bestimmtes Konto zu leiten.)

Zahlungsüberwachung

Überwachen Sie zeitnah die Zahlungseingänge. Diese Aufgabe können Sie als Dienstleistung außer Haus geben (Kosten einkalkulieren!).

Effizientes Mahnwesen

Für den Fall, dass ein Kunde/Auftraggeber nicht innerhalb der Zahlungsfrist die Rechnung begleicht, stellen Sie einen Fahrplan auf.

❑ Erinnern Sie umgehend, schriftlich oder telefonisch, im freundlichen Ton. Vielleicht hat der Kunde die Rechnung einfach nur vergessen. In vielen Fällen ist ein persönliches Telefongespräch sehr wirkungsvoll, es könnte Missverständnisse klären und die Kundenbindung verstärken. Einem Erinnerungsschreiben fügen Sie eine Kopie der Rechnung bei.

❑ Bringen Telefonat oder Erinnerungsschreiben nicht das gewünschte Ergebnis, folgt das erste Mahnschreiben. Bieten Sie dem Kunden eventuell Teilzahlungen an, aber setzen Sie eine Zahlungsfrist. Rechtlich gesehen (laut Gesetz zur Beschleunigung fälliger Zahlungen) sind Mahnungen nicht mehr notwendig, dienen aber als Beweismittel.
(Gesetz zur Beschleunigung fälliger Zahlungen: Kunden kommen auch ohne Mahnung in Verzug, wenn sie 30 Tage nach Erhalt der Rechnung beziehungsweise 30 Tage nach einem genannten Fälligkeitsdatum ihre Rechnung nicht beglichen haben. Wichtig: Bei Verbrauchern muss in der Rechnung auf den »automatischen« Eintritt des Verzugs ausdrücklich hingewiesen werden.)

❑ Zahlt der Kunde noch immer nicht, schicken Sie eine zweite Mahnung, wieder mit einer – dieses Mal kürzeren – Zahlungsfrist, und drohen ein Mahnverfahren an.

❑ Versenden Sie maximal zwei Mahnungen und schließen dann nach Fristablauf sofort den Mahnbescheid an (Anträge im Schreibwarengeschäft).

❑ Eine Alternative ist die Beauftragung eines Inkassobüros.

Datensicherung

Eines der größten Risiken in Unternehmen und besonders für »Ein-Frau-Unternehmen« ist: Der PC stürzt ab, wird durch Viren verseucht oder gibt seinen Geist auf. Hier einige Hinweise zur »Risikoverminderung«:

- *Betriebssystem und Anwendungsprogramme*: Original-CD-ROMs wiederauffindbar archivieren, Konfigurationsdateien extern speichern.
  Wenn die Dateien aus dem Internet heruntergeladen wurden: Notieren Sie die Lizenznummer und die Registrierungsdaten außerhalb des PC.

- *Anwendungsdateien*: Für selbst erstellte »eigene Dateien« (Texte, Tabellen, Bilder) und Daten aus dem E-Mail-Programm regelmäßig Datensicherungen durchführen, zum Beispiel mittels einer Backup-Software, und extern abspeichern, mindestens ein Mal wöchentlich.
  »Speichern« Sie die Kontaktdaten von Kunden, Lieferanten und wichtigen Geschäftspartnern sowie Zugangsdaten, Kenn- und Passwörter extern auf dem »klassischen« Medium Papier.

- *Letzter Ausweg*: »Datenretter« – virtuell als Software-Programm oder in persona als spezialisiertes Unternehmen.

- *Externe Speichermedien*, externe Festplatte, CD-ROMs, DVDs, USB-Sticks, sollten in einem anderen Raum als der PC, besser noch in einem anderen Gebäude (wegen Gefahr durch Feuer, Leitungswasser, Einbruch etc.) aufgehoben werden. Achten Sie darauf, wann bestehende Systeme/Programme veralten und daher die gespeicherten Daten nicht mehr gelesen werden können. Schaffen Sie als Alternative oder zusätzlich einen zweiten PC/ein zweites Notebook an.

- Selbstverständlich für jede Internetnutzerin sollten *Virenschutzprogramme* und/oder Firewalls sein.

- Falls Sie sich selbst nicht sehr gut in Sachen »*PC und Datensicherung*« auskennen, ist es praktisch, eine/n EDV-Fachfrau/mann

als Ansprechpartner und »Retter/in in der Not« zur Verfügung zu haben.

❑ Ein nützlicher und kostengünstiger *Schutz gegen Stromspitzen und Blitzeinschläge* sind Überspannungsschutzgeräte. Diese schützen DSL- und Breitband-Anschlüsse sowie Telefon-, Modem- und Faxleitungen und sichern auch das komplette angeschlossene elektronische Equipment Computer, Drucker, Scanner, dazu Telefon-/Faxgeräte und Fernsehgeräte.

❑ Falls das »Schreckensereignis« eintritt, ist nicht nur das Starten des *Notfallprogramms* zur Wiederherstellung der Arbeitsfähigkeit angesagt. Wichtig ist auch, sicherzustellen, dass die Beziehung zu Kunden, Lieferanten und Geschäftspartnern nicht Schaden nimmt. Zum Notfallprogramm gehört daher, geeignete Kommunikationswege zu überlegen, um über eventuelle Verzögerungen/Terminüberschreitungen zu informieren, zum Beispiel Handy, Internet-Cafe, Bürodienstleister, Computernutzung bei Kollegen etc.

❑ *Informationsquellen*:
  ● Bundesamt für Sicherheit in der Informationstechnik, http://www.bsi-fuer-buerger.de
  ● BITKOM: Bundesverband Informationswirtschaft, Telekommunikation und neue Medien e.V.
  http://www.bitkom.org/
  Interessenverband für die ITK-Branche
  Leitfäden für die Praxis, zum Teil Download auch für Nichtmitglieder
  ● Viren, Malware, Dialer, Hoaxes (Warnung vor Viren, die keine sind), Kettenbriefe
  http://www2.tu-berlin.de/www/software/hoax.shtml

Die Absicherung der persönlichen Risiken

Dazu dienen die sogenannten Personenversicherungen. Diese decken Risiken für Körper, Leben und Gesundheit von Personen ab,

also Kranken-, Lebens-, Renten-, Unfallversicherung. Wichtig: Die Versicherungsprämien werden bei den Vorsorgeaufwendungen in der Einkommensteuer abgesetzt, sie zählen nicht zu den Betriebsausgaben.

Krankenversicherung

Allgemeine Krankenversicherungspflicht

Wer ist noch ohne Krankenversicherung? Seit 2007 besteht allgemeine Krankenversicherungspflicht. Wer im Moment (noch) keine Krankenversicherung hat, sollte sich schnellstens darum kümmern. Seit 1.4.2007 müssen Personen, die früher bei einer gesetzlichen Krankenkasse versichert waren, auch wieder in einer gesetzlichen Kasse Mitglied werden, sofern sie sich nicht zwischenzeitlich privat krankenversichert haben. Die Krankenkasse können sie frei wählen. Wer seiner Versicherungspflicht nicht nachkommt, muss mit hohen Beitragsnachzahlungen rechnen.

Wer sich zuletzt privat versichert hatte, für den beginnt die Versicherungspflicht erst ab 1.1.2009. Die private Krankenversicherung muss die Versicherten ohne Gesundheitsprüfung und Risikozuschläge wieder aufnehmen und einen Standardtarif anbieten, in dem die Kosten und Leistungen denen der gesetzlichen Krankenversicherung vergleichbar sind.

Die Alternativen für Selbstständige

Wenn Sie vor einer Existenzgründung bei einer gesetzlichen Krankenkasse versichert sind, endet die Mitgliedschaft dort, sobald Sie den Schritt in die Selbstständigkeit unternommen haben; Voraussetzung: Sie sind hauptberuflich selbstständig (mindestens 18 Stunden in der Woche).

Das gilt auch, wenn Sie in der gesetzlichen Kasse Ihres Ehemannes familienversichert sind, auch wenn Sie (noch) keinen Gewinn erzielen.

Bis auf wenige Ausnahmen haben Sie dann die Wahl,

❏ die Versicherung in der gesetzlichen Kasse freiwillig weiterzuführen, eventuell ergänzend private Zusatzversicherungen abzuschließen, oder
❏ sich bei einer privaten Krankenkasse zu versichern.

Wenn Sie vor der Selbstständigkeit in einer privaten Krankenversicherung Mitglied waren, können Sie aufgrund der Gründung nicht wieder austreten. Ausnahme: Sie machen sich als Künstlerin oder Publizistin selbstständig und sind dann nach den Regeln des Künstlersozialversicherungsgesetzes versicherungspflichtig (s.u.). Sprechen Sie dann mit Ihrer Versicherung, ob Sie in einen günstigeren Tarif wechseln können, zum Beispiel den Basis- oder Standardtarif. Dieser ist vergleichbar dem Versicherungsschutz in der gesetzlichen Krankenversicherung. Einige private Versicherungsgesellschaften bieten auch spezielle Tarife für Existenzgründer an.

 Übrigens gelten Gesellschafterinnen einer GbR, OHG, die Partnerinnen einer PartG und die Komplementäre einer KG sozialversicherungsrechtlich als selbstständig Tätige. Gesellschafterinnen einer GmbH gelten dann als selbstständig, wenn sie mehr als 50 Prozent des Stammkapitals besitzen. Auch GmbH-Gesellschafterinnen, die weniger als 50 Prozent Kapitalanteil haben, sind dann selbstständig, wenn sie als geschäftsführende Gesellschafterinnen tätig sind – unter der Voraussetzung, dass sie ihren Willen in der Geschäftsführung durchsetzen können und die Gesellschafterversammlung beherrschen. Das kommt in Familiengesellschaften immer wieder vor. Kommanditistinnen einer KG, die nur mit ihrem Kapitalanteil haften, gehören zu den Arbeitnehmerinnen, wenn sie im Unternehmen tätig sind.

Freiwillige Weiterversicherung in der gesetzlichen Krankenversicherung

Wer in der gesetzlichen Krankenversicherung als freiwilliges Mitglied bleiben möchte, muss eine sogenannte Vorversicherungszeit erfüllen: Das heißt, die Gründerin muss unmittelbar vor dem Ausscheiden mindestens 12 Monate oder in den letzten 5 Jahren 24 Monate versichert gewesen sein. Die freiwillige Weiterführung muss der Krankenkasse innerhalb von drei Monaten nach der Existenzgründung mitgeteilt werden. Dabei kann frau jede gesetzliche Krankenkasse wählen. Die Beiträge von Selbstständigen richten sich wie bei allen freiwillig Versicherten nach dem Einkommen. Dabei unterstellt die Kasse ein gesetzliches Mindesteinkommen. Die Beitragsobergrenze wird durch die sich jährlich anpassende Beitragsbemessungsgrenze festgelegt.

 Krankengeldanspruch: Freiwillig Versicherte haben grundsätzlich die Möglichkeit, sich mit Anspruch auf Krankengeld und Mutterschaftsgeld zu versichern. Es kommt auf die Satzung der einzelnen Kassen an.
Im Leistungsfall wird das Krankengeld nur dann gezahlt, wenn die Gründerin/Unternehmerin einen entsprechenden Gewinn erwirtschaftet hat – im Gegensatz zu einer privaten Krankentagegeldversicherung, die in jedem Fall zahlt.

Die private Krankenversicherung

Die private Krankenversicherung bietet unbestritten bessere Leistungen als die gesetzliche Krankenversicherung. Für die Höhe der Beiträge spielt das Einkommen hier keine Rolle. Berücksichtigt werden individuelle Faktoren wie Alter, Geschlecht, Berufsrisiko sowie Vorerkrankungen und natürlich der gewählte Tarif.

Eine Familienversicherung gibt es nicht. Familienangehörige müssen zusätzlich versichert werden – mit entsprechenden zusätzlichen Kosten.

Wenn Sie von der gesetzlichen Krankenversicherung zu einer privaten Krankenkasse wechseln, können Sie nur unter bestimmten Bedingungen wieder zur gesetzlichen Versicherung zurückkehren. Zum Beispiel wenn Sie Arbeitslosengeld von der Bundesagentur für Arbeit beziehen oder wenn Sie Ihre Selbstständigkeit aufgeben und einen Angestelltenjob annehmen.

Allerdings: Wer älter als 55 ist, für den sind auch diese Rückkehrwege ausgeschlossen. In diesem Fall gibt es unter Umständen die Möglichkeit, über die Familienversicherung wieder in der gesetzlichen Krankenversicherung unterzukommen.

Alternative zur privaten Krankenversicherung

Die Basisversorgung durch die gesetzliche Krankenversicherung können Sie ergänzen mit Zusatzversicherungen, zum Beispiel für Chefarztbehandlung, Zahnersatz, Auslandskrankenschutz, Krankentagegeld.

Der Abschluss einer privaten Krankentagegeldversicherung ist auf jeden Fall empfehlenswert, denn sie zahlt im Krankheitsfall unabhängig davon, wie viel Gewinn Sie erwirtschaften. Durch eine Krankenhaustagegeldversicherung können Sie die Kosten während eines stationären Aufenthaltes abfangen.

Pflegeversicherung

Wie bei der Krankenversicherung hat der Gesetzgeber eine allgemeine Pflicht eingeführt, sich für den Pflegefall zu versichern. In der Regel sind Sie bei der Krankenversicherung pflegeversichert, bei der Sie auch krankenversichert sind. Wer freiwillig in einer gesetzlichen Krankenkasse versichert ist, kann bei Nachweis einer entsprechenden privaten Versicherung einen Befreiungsantrag stellen.

Wie bei der Krankenversicherung gilt: Wer seine gesetzliche Pflegeversicherung verlässt, kann dort nicht wieder Mitglied werden.

Die Leistungen und Beiträge sowohl in der gesetzlichen als auch in der privaten Pflegeversicherung gewährleisten nur einen Basisschutz. Wer sich bei Pflegbedürftigkeit im Alter eine bessere Versorgung wünscht, kann sich durch eine Pflegerenten- oder Pflegerentenzusatzversicherung absichern.

Gesetzliche Rentenversicherung

Im Gegensatz zur Kranken- und Pflegeversicherung gibt es keine allgemeine Rentenversicherungspflicht grundsätzlich für alle Bürger, sondern nur für bestimmte Personenkreise. Dazu gehören auch manche Selbstständige.

Pflichtversicherung

Eine Pflichtversicherung in der gesetzlichen Rentenversicherung besteht für

- selbstständige Lehrer, zum Beispiel Dozenten, Fitnesstrainer, Tanz- und Tennislehrer, und Erzieher, die regelmäßig keine versicherungspflichtigen Arbeitnehmer beschäftigen;
- selbstständige Pflegepersonen in der Kranken-, Säuglings- oder Kinderpflege, die regelmäßig keine versicherungspflichtigen Arbeitnehmer beschäftigen;
- Hebammen;
- Gewerbetreibende, die in die Handwerksrolle eingetragen sind (also mit Meisterprüfung);
- Selbstständige mit einem Auftraggeber: Selbstständige, die regelmäßig keine versicherungspflichtigen Arbeitnehmer beschäftigen und die auf Dauer und im Wesentlichen nur für einen Auftraggeber tätig sind;
- Künstler und Publizisten (s. unter Künstlersozialversicherung).

Hinweis: Geschäftsführende Gesellschafterinnen einer GmbH sind zwar dort angestellt, sind aber nicht rentenversicherungspflichtig, wenn ihr Anteil am Stammkapital mehr als 50 Prozent beträgt. Bei

Gesellschafterinnen, deren Kapitalanteil unter 50 Prozent liegt, wird in jedem Einzelfall besonders geprüft.

Pflichtversicherte Selbstständige müssen sich innerhalb von drei Monaten nach Aufnahme der selbstständigen Tätigkeit bei der »Deutsche Rentenversicherung Bund« melden.

Unter bestimmten Voraussetzungen besteht die Möglichkeit, sich von der Versicherungspflicht befreien zu lassen.

❑ Das gilt zum Beispiel für selbstständige Handwerksmeister, die mindestens 18 Jahre lang Pflichtbeiträge gezahlt haben (es zählen auch Beitragszeiten aus unselbstständiger Tätigkeit).

❑ Selbstständige mit einem Auftraggeber können sich bei Gründung für einen Zeitraum von sechs Jahren von der Zahlungspflicht befreien lassen, können aber freiwillig Mindestbeiträge zahlen. Achtung: Unter Umständen kann bei einer Befreiung die Anwartschaft auf eine Rente wegen verminderter Erwerbsfähigkeit entfallen.

Freiwillige Versicherung oder Pflichtversicherung auf Antrag

Selbstständige, die nicht der Pflichtversicherung unterliegen, haben zwei Möglichkeiten, sich bei der gesetzlichen Rentenversicherung zu versichern:

❑ Sie können eine freiwillige Versicherung abschließen, die sie jederzeit beginnen und beenden können und für die sie die Höhe der Beitragszahlung auch selbst bestimmen können.

❑ Wer Anwartschaften auf eine Berufsunfähigkeits- oder Erwerbsminderungsrente (s.u.) aufrechterhalten möchte, muss für den Antrag auf Weiterversicherung bestimmte Fristen einhalten.

❑ Existenzgründerinnen haben auch die Möglichkeit, sich auf Antrag pflichtversichern zu lassen. Dann gelten für sie dieselben Bedingungen wie für die pflichtversicherten Selbstständigen. Den Antrag müssen sie innerhalb von fünf Jahren nach der Gründung stellen. Existenzgründerinnen zahlen in den ersten

drei Jahren nur Beiträge in Höhe von 50 Prozent der Bezugsgröße.

Prüfen Sie individuell, ob und welche Versicherungs-
möglichkeit für Sie sinnvoll ist.
Die »Deutsche Rentenversicherung Bund« bietet Beratung
in örtlichen Beratungsstellen an. Lassen Sie sich dort über
Ihre bisher erworbenen Rentenansprüche informieren.
http://www.deutsche-rentenversicherung-bund.de

Künstlersozialversicherung

Wenn Sie selbstständige Künstlerin oder Publizistin sind, sieht das
Künstlersozialversicherungsgesetz (KSVG) die soziale Absicherung
in der Kranken-, Pflege- und Rentenversicherung als Pflichtversicherung vor. Die Umsetzung des Gesetzes liegt bei der Künstlersozialkasse (KSK).
Künstlerin im Sinne des KSVG ist, »wer Musik, darstellende oder
bildende Kunst schafft, ausübt oder lehrt«. Publizistin im Sinne
dieses Gesetzes ist, »wer als Schriftsteller, Journalist oder in anderer
Weise publizistisch tätig ist oder Publizistik lehrt«. Die KSK
entscheidet darüber, ob Sie als selbstständige Künstlerin (in den
Bereichen Musik, darstellende oder bildende Kunst einschließlich
Design) oder als Publizistin anerkannt werden und damit die
Künstlersozialversicherung nutzen können.
Voraussetzung für die Versicherung nach dem KSVG ist »die
Ausübung einer auf Dauer angelegten selbstständigen künstleri-
schen und/oder publizistischen Tätigkeit in erwerbsmäßigem Umfang«. »Erwerbsmäßig« und »auf Dauer angelegt« heißt dabei,
dass Sie mit dieser Tätigkeit Ihren Lebensunterhalt verdienen und
diese Tätigkeit nicht nur vorübergehend (zum Beispiel als Urlaubs-
vertretung) ausüben.
Als Versicherte zahlen Sie wie Arbeitnehmer die Hälfte der jeweils
fälligen Beiträge aus eigener Tasche. Die KSK stockt die Beiträge
auf aus einem Zuschuss des Bundes (20 Prozent) und aus Sozialab-

gaben von Unternehmen (30 Prozent), die Kunst und Publizistik verwerten. Die Höhe des Monatsbeitrags hängt von der Höhe des Arbeitseinkommens ab.

Wichtig: Wer nicht ein Mindesteinkommen von (zur Zeit) 3900 Euro jährlich erzielt, kann sich im Regelfall nicht bei der KSK versichern (Ausnahme: Berufsanfänger).

Unter bestimmten Voraussetzungen können Sie sich von der gesetzlichen Kranken- und Pflegeversicherung befreien lassen. Eine Befreiung von der Rentenversicherungspflicht ist nicht möglich.

Quelle und Informationen: http://www.kuenstlersozialkasse.de
Künstlersozialkasse
Gökerstraße 14
26384 Wilhelmshaven
Telefon: 0 44 21 - 75 43-9

Arbeitslosenversicherung

Seit 2006 können Selbstständige bei der Bundesagentur für Arbeit eine Arbeitslosenversicherung abschließen, genauer gesagt, sich freiwillig weiterversichern, wenn sie vor ihrer Gründung Beiträge gezahlt haben. Voraussetzungen:

❑   Eine selbstständige Tätigkeit von mindestens 15 Stunden wöchentlich
❑   Vorversicherungszeit: Innerhalb der letzten 24 Monate vor Aufnahme der selbstständigen Tätigkeit muss die Antragstellerin mindestens 12 Monate lang in einem versicherungspflichtigen Verhältnis gestanden oder eine entsprechende Entgeltersatzleistung bezogen haben.
❑   Die Gründung muss sich zeitlich unmittelbar an die arbeitslosenversicherungspflichtige Beschäftigung als Arbeitnehmerin oder an den Bezug von Arbeitslosengeld I anschließen.
❑   Es darf keine anderweitige Versicherungspflicht bestehen (zum Beispiel Kindererziehungszeiten).

Der Antrag muss spätestens innerhalb des Monats der Existenzgründung gestellt werden, und zwar bei der für den letzten Wohnort zuständigen Arbeitsagentur. Die sogenannte Arbeitslosenversicherung auf Antrag ist zunächst bis 31. Dezember 2010 befristet.

Die Höhe der Beiträge errechnet sich aus einer vorgegebenen Bezugsgröße. Beitragshöhe in 2008: in Westdeutschland 20,50 Euro, in Ostdeutschland 17,33 Euro monatlich.

Die Höhe des Arbeitslosengeldes im Falle der Arbeitslosigkeit wird auf einer fiktiven Bemessungsgrundlage ermittelt, das heißt nach pauschalierten Beträgen je nach Qualifikation der Versicherten: Ungelernte, Facharbeiter, Fachhochschüler und Meister, Akademiker.

Informationen bei der Agentur für Arbeit, http://www.arbeitsagentur.de, Rubrik Veröffentlichungen.

Existenzgründungsportal des BMWi, www.existenzgruender.de

Berufsunfähigkeitsversicherung

Die Absicherung gegen Berufsunfähigkeit sollte ein Muss für jede Existenzgründerin sein, ist aber nicht immer möglich.

Wer sich – fristgerecht – für eine freiwillige Weiterversicherung in der gesetzlichen Rentenversicherung oder für eine Pflichtversicherung auf Antrag entscheidet, kann Anwartschaften für die Berufsunfägkeits- und Erwerbsminderungsrente aufrechterhalten.

 Versicherte, die nach dem 1.1.1961 geboren sind, haben nur noch Anspruch auf eine Erwerbsminderungsrente. Davon kann aber der Lebensunterhalt meistens nicht bestritten werden. Eine private Absicherung ist auf jeden Fall empfehlenswert.

Der Abschluss einer privaten Berufsunfähigkeitsversicherung enthält viele Fallstricke. Zum Beispiel findet sich in den Vertragstexten oft der Begriff der »abstrakten Verweisung«, das heißt, im Falle der

Berufsunfähigkeit zahlt die Versicherung nicht automatisch, sondern prüft, ob die Versicherte nicht eine ähnliche Tätigkeit ausüben kann. Weiterhin werden in der Regel Vorerkrankungen ausgeschlossen. Das bedeutet: Wenn Versicherte aufgrund einer solchen Krankheit berufsunfähig werden, erhalten sie kein Geld.

Die BU-Versicherung kann als eigenständige Versicherung oder als Zusatzversicherung zu einer Lebens- oder Rentenversicherung abgeschlossen werden. Daneben bietet der Versicherungsmarkt noch weitere Möglichkeiten an, zum Beispiel Erwerbsunfähigkeitsversicherung, Dread-Disease-Versicherung, Unfallversicherung. Hier empfiehlt sich, kompetente Beratung zu suchen.

Gesetzliche Unfallversicherung

Die Mitgliedschaft in der gesetzlichen Unfallversicherung kann für manche Existenzgründerinnen Pflicht sein. Auf jeden Fall dann, wenn sie Arbeitnehmer beschäftigen wollen. Aber auch wenn sie ohne Angestellte tätig sind, verlangen einige Berufsgenossenschaften, das sind die Träger der gesetzlichen Unfallversicherung, die Pflichtmitgliedschaft für die Unternehmerinnen selbst. Das kann auch auf Freiberuflerinnen zutreffen. Unter bestimmten Voraussetzungen ist eine Befreiung möglich. Manche Berufsgenossenschaften bieten Unternehmerinnen an, sich freiwillig zu versichern. In die Unternehmerversicherung sind auch mitarbeitende Ehepartner eingeschlossen.

Nach der Gewerbeanmeldung erhalten Existenzgründerinnen in der Regel anschließend einen Fragebogen der zuständigen Berufsgenossenschaft, die von der Gemeinde entsprechend informiert wurde. Falls Sie aber innerhalb einer Woche keinen Fragebogen im Briefkasten vorfinden, sollten Sie die Berufsgenossenschaft selbst informieren.

Versicherungsfälle sind Arbeits- und Wegeunfälle und Berufskrankheiten. Die Leistungen umfassen nach Eintritt eines Versicherungsfalles nicht nur Heilbehandlung und Reha-Maßnahmen, sondern unter bestimmten Voraussetzungen auch Verletzten- und Über-

gangsgeld als Lohnersatzleistungen beziehungsweise Verdienstausfall, Pflegeleistungen und Renten. Und die Leistungen erhalten nicht nur die verletzten Personen, sondern bei deren Tod auch Hinterbliebene.

Vorteile für Unternehmerinnen einer (freiwilligen) Versicherung bei der Berufsgenossenschaft: Für relativ geringe Beiträge kann ein erheblicher Versicherungsschutz auch für mitarbeitende Ehepartner und Hinterbliebene genutzt werden. Besonders wenn eine Berufsunfähigkeit nicht versicherbar ist, kann eine Unfallversicherung sinnvoll sein. Bei freiwilliger Mitgliedschaft kann die Versicherungssumme unabhängig vom tatsächlich erzielten Einkommen innerhalb von Mindest- und Höchstgrenzen selbst bestimmt werden.

Information:
Deutsche Gesetzliche Unfallversicherung (DGUV)
DGUV Berlin
Mittelstraße 51
10117 Berlin-Mitte
Tel.: 030 288763 - 800
www.dguv.de

Risikolebensversicherung

Die Risikolebensversicherung federt die finanziellen Folgen im Todesfall einer versicherten Person ab. Stirbt diese Person während der Laufzeit des Vertrages, haben die bezugsberechtigten Hinterbliebenen Anspruch auf die vereinbarte Versicherungssumme. In der Regel sind das der Partner und die Kinder. Die Versicherungssumme sollte so hoch sein, dass davon die privaten Ausgaben einschließlich der Kinderbetreuung finanziert werden können. Mit einer Risikolebensversicherung können auch Zahlungsverpflichtungen aus Krediten abgedeckt werden. Häufig verlangen Banken diese Police zur – zusätzlichen – Absicherung von Immobilienfinanzierungen.

Die Risikolebensversicherung wird für Einzelpersonen und in der Form »Verbundene Leben« für zwei (oder auch mehrere) Personen angeboten. Versichert sind dann beide Partner, die sich damit gegenseitig absichern. Stirbt ein Partner, erhält der jeweils andere die Versicherungssumme ausgezahlt. Interessant ist diese Variante für (Ehe-)Paare und Geschäftspartnerinnen.

Eine weitere Variante ist die Risikolebensversicherung mit Berufsunfähigkeitszusatz, die im Fall der Invalidität das finanzielle Risiko absichert.

Altersvorsorge

Keine Frage – für gewiefte Gründerinnen ist Altersvorsorge ein Muss. Je früher Sie mit dem Ansparen beginnen, umso besser. Sie sollten aber sicher sein, dass Sie langfristig feste monatliche Beiträge finanzieren können.

Riester-Rente

Die Riester-Rente wurde vom Gesetzgeber als Förderinstrument für die private Altersvorsorge geschaffen zum Ausgleich für frühere Kürzungen in der gesetzlichen Rentenversicherung. Als Riester-Sparerin schließen Sie eine Rentenversicherung, einen Bank- oder Fondssparvertrag ab. Die staatliche Förderung besteht in der Zahlung von Zulagen zu Ihren Einzahlungen und – je nach Einkommen-/Familiensituation – einem zusätzlichen Sonderausgabenabzug (in Ihrer Einkommensteuererklärung). Die Riester-Förderung steht nicht allen Selbstständigen offen, nur rentenversicherungspflichtigen Selbstständigen und Ehepartnerinnen von »riesterfähigen« Personen, das sind u.a. rentenversicherungspflichtige Arbeitnehmer, Beamte, Bezieher von Arbeitslosengeld. Die Riester-Rente eignet sich zur Altersvorsorge besonders für Ehepaare mit Kindern, die kein sehr hohes Einkommen haben.

Rürup-Rente

Auch die Rürup-Rente ist eine staatlich geförderte Altersvorsorge. Im Gegensatz zur Riester-Rente sind hier Zielgruppe vor allem Selbstständige, die nicht in die gesetzliche Rentenversicherung einzahlen. Rürup-Verträge können mit Versicherungsgesellschaften, Banken und Investmentgesellschaften abgeschlossen werden. Beitragszahlungen sind bis zu einem bestimmten, jährlich steigenden Prozentsatz von der Steuer befreit. Ab dem Jahr 2025 werden jährlich Beträge in Höhe von 20.000 Euro steuerlich gefördert. Im Gegenzug werden die Rentenauszahlungen besteuert, wiederum mit steigenden Sätzen. Im Jahr 2040 werden dann 100 Prozent der Rente besteuert. Die Rürup-Rente lohnt sich in der Regel für gut verdienende Personen, die höhere Beträge für ihre Altersvorsorge aufbringen können.

Ihr privates Altersvorsorgeprogramm

Sie haben die Wahl aus einer breiten Palette von Altersvorsorgeprodukten: Kapitallebens- und Rentenversicherungen, Investmentfonds, Bundeswertpapiere, Banksparpläne, etc.

> **Tipp** Bevor Sie sich für bestimmte Kapitalanlagen entscheiden – zugeschnitten auf Ihre persönliche Situation und Ihre Sparziele –, informieren Sie sich über Ihre bereits bestehenden Rentenansprüche aus der gesetzlichen Rentenversicherung bei der Deutschen Rentenversicherung Bund und ggfs. aus einer betrieblichen Altersvorsorge während Ihrer Angestelltenzeit.

Kompetente Informationen zum Thema Altersvorsorge für Frauen bietet der »Finanzratgeber für freche Frauen« (Sabine Theadora Ruh, Redline Wirtschaft 2006).

Versicherung der betrieblichen Risiken

Um entscheiden zu können, welche Versicherungen für Sie infrage kommen, verschaffen Sie sich erst einmal einen Überblick, welche Versicherungen auf dem Markt angeboten werden.
Hier der Überblick über den »Markt der Möglichkeiten«:

Betriebliche Versicherungen für Selbstständige

Sachversicherungen: Sie treten bei Schäden an Gegenständen ein. Ihre Büro- oder Geschäftsausstattung, Ihre Praxisräume als Ärztin oder Heilpraktikerin, Ihre Kanzlei als Rechtsanwältin oder Steuerberaterin, Ihr Computer, Ihr Betriebsgebäude, Ihr Warenlager, falls Sie etwas produzieren, Ihre Maschinen, Geld, Wertpapiere, Urkunden, Dokumente können beschädigt, völlig zerstört oder auch gestohlen werden. Im Versicherungsjargon sind das »versicherte Sachen«.
Risiken und Gefahren für Ihre zum Betrieb gehörenden »Sachen« lauern durch

- ❑   die »Elemente« Feuer (Brand, Blitzschlag, Explosion), Leitungswasser, Sturm und Hagel, Überschwemmungen und weitere Naturkatastrophen, Blitzschlag und Überspannung;
- ❑   menschliches »Zutun«: Einbruchdiebstahl, Vandalismus nach einem Einbruch, Raub;
- ❑   technische Defekte.

Vermögensversicherung: Diese sichern Sie ab gegen Verlust oder Verringerung Ihres Vermögens oder Einkommens durch Haftpflicht- oder Schadenersatzansprüche, die Dritte gegen Ihr Unternehmen, Sie selbst oder auch Ihre Mitarbeiter geltend machen. Worst Case: Sie besitzen überhaupt kein oder nur ein geringes Vermögen.

Sachversicherungen

Die Risiken für Sachschäden in Ihrem Büro, Warenlager oder Ihrem Produktionsbetrieb werden in der Regel nicht einzeln versichert, sondern in einem Paket zusammengefasst als sogenannte *Inhaltsversicherungen*: auch Betriebs-, Geschäfts- oder Büroinhaltsversicherungen oder Inventarversicherung genannt. Diese Versicherung umfasst in der Regel Schäden durch Feuer, Leitungswasser, Sturm und Hagel, Überschwemmungen, Blitzschlag und Überspannung, Einbruchdiebstahl. Eine Glasversicherung kann einbezogen werden.

Mitversicherbar ist auch die sogenannte Betriebsunterbrechung (s.u.). Wenn Sie Ihr Büro in der Wohnung oder im eigenen Haus einrichten wollen: Fragen Sie das Versicherungsunternehmen, bei dem Sie Ihre private Hausratversicherung abgeschlossen haben. Bei manchen Gesellschaften deckt die private Hausratversicherung auch den »Inhalt« gewerblicher Räume aller Art ab, gleich ob Büro oder gewerblich genutzte Räume, zum Beispiel Warenlager. Bei anderen Versicherungen ist nur ein Büro mitversichert, der gewerbliche Inhalt muss gesondert abgesichert werden.

Es sind auch »Paketlösungen« auf dem Markt, die private und geschäftliche/gewerbliche Risiken, egal, wo sich Ihr Büro oder Ihre gewerblichen Räume befinden, in einer Police versichern.

Wann ist der Abschluss einer Inhaltsversicherung empfehlenswert?

❑　Sie planen die Gründung eines größeres Unternehmens/eines größeren Betriebs.

❑　Sie wollen wertvolle Geräte oder Maschinen anschaffen.

❑　Sie besitzen eine teure Büroeinrichtung.

❑　Sie haben vor, eine Bürogemeinschaft einzugehen (um von vornherein Streitigkeiten zu vermeiden).

Durch die Inhaltsversicherung sind nur Sachen versichert, die nicht fest mit dem Gebäude verbunden sind.

Fest verbundene Gegenstände sind in einer *Gebäudeversicherung* erfasst: Diese müssen Sie unbedingt abschließen, wenn Sie Ihr

Unternehmen/Ihren Betrieb in einem eigenen Gebäude betreiben. Versichert sind nicht nur der eigentliche Baukörper, sondern auch verschiedene Einbauten, die Sie als Eigentümer vorgenommen haben, wie fest verlegte Fußbodenbeläge, Klima- und Zentralheizungsanlagen, sanitäre Installationen und elektrische Anlagen. Achten Sie darauf, dass die Versicherungssumme entsprechend hoch ist.

Falls Sie Ihr Büro im eigenen Haus einrichten, fragen Sie Ihren Gebäudeversicherer. Üblich ist die Mitversicherung eines Büros in einer privaten Wohngebäudeversicherung. Anders genutzte Räume, zum Beispiel ein Ladenlokal oder ein Warenlager, meistens nicht. Beispiel: Sie lagern die Waren für einen Online-Shop in Ihrem Keller.

Wenn Sie Eigentümerin eines Mehrfamilienhauses sind, ist Gewerbe meistens bis 50 Prozent mit gedeckt.

Bei Schäden am Gebäude, von denen auch ein gemietetes Büro oder ein Ladenlokal in Mitleidenschaft gezogen wird, haftet der Hauseigentümer.

Bei Kreditaufnahme kann eine Wohngebäudeversicherung wichtig sein für die Kreditwürdigkeit des Betriebes. Häufig ist sie sogar Voraussetzung für die Finanzierung.

❑ *Gebündelte Geschäftsversicherung*: bietet gleichzeitig Inhalts- und Gebäudeversicherung.

❑ *Glasversicherung*: trägt Schäden, die durch Bruch von Glasscheiben entstehen, sowie die Kosten für die neue Verglasung und die Einsetzarbeiten.

Versichern ja oder nein? Überlegenswert, wenn Sie einen Laden mit großen Fensterflächen oder Fenster mit teurem Spezialglas haben. Rechnen Sie mit spitzem Bleistift, ob sich teure Jahresprämien lohnen oder ob es günstiger ist, einen eventuell notwendigen Fensterscheibenersatz aus der Reserve zu bezahlen.

❑ *Elektronikversicherung*: tritt ein bei Beschädigung, Zerstörung, Diebstahl von elektronischen Geräten, EDV- und Telefonanlagen sowie Bürotechnik durch alle denkbaren Gefahren.
Versichern ja oder nein? Für Gewerbetreibende oder Dienstleisterinnen, die für ihre Tätigkeit die übliche elektronische Ausstattung wie PC, Bildschirm, Drucker etc. benötigen, überdimensioniert und damit zu teuer.

❑ *Datenträgerversicherung*: deckt Kosten für Wiederbeschaffung, den Wiedereinsatz von Programmen und die Wiedereingabe der Daten nach einem Datenverlust infolge von Schäden an den elektronischen Anlagen oder durch Viren.
Versichern ja oder nein? Hier gilt ebenfalls wie für die Elektronikversicherung: für ein »normales« Büro entbehrlich. Ergreifen Sie lieber geeignete Vorsichtsmaßnahmen zur Datensicherung (s.o.)

❑ *Maschinenversicherung*: kommt für Beschädigung oder Zerstörung der zum Betrieb benötigten Maschinen und für den Verlust von transportablen Maschinen auf.
Versichern ja oder nein? Lohnend nur für Unternehmen mit großem und teurem Maschinenpark.

❑ *Transportversicherung*: Versicherungsschutz besteht für Beschädigung und Verlust von Waren, die mit eigenen und fremden Transportmitteln (Schiff, Flugzeug, Bahn, LKW, Kfz) zum Kunden befördert werden.
Versichern ja oder nein? Hier kommt es auf Ihr Business an.

Vermögensversicherungen

Zu den Vermögensversicherungen zählen Haftpflichtversicherungen, Betriebsunterbrechungsversicherung, Rechtsschutzversicherung.
Haftpflichtversicherungen kommen »versicherungstechnisch« gesprochen für Personen-, Sach- und Vermögensschäden gegenüber Dritten auf.

❑ *Betriebs-, Berufshaftpflichtversicherung*: Die Betriebshaftpflichtversicherung schützt vor Schadenersatzansprüchen, wenn durch Ihr Unternehmen/Ihren Betrieb, durch Sie als Inhaberin oder durch Ihre Mitarbeiter Schäden gegenüber Dritten verursacht werden. Beispiele: falsche Lieferung, fehlerhafte Reparatur, Sturz eines Kunden im Betriebsgebäude. Auch wenn Ihre Mitarbeiter zu Schaden kommen, tritt diese Versicherung ein. Versichern ja oder nein? Ein absolutes Muss, wenn Sie in Ihrem Büro oder Betrieb häufig Besuche von Kunden, Mandanten, Patienten, Geschäftspartnerinnen haben oder wenn Sie Mitarbeiter beschäftigen.

Eine *spezielle Bürohaftpflichtversicherung* übernimmt umfassenden Schutz für Unternehmen, die für ihre Tätigkeit lediglich ein (gemietetes) Büro benötigen, sie umfasst in der Regel gleichzeitig Inventar- und Haftpflichtversicherung.

 Am Markt kann man verschiedene Pakete kaufen. Manche Versicherungsgesellschaften bieten diese Versicherung inklusive Einschluss der Privathaftpflichtversicherung für die Geschäftsführerin/Unternehmerin an.

Die Berufshaftpflichtversicherung kommt für Personen-, Sach- und Vermögensschäden auf, welche die Unternehmerin bei ihrer beruflichen Tätigkeit verursacht und für die sie mit ihrem Vermögen haftet. Beispielsweise wenn eine Architektin eine falsche Planung abliefert, eine Immobilienmaklerin einen Schaden bei einer Hausbesichtigung verursacht oder eine EDV-Dienstleisterin beim Installieren einer Software auf dem PC eines Kunden einen Schaden anrichtet.

❑ *Vermögensschaden-Haftpflichtversicherungen* sind Berufshaftpflichtversicherungen speziell für Dienstleistungsunternehmen und freie Berufe und decken nur Vermögensschäden ab, die zum Beispiel aufgrund falscher Beratung oder falscher Berechnungen entstehen.

Versichern ja oder nein? Unbedingt notwendig, wenn auch nur eine geringe Wahrscheinlichkeit besteht, dass im Rahmen Ihrer Berufsausübung Schäden bei Kunden/Mandanten/Auftraggebern entstehen könnten.

Eine Vermögensschaden-Haftpflichtversicherung ist für einige Berufsgruppen vorgeschrieben, zum Beispiel Ärzte, Architekten, Rechtsanwälte, Steuerberater und Versicherungsmakler.

Die Betriebs-, Büro-, Berufshaftpflicht kann auch auf Schäden auf fremden Gründstücken ausgedehnt werden. Das ist wichtig, wenn eine Unternehmerin Kundenbesuche macht oder Büroräume für Besprechungen oder Hotels für Seminare anmietet.

- ❏ *Umwelthaftpflichtversicherung*: schützt vor Schadenersatzansprüchen, wenn durch den Betrieb Boden, Wasser oder Luft verunreinigt wurden, sie kann mit der Betriebshaftpflicht kombiniert werden, dann allerdings nur als Basisversicherung. Versichern ja oder nein? Versicherung bei entsprechendem Schadenpotenzial Ihres Betriebes abschließen.

- ❏ *Produkthaftpflichtversicherung*: tritt ein, wenn durch fehlerhafte, mangelhafte Produkte eine Schädigung von Personen, Sachen und Vermögen Dritter – auch ohne eigenes Verschulden – verursacht wird, sie kann in die Betriebshaftpflichtversicherung eingeschlossen werden.
Versichern ja oder nein? Diese Versicherung kommt nicht nur für Hersteller, sondern auch für Lieferanten, Händler, Importeure, Lizenznehmer infrage. Ob sie notwendig ist oder nicht, hängt vom Produkt und von den möglichen Schäden ab.

- ❏ *Deckungsausfallversicherung*: tritt ein, wenn Sie einen Schaden erleiden, der Schadenverursacher keine Haftpflichtversicherung abgeschlossen hat und nicht genug Vermögen oder Einkommen besitzt, um den Schaden zu bezahlen.

- ❏ *Betriebsunterbrechungsversicherung*: Diese Versicherung tritt ein, wenn durch ein Schadenereignis, zum Beispiel Brand, die Geschäfts-/Betriebseinrichtung zerstört ist und der Büro- oder Produktionsbetrieb vorübergehend eingestellt werden muss.

Die Betriebsunterbrechungsversicherung übernimmt die laufenden Kosten wie Löhne, Gehälter, Miete, Zinsen usw. und erstattet den entgangenen Gewinn, bis die notwendige Betriebseinrichtung wiederbeschafft und der Betrieb wieder aufgenommen werden kann. Sie wird üblicherweise mit den entsprechenden Sachversicherungen (Feuer-, Einbruchdiebstahl-, Leitungswasser-, Sturmversicherung) gekoppelt. Am Markt werden verschiedene Vertragsgestaltungen und unterschiedlich hohe Versicherungssummen angeboten, je nach Unternehmensgröße. Zum Beispiel richtet sich die »Klein-BU-Versicherung« mit bis zu 500.000 Euro Versicherungssumme an kleine und mittlere Unternehmen; sie kann in der Regel nur zusammen mit einer Geschäftsinhaltsversicherung (s.o.) abgeschlossen werden.

Versichern ja oder nein? Überlegen Sie, wie wahrscheinlich ein solcher Schadenfall ist und welcher finanzielle Schaden entstehen könnte, wenn Sie Ihre geschäftliche Tätigkeit unterbrechen müssten. Bedenken Sie, dass die betrieblichen Kosten weiterlaufen, auch wenn Sie keine Umsätze machen. Vielleicht gibt es Ausweichmöglichkeiten?

❑ *Praxisausfallversicherung*: speziell auf Freiberufler zugeschnitten, sichert nicht nur die Existenz im Falle einer Betriebsunterbrechung, wenn Praxis, Kanzlei oder Büro durch Schäden oder Zerstörung lahmgelegt werden, sondern auch bei Ausfall des Freiberuflers, zum Beispiel durch Krankheit oder Unfall. Im Versicherungsfall werden die laufenden Betriebskosten ersetzt oder die Ausgaben für einen Vertreter.

Versichern ja oder nein? Empfehlenswert für Freiberuflerinnen, die allein arbeiten.

❑ *Rechtsschutzversicherung*: Sie sollten damit rechnen, sich mit Konkurrenten, Kunden, Auftragnehmern beziehungsweise Auftraggebern oder Mitarbeitern vor Gericht auseinandersetzen zu müssen. Außerdem ist die Klagebereitschaft nicht zuletzt durch die Rechtsschutzversicherung angestiegen. Es

können hohe Kosten entstehen. Übernommen werden Rechtsanwaltsgebühren und Gerichtskosten.

Achten Sie darauf, wenn Sie bereits eine Rechtsschutzversicherung abgeschlossen haben, dass diese auch Rechtsschutz für Selbstständige enthält. Eine Rechtsschutzversicherung für Nicht-Selbstständige leistet im Schadenfall nicht.

Es werden viele verschiedene Pakete für Firmen, Freiberufler und Selbstständige angeboten, auch gekoppelt mit Rechtsschutz für den privaten Bereich. Es gibt Kombinationen von Berufs- und Verkehrsrechtsschutz, Mietrechtsschutz, Wohnungs- und Grundstücksrechtsschutz (sofern beantragt) für die Gewerbeeinheit und eine selbst bewohnte Wohneinheit. Für Arbeitgeber sind spezielle Arbeitsrechtsschutzversicherungen auf dem Markt.

Versichern ja oder nein? Eine Rechtsschutzversicherung ist sehr teuer und für Gründerinnen nicht unbedingt von höchster Priorität. Es hängt aber von Ihrem Sicherheitsbedürfnis ab: Vielleicht können Sie ruhiger arbeiten und schlafen, wenn Sie wissen, dass Sie im Fall des Falles ohne Angst vor hohen Kosten einen Anwalt einschalten können.

Versicherer übernehmen die Prozesskosten allerdings nur bei Aussicht auf Erfolg.

Es sollten auch die Kosten für eine Rechtsberatung vor einem Prozess übernommen werden. Manche Versicherungen bieten zusätzlich eine kostenlose »Anwalts-Hotline« an.

Tipps für den Abschluss von Versicherungen

Vor Vertragsabschluss sollten Sie verschiedene Angebote einholen, Leistungen, Bedingungen, Preise vergleichen. Fragen Sie Bekannte, Geschäftspartner nach Vorgehensweise und Service im Schadenfall. Abschlüsse sind möglich bei:

❑ Versicherungsvertretern (m/w): Sie sind selbstständig, arbeiten für eine oder mehrere Gesellschaften, von denen sie Provision erhalten. Die mit ihnen abgeschlossenen Verträge binden die

Versicherungsgesellschaften, die wiederum für die Fehler der Versicherungsvertreter haften.

❑ Versicherungsmakler (m/w): Sie sind selbstständig, arbeiten für eigene Rechnung, verkaufen Versicherungen verschiedener Versicherungsunternehmen gegen Provision. Versicherungsmakler sind gesetzlich zur Beratung verpflichtet und sollten Ihre Position als Kundin vertreten.

❑ Versicherungsberater (m/w): Sie sind selbstständig, dürfen keine Versicherungen verkaufen, erhalten Honorar von den Kunden.

Achten Sie darauf, dass Ihnen auch nach Abschluss des Vertrages immer ein Ansprechpartner zur Verfügung steht.

Die Laufzeit für Sachversicherungen (Haftpflicht, Rechtsschutz, Inhalt, Hausrat usw.) sollte nur ein Jahr, eventuell mit der Option auf Verlängerung, betragen. Dadurch können Sie flexibler auf bessere Angebote reagieren.

Wichtig für Haftpflichtversicherungen ist, alle Faktoren zu erfassen, die das Haftpflichtrisiko beeinflussen. Vereinbaren Sie von vornherein ausreichend bemessene Deckungssummen. Nachträgliche, neu entstandene Risiken sind abgesichert, müssen Sie aber sofort nachmelden, damit der Versicherungsschutz der neuen Situation angepasst wird. Fordern Sie eine Deckungszusage ab dem Tag der Antragstellung. Damit sind dann auch Schäden bis zur Policierung abgedeckt.

Durch Vereinbarung von Selbstbehalten können Sie die Prämie senken. Prüfen Sie auch Möglichkeiten für Rabatte, wenn Sie Maßnahmen zur Schadenverhütung vornehmen oder wenn für einen gewissen Zeitraum keine Schadenfälle aufgetreten sind.

Alle Verträge bei ein und derselben Versicherung abzuschließen kann Vor- und Nachteile haben. Nachteile: Nicht jede Versicherung ist in jeder Sparte gleich gut. Vorteile: Eventuell können Sie Rabatte aushandeln.

Rechnen Sie kritisch bei Paketlösungen: Die sind manchmal kostengünstiger, aber im Paket sollten nur Versicherungen enthalten sein, die Sie auch wirklich brauchen.

Prüfen Sie den Antrag, ob alle Fragen richtig und wahrheitsgemäß beantwortet sind. Mit Ihrer Unterschrift bestätigen Sie die Richtigkeit aller Angaben.

Auf jeden Fall sollten Sie eine Kopie des Antrags und sämtliche Unterlagen greifbar archivieren.

Beratung und Informationen:

- ❑ Bundesanstalt für Finanzdienstleistungsaufsicht, http://www.bafin.de
- ❑ Deutscher Versicherungs-Schutzverband DVS, http://www.dvs-schutzverband.de
- ❑ Stiftung Warentest http://www.test.de, Zeitschrift Finanztest
- ❑ GründerZeiten Nr. 41: Persönliche Absicherung für Existenzgründer und Unternehmer (April 2008)
  GründerZeiten Nr. 24: Betriebliche Versicherungen (Juni 2008)
  Bestellen oder downloaden unter http://www.existenzgruender.de/publikationen/gruender_zeiten/index3.php
- ❑ Broschüre DIHK, Soziale Absicherung 2008, Bestellmöglichkeit bei
  DIHK Service GmbH, Breite Str. 29, 10178 Berlin
  Oder unter http://verlag.dihk.de
- ❑ »Vom Start weg richtig versichert«, Simone Janson, Redline Wirtschaft 2007
- ❑ Broschüren bei Volksbanken und Sparkassen
- ❑ Verbraucherzentralen

5   Gründungs-Know-how

Standortbestimmung: Unternehmerinnen-Status

- ❏ Müssen Sie ein Gewerbe anmelden?
- ❏ Welche Steuern haben Sie zu zahlen?
- ❏ Auf welche Weise können Sie Ihren Gewinn ermitteln?
- ❏ Sind Sie zur doppelten Buchführung verpflichtet?
- ❏ Welche Rechtsform können Sie wählen?
- ❏ Müssen Sie Ihr Unternehmen ins Handelsregister eintragen?
- ❏ Was haben Sie bei der Wahl Ihres Firmennamens zu beachten?
- ❏ Sind Sie verpflichtet, Mitglied bei der IHK, der Industrie- und Handelskammer, zu werden?
- ❏ Müssen Sie Umsatzsteuer berechnen?

Wenn Sie Ihren Start in die Selbstständigkeit planen, werden Sie sich früher oder später diese Fragen stellen – und auf eine Vielzahl von Begriffen stoßen:

Einzelunternehmerin, Gewerbetreibende, Kleingewerbetreibende, Kauffrau, Freiberuflerin, freie Mitarbeiterin, Kleinunternehmerin.

Was steckt dahinter? Zur Klärung Ihrer Fragen müssen Sie eine Art Standortbestimmung vornehmen und Ihren steuer-, gewerbe- und sozialversicherungsrechtlichen Status herausfinden.

Welchen Status Sie haben, können Sie nicht selbst bestimmen, das entscheidet der Gesetzgeber.

So finden Sie Schritt für Schritt Ihren Status heraus:

Erster Schritt

Ab dem Start sind Sie in jedem Fall Einzelunternehmerin (vorausgesetzt, Sie gründen allein). Denn Einzelunternehmen entstehen mit Aufnahme des Geschäftsbetriebs.

Zweiter Schritt

Als Nächstes ist zu klären: Gewerbe oder freier Beruf?
Die Abgrenzung von Gewerbe und freiberuflicher Tätigkeit ist nicht ganz einfach. Für die Einstufung ist das Finanzamt zuständig und das Ergebnis könnte teuer für Sie werden.

Freie Berufe

Ob eine Einzelunternehmerin Freiberuflerin ist, richtet sich nach der Art der Tätigkeit, die sie selbstständig ausüben will. Die Kriterien sind zum Teil im Partnerschaftsgesetz genannt, im Wesentlichen aber im Einkommensteuergesetz aufgelistet.

- ❑ *Tätigkeitsberufe*: Dazu zählen selbstständig ausgeübte wissenschaftliche, künstlerische, schriftstellerische, unterrichtende oder erzieherische Tätigkeiten.
- ❑ *Katalogberufe*: Dazu gehören
  (Quelle: http://www.ifb-gruendung.de/fs_freieberufe.htm):
  - ● Heilberufe: Ärzte, Zahnärzte, Tierärzte, Heilpraktiker, Krankengymnasten, Hebammen, Heilmasseure, Diplom-Psychologen
  - ● Rechts-, steuer- und wirtschaftsberatende Berufe: Rechtsanwälte, Patentanwälte, Notare, Wirtschaftsprüfer, Steuerberater, Steuerbevollmächtigte, beratende Volks- und Betriebswirte, vereidigte Buchprüfer
  - ● Naturwissenschaftliche/technische Berufe: Vermessungsingenieure, Ingenieure, Handelschemiker, Architekten, Lotsen, hauptberufliche Sachverständige

- Informationsvermittelnde Berufe/Kulturberufe: Journalisten, Bildberichterstatter, Dolmetscher, Übersetzer, Wissenschaftler, Künstler, Schriftsteller, Lehrer und Erzieher
☐ Den *Katalogberufen »ähnliche Berufe«*, Berufe, die in wesentlichen Punkten mit dem Katalogberuf übereinstimmen

Freiberufler profitieren von Vorteilen, in erster Linie steuerlich, aber auch gewerberechtlich:

☐ Keine Gewerbesteuer, nur Einkommensteuer
☐ Keine Gewerbeanmeldung, daher unterliegt die Freiberuflerin auch nicht der Gewerbeordnung und Gewerbeaufsicht.
☐ Keine Bilanzierungspflicht
☐ Keine Verpflichtung zur doppelten Buchführung
☐ Gewinnermittlung durch »Einnahme-Überschuss-Rechnung« möglich
☐ Umsatzsteuer nach »vereinnahmten Entgelten« (Ist-Besteuerung) möglich, unabhängig von Umsatzgrenzen
☐ Leistungen von Freiberuflerinnen in Heilberufen sind grundsätzlich umsatzsteuerfrei, sofern auf »heilende« Tätigkeiten beschränkt. (Beispiel: Eine Schönheits-OP ist umsatzsteuerpflichtig, da nicht medizinisch indiziert; eine Schönheits-OP bei einem Brandopfer ist steuerfrei.)
☐ »Investitionsabzugsbetrag« und »Sonderabschreibung für kleine und mittlere Betriebe« unabhängig von der Höhe des Betriebsvermögens möglich (aber die Höhe des Gewinns spielt eine Rolle)
☐ Keine Eintragung in das Handelsregister, daher gilt nicht das HGB, sondern das BGB.
☐ Keine Pflichtmitgliedschaft in der Industrie- und Handelskammer (IHK) (Allerdings müssen Freiberuflerinnen, die bestimmten Katalogberufen angehören, Mitglied einer Berufskammer werden, zum Beispiel Ärztinnen, Architektinnen, Rechtsanwältinnen, Steuerberaterinnen.)

❑ Mitgliedschaft in der Künstlersozialversicherung für bestimmte Berufsgruppen, das heißt günstige Sozialversicherung

Gewerbetreibende

Das Gesetz, und zwar das Handelsgesetzbuch (HGB), sagt: Gewerbetreibend ist, wer ein Handelsgewerbe betreibt.

Mit Handelsgewerbe ist nicht das Betreiben eines Einzel- oder Großhandels gemeint, sondern: Ein Handelsgewerbe betreibt, wer eine Tätigkeit ausübt, die

❑ nicht verboten ist,
❑ nicht mit Land- und Forstwirtschaft in Zusammenhang steht,
❑ ausgeübt wird, um Gewinne zu erzielen,
❑ dauerhaft betrieben wird (die Absicht ist dafür entscheidend)
❑ und kein freier Beruf ist.

Einstufung als Freiberuflerin oder Gewerbetreibende

Die Einstufung als Freiberuflerin oder Gewerbetreibende nimmt das Finanzamt vor (übrigens nicht durch einen formellen Bescheid) und ist nicht selten Gegenstand von Auseinandersetzungen. Aufgrund der Vorteile werden Existenzgründerinnen den freiberuflichen Status vorziehen, der Fiskus ist aber an den Gewerbesteuereinnahmen interessiert.

Wichtig: Die Einstufung Gewerbe/freier Beruf kann sich von Jahr zu Jahr ändern. Und: Die Einstufung kann bis vier Jahre nach Abgabe der Einkommensteuererklärung geändert werden. Das ist höchst gefährlich, vor allem dann, wenn neben dem klassischen freien Beruf noch eine andere Tätigkeit zusätzlich ausgeübt wird oder werden soll. Denn das Finanzamt kann dann nachträglich noch Gewerbesteuer festsetzen.

Ausnahme bei Partnerschaftsgesellschaften: Das Partnerschaftsregister trägt gar nicht erst ein, wenn es der Auffassung ist, die Partnerinnen üben keinen freien Beruf aus.

Wer einen Katalogberuf ausübt, wird ohne Probleme als Freiberuflerin anerkannt. Andererseits besteht für die Existenzgründerin – und für das Finanzamt – auch keine Wahl, ob in diesem Fall Freiberuflichkeit vorliegt oder nicht.

Schwierig ist die Abgrenzung freier Beruf/Gewerbe bei den Tätigkeitsberufen und vor allem bei den »den Katalogberufen ähnlichen« Berufen. Denn viele Berufsgruppen üben Tätigkeiten aus, die freiberufliche und gewerbliche Elemente enthalten. Und besonders im IT- und Medienbereich und bei Dienstleistungen haben sich in den letzten Jahren neue Berufsfelder entwickelt, die zum Zeitpunkt des Entstehens der entsprechenden Gesetze noch gar nicht bekannt waren.

Die Abgrenzung wird vom Finanzamt in jedem Einzelfall vorgenommen. Als Kriterium wird die Vergleichbarkeit mit dem Katalogberuf herangezogen, nach Ausbildung/Qualifizierung, Wissen, Struktur und/oder in der Tätigkeit.

Beispiele für Berufe, die zum Teil als gewerblich und zum Teil als frei eingestuft werden: Unternehmensberaterin, beratende Ingenieurin, Grafikerin und Designerin, IT-Berufe wie Webdesignerin, Programmiererin.

Nach Gesetzen und Rechtsprechung haben sich verschiedene Kriterien als Voraussetzung für die Ausübung eines freien Berufes herausgebildet:

❑ Freie Berufe erbringen Dienstleistungen »höherer Art«. Sie betreiben keine Handelsgeschäfte und keine Massenproduktion.

❑ Freiberuflerinnen sind »auf der Grundlage besonderer beruflicher Qualifikation oder schöpferischer Begabung« tätig. Wichtig ist dabei, dass der Beruf üblicherweise eine akademische Ausbildung verlangt.

❑ Freiberuflerinnen erbringen ihre Dienstleistung persönlich, eigenverantwortlich und fachlich unabhängig. Oft besteht ein persönliches Vertrauensverhältnis zum Auftraggeber. Auch wenn Freiberuflerinnen Mitarbeiter beschäftigen, behalten sie

die persönliche Leitung und die volle fachliche Verantwortung für jeden Auftrag. (Was bedeutet, dass Freiberuflerinnen nicht mit Dutzenden von Angestellten arbeiten können.)

Künstlerinnen und Publizistinnen genießen noch einen besonderen Vorteil: Sie sind aufgrund des Künstlersozialversicherungsgesetzes pflichtversichert in Kranken-, Pflege- und Rentenversicherung.
Aber: Die Finanzämter und die KSK arbeiten nicht nach einheitlichen Kriterien, das heißt, die Künstlersozialkasse nimmt Selbstständige auf, die das Finanzamt aber als Gewerbetreibende einstuft. Daher ist die Mitgliedschaft in der Künstlersozialkasse kein eindeutiges Kriterium für eine freiberufliche Tätigkeit.

Falle: Gemischte Tätigkeiten

Bei der Statusbestimmung besteht nicht nur das Abgrenzungsproblem, ob eine Tätigkeit als freiberuflich oder gewerblich eingestuft wird.
Grundsätzlich können alle Freiberuflerinnen, auch die Kammerberufe, in den »Verdacht« geraten, Gewerbetreibende zu sein. Und zwar dann, wenn sie neben ihrem freien Beruf auch noch eindeutige gewerbliche Tätigkeiten betreiben und daraus zusätzlich oder sogar überwiegend gewerbliche Einkünfte haben. Dann kann das Finanzamt die gesamte berufliche Tätigkeit als gewerblich einstufen und die Freiberuflerin verliert ihren Status als »Freie«.
Das nennt sich Abfärbetheorie. Gemeint ist, dass sich gewerbliche und freiberufliche Tätigkeiten in der Regel nicht zusammen als ein Unternehmen ausüben lassen. Die gewerbliche Tätigkeit färbt auf die freiberufliche ab und die gesamte Tätigkeit wird gewerblich. Die Abfärbetheorie greift nur dann nicht, wenn die gewerblichen Einnahmen geringfügig sind.
Beispiele: die Ärztin, die ihren Patienten Medikamente käuflich anbietet; Zahnärztinnen, die ein eigenes Zahnlabor betreiben; Architektinnen, die auch als Bauträger tätig sind; die Innenarchitektin, die Kleinmöbel verkauft; die Autorin von Lernsoftware, welche die Software auch vertreibt; die Schriftstellerin, die ihre

Bücher selbst verlegt. Tipps, um die Einstufung als Gewerbe zu vermeiden:

❏ Die Tätigkeiten strikt getrennt ausüben, also getrennte Buchhaltung, Rechnungen und Konten, verschiedenes Briefpapier.
❏ Zwei verschiedene Unternehmen gründen, das eine mit freiberuflicher, das andere mit gewerblicher Tätigkeit.

Falle: BGB-Gesellschaft

Vorsicht bei Gründung einer BGB-Gesellschaft: Wenn nicht alle Gesellschafterinnen Freiberuflerinnen sind oder wenn auch nur eine Gesellschafterin eine teilweise gewerbliche Tätigkeit ausübt, werden dadurch die Einnahmen aller Freiberuflerinnen »infiziert« und sämtliche Einnahmen unterliegen der Gewerbesteuer.
Tipp, um die »Infizierung« zu vermeiden: Schwestergesellschaften gründen, zum Beispiel die A+B Physiotherapie-Gemeinschaftspraxis und die A+B Gerätetraining GbR, und am besten in getrennten Betriebsräumen arbeiten. Weitere Tipps:

❏ Holen Sie fachlichen Rat ein, zum Beispiel bei einer Steuerberaterin oder Fachanwältin für Steuerrecht.
❏ Beantragen Sie beim Finanzamt eine sogenannte verbindliche Auskunft, die allerdings kostenpflichtig ist.

Informationen zu freien Berufen

❏ Gründungsportal des Instituts für Freie Berufe an der Universität Nürnberg/Erlangen (IFB) www.ifb-gruendung.de
Institut für Freie Berufe (IFB) an der Friedrich-Alexander-Universität Erlangen Nürnberg
Abteilung Gründungsberatung
Marienstraße 2
90402 Nürnberg
Telefon 1: 0911 23 565 - 0
Telefon 2: 0911 23 565 - 28

❏ Bundesverband der Freien Berufe (BFB)
Reinhardtstraße 34
10117 Berlin
Telefon: 030 284444 0
http://www.freie-berufe.de

Dritter Schritt

Wenn Sie festgestellt haben, dass Ihr Geschäftsmodell keine freiberufliche, sondern eine gewerbliche Tätigkeit ist, klären Sie im nächsten Schritt:

❏ Gewerbetreibende: Kauffrau oder Kleingewerbetreibende?
❏ Oder: Muss Ihr Unternehmen im Handelsregister eingetragen werden? Nach dem HGB ist für ein Handelsgewerbe »ein nach Art und Umfang in kaufmännischer Weise eingerichteter Geschäftsbetrieb erforderlich«. Wenn Ihr geplantes Unternehmen dieses Kriterium erfüllt, sind Sie Kauffrau und Ihr Gewerbe wird in das Handelsregister eingetragen.

Dazu, wann ein »nach Art oder Umfang in kaufmännischer Weise eingerichteter Geschäftsbetrieb erforderlich« ist, sagt das Gesetz nichts. Deshalb ist das in der Praxis eine nicht leicht zu beantwortende Frage, die wie so viele rechtliche Fragestellungen vom Einzelfall abhängig ist. Als Anhaltspunkte gelten:

❏ Für den *Umfang* wird als Orientierungsgröße eine steuerliche Regel herangezogen: Danach beginnt ab einem Jahresumsatz von 350.000 Euro und einem Gewinn von 50.000 Euro die steuerliche Pflicht, Bilanzen zu erstellen.
❏ Für die *Art* wird auf Kriterien abgestellt wie:
  ● Anzahl der Geschäftsvorgänge, zum Beispiel viele Kunden und Lieferanten
  ● Zahl der Beschäftigten

- Höhe des Betriebsvermögens, zum Beispiel der Wert des Warenbestandes
- Allgemein: Ist der Betrieb einfach gestaltet und überschaubar?

Nach HGB müssen beide Kriterien erfüllt sein. Wenn das »buchhalterische Kriterium« erfüllt ist, wird unterstellt, dass in der Regel auch die Art entsprechend kaufmännisch ausgelegt ist.

Bei Gründung werden Sie wahrscheinlich keinen »nach Art oder Umfang in kaufmännischer Weise eingerichteten Geschäftsbetrieb« benötigen, weil Ihre Geschäfte noch nicht sehr umfangreich oder komplex sind. Einzelunternehmerinnen, die nicht im Handelsregister eingetragen sind, werden meist als Kleingewerbetreibende bezeichnet. Für sie gilt nicht das HGB, sondern das Bürgerliche Gesetzbuch (BGB). Tipps:

❑ Ihren »Status« als Kleingewerbetreibende sollten Sie im Auge behalten, denn der ist nicht für immer und alle Zeit festgeschrieben. Denn wenn Ihr Unternehmen wächst, kann es in die Größenordnungen für eine Eintragungspflicht hineinwachsen.
❑ Kleingewerbetreibende können sich freiwillig – mit allen Rechten und Pflichten – ins Handelsregister eintragen lassen (sogenannter Kannkaufmann).

Einige Rechte und Pflichten, die der Status einer Kauffrau mit sich bringt:

❑ Die Bestimmungen des Handelsgesetzbuchs, die häufig schärfer sind als für Nichtkaufleute, gelten.
❑ Vorschriften bei der Namenswahl
❑ Für Anmeldung und zum Teil Gründung ist Beglaubigung durch Notar notwendig.
❑ Der Gerichtsstand ist in der Regel frei vereinbar.
❑ Bürgschaften gelten auch mündlich.
❑ Es besteht Buchführungspflicht.

❑ Es besteht die Möglichkeit, Prokura zu erteilen.
❑ Es besteht die Möglichkeit, höhere Verzugszinsen zu berechnen.

Tipps von Rechtsanwältin Petra Hildebrand-Blume zur Frage: Ist eine Eintragung ins Handelsregister für Kleinunternehmen empfehlenswert?

Existenzgründerinnen in der Rechtsform als Einzelunternehmen oder Gesellschaft des bürgerlichen Rechts sind nicht gezwungen, sich im Handelsregister anzumelden, und sollten dies auch nicht tun.

Außer einem zweifelhaften und unsicheren »Imagegewinn« sind keine Vorteile gegeben, dagegen die Risiken zu hoch. Zum Beispiel ist die Gefahr, aus Versehen mündlich eine Bürgschaft zu übernehmen, gewaltig. Existenzgründer haben auch so schon genug zu tun und neu zu lernen und keine Zeit, ständig mit Gesetzbüchern unter dem Arm herumzulaufen. Und die Erteilung einer Prokura wird bei Kleinbetrieben auch nicht erforderlich sein.

Das Handelsregister ist das öffentliche Verzeichnis aller Kaufleute, gibt Informationen zu den eingetragenen Unternehmen, u.a. Sitz und Rechtsform, Inhaber beziehungsweise Gesellschafter von Personengesellschaften, Höhe des Stammkapitals und die Geschäftsführer einer GmbH, Höhe des Grundkapitals und die Mitglieder des Vorstands einer AG, die Bestellung und Abbestellung von Prokuristen, Auflösung einer Gesellschaft und das Erlöschen einer Firma. Das Handelsregister wird von den örtlichen Registergerichten bei den Amtsgerichten geführt, seit 2007 ausschließlich in elektronischer Form. In Abteilung A (HRA) werden die Einzelkaufkaufleute und Personengesellschaften geführt, in Abteilung B (HRB) die Kapitalgesellschaften.

Eintragung: Für die Eintragung eines Unternehmens ist immer dasjenige Amtsgericht zuständig, in dessen Bezirk sich der Geschäftssitz des Unternehmens befindet. Für die Anmeldung ist auch im elektronischen Zeitalter der Gang zum Notar notwendig, der die öffentliche Beglaubigung vornimmt und dann die Dokumente elektronisch an das zuständige Registergericht übermittelt.

Internetadresse http://www.handelsregister.de

Definition »freie Mitarbeit«

Verwechslungsgefahr besteht zwischen den Begriffen »Freiberuflerinnen« und »freie Mitarbeiterinnen«.

Freie Mitarbeiterinnen sind Selbstständige, aufgrund eines Dienst- oder Werkvertrages für andere Personen oder Unternehmen tätig, ohne in einem dauerhaften, festen Beschäftigungsverhältnis zu stehen. Je nach ausgeübter Tätigkeit können freie Mitarbeiterinnen Gewerbetreibende oder Freiberuflerinnen sein.

Problematisch bei freier Mitarbeit, für die Selbstständigen und für Auftraggeber: Je nach Ausgestaltung der Geschäftsbeziehung könnte entweder

- ❏   wirtschaftliche Abhängigkeit bestehen (arbeitnehmerähnliche Selbstständige) oder
- ❏   eine Arbeitnehmereigenschaft vorliegen (sogenannte Scheinselbstständigkeit, das heißt, die freie Mitarbeiterin ist gar nicht selbstständig, sondern angestellt).

Die Frage, ob freie Mitarbeiterinnen die Dienstleistungen tatsächlich als unabhängige Selbstständige erbringen, kann nicht pauschal beantwortet werden, sondern hängt von den »Gesamtumständen« der Tätigkeit für den Auftraggeber ab. Als Voraussetzungen für freie Mitarbeit werden u.a. folgende Kriterien angesehen: Die freie Mitarbeiterin

- ❏   bestimmt Inhalt, Ort, Zeitpunkt ihrer Arbeit selbst,
- ❏   hat die Möglichkeit, für mehrere Auftraggeber tätig zu sein,
- ❏   ist nicht weisungsgebunden,
- ❏   kann sich vertreten lassen und Hilfspersonal einstellen,
- ❏   ist nicht in die Betriebsorganisation des Auftraggebers eingebunden.

In Zweifelsfällen sollten Sie sich beraten lassen, denn es drohen erhebliche steuerliche, arbeitsrechtliche und sozialversicherungsrechtliche Konsequenzen.

Ansprechpartner neben Rechtsanwälten, Steuerberatern, den Industrie- und Handelskammern ist auch die Deutsche Rentenversicherung Bund.

http://www.deutsche-rentenversicherung-bund.de

Definition »Kleinunternehmerin«

Nicht alle »Kleingewerbetreibenden« sind Kleinunternehmer, was ein Begriff aus dem Umsatzsteuerrecht ist.

Nach der »Kleinunternehmerregelung« entfällt die Pflicht, Umsatzsteuer in Rechnung zu stellen. Sie gilt für Unternehmerinnen und Existenzgründerinnen, die nur geringe Umsätze tätigen beziehungsweise erwarten, und zwar

❑   für Unternehmerinnen, wenn der Umsatz sowohl im vorangegangenen Jahr weniger als 17.500 Euro betragen hat als auch im laufenden Jahr voraussichtlich nicht höher als 50.000 Euro sein wird;

❑   für Existenzgründerinnen, wenn bei Aufnahme der selbstständigen Tätigkeit der voraussichtliche Umsatz nicht die Umsatzgrenze von 17.500 Euro übersteigen wird.

Namenswahl und Namensschutz, Pflichtangaben auf Geschäftsbriefen

Der Name Ihres Unternehmens ist das Tüpfelchen auf dem i Ihres Business.

So wie Sie im Privatleben gegenüber Ihren Mitmenschen mit Ihrem persönlichen Namen in Erscheinung treten, wird Ihr Marktauftritt erst mit einem Unternehmensnamen wirklich sichtbar. Der Gesetzgeber redet bei der Namenswahl ein Wörtchen mit. Welche

rechtlichen Vorschriften Sie einhalten müssen, welche Freiheiten Sie haben, hängt von Ihrem Status ab, das heißt, ob Sie Freiberuflerin oder Gewerbetreibende sind und ob Ihr Unternehmen im Handelsregister eingetragen ist beziehungsweise wird.

Sie sollten auch daran denken, wie Sie Ihren »guten Namen« schützen können.

Im Handelsregister eingetragene Unternehmen

Firma

Dann haben Sie eine »Firma«, einen Namen, unter dem ein Kaufmann »seine Geschäfte betreibt und die Unterschrift abgibt« (§ 17 HGB). Damit ist also rechtlich gesehen entgegen dem allgemeinen Sprachgebrauch nicht das Unternehmen als solches gemeint.

Vorschriften bei der Namenswahl

❑   *Rechtsformzusatz*: Jedes eingetragene Unternehmen muss in seinem Namen seine Rechtsform angeben als sogenannten Rechtsformzusatz, um die Haftungsverhältnisse deutlich zu machen. Das dient dem Vertrauensschutz für die Geschäftspartner.

- Einzelkaufleute: »eingetragener Kaufmann« oder »eingetragene Kauffrau« oder eine entsprechende Abkürzung wie e.K., e.Kfr. beziehungsweise e.Kfm.
- Offene Handelsgesellschaft: OHG
- Kommanditgesellschaft: KG
- Gesellschaft mit beschränkter Haftung: GmbH
- Aktiengesellschaft: AG
- Partnerschaftsgesellschaft: »Partner« oder »und Partner« oder »Partnerschaft«

Hinweis: Das Rechtsformkürzel GbR hat sich für die Gesellschaft bürgerlichen Rechts – die nicht ins Handelsregister eingetragen wird – »eingebürgert«. Es gibt aber für diese Rechtsform keine Vorschriften für einen Rechtsformzusatz.

- ❑ *Kennzeichnungseignung*: Die Firma muss zur Kennzeichnung des Unternehmens geeignet sein. Gemeint ist, dass die Bezeichnung auch als Name zu verstehen ist. Aus diesem Grund werden zum Beispiel unverständliche Abkürzungen, nicht aussprechbare Buchstabenkombinationen oder Zeichen wie @ oder € nicht anerkannt.

- ❑ *Unterscheidungskraft*: Die Firma muss sich deutlich von anderen eingetragenen Firmen unterscheiden, das heißt, es muss eine individuelle Bezeichnung gewählt werden, die eindeutig ein bestimmtes Unternehmen identifiziert. Dazu sind zum Beispiel reine Sach-, Branchen- oder Regionalbezeichnungen nicht geeignet, zum Beispiel »Frankfurter Buchhandlung OHG«.

- ❑ *Irreführungsverbot*: Die Firma darf keine Angaben enthalten, welche die Kunden, Geschäftspartner oder Mitbewerber täuschen. Irreführend kann zum Beispiel eine Firmierung sein, die eine Unternehmenstätigkeit beschreibt, die gar nicht angeboten wird, beispielsweise »XYZ Consult GmbH«, wenn die Gesellschaft überhaupt nicht beratend tätig ist. Oder wenn die Firma einen geografischen Zusatz enthält, der nicht zutrifft, Beispiel: Die »ABS Frankfurter Buchladen OHG« hat ihren Sitz in München. Auch Zusätze wie »international«, »europäisch«, »global«, die nach allgemeinem Verständnis auf ein größeres, mindestens überregional tätiges Unternehmen schließen lassen, sind nicht zulässig, wenn dahinter ein lokal agierender Kleinbetrieb steckt.

- ❑ *Verwechslungsgefahr*: Die Firma muss sich »von allen an demselben Ort beziehungsweise in derselben Gemeinde bereits bestehenden und in das Handelsregister oder in das Genossenschaftsregister eingetragenen Firmen deutlich unterscheiden«. Das bedeutet, jeder neue Firmenname muss so gewählt werden, dass er nicht mit identischen oder auch nur ähnlichen Bezeichnungen am Ort des Firmensitzes beziehungsweise im Registerbezirk verwechselt werden kann. Für das Registergericht ist dabei unwichtig, ob die Firmenbezeichnung in einem anderen Registerbezirk oder in einem anderen Bundesland verwendet wird.

Wichtig: Auch wenn Ihre Firma alle firmenrechtlichen Vorschriften des Registergerichts erfüllt und eingetragen wird, ist das keine Garantie, dass die Firmenbezeichnung in jeder rechtlichen Hinsicht zulässig ist. Andere Unternehmen, auch in weiter entfernten Regionen, könnten wettbewerbs-, marken- oder namensrechtliche Einwendungen erheben und entsprechende Ansprüche geltend machen. Das könnte zum Beispiel dazu führen, dass Ihre Firma im Handelsregister wieder gelöscht wird oder dass gegen Sie mit Abmahnung oder mit Klagen vor Zivilgerichten vorgegangen wird!

Daher: Prüfen Sie auf jeden Fall bundesweit vor der Eintragung Ihres neu kreierten Unternehmensnamens ins Handelsregister, ob nicht Namens- oder Markenrechte Dritter verletzt werden. Die IHK prüft zwar auf Anfrage des Registergerichtes, ob eine Firmenbezeichnung zulässig ist, beschränkt sich dabei allerdings auf die Gemeinde beziehungsweise den Ort.

Informationen: Sie können selbst recherchieren

❑   beim Deutschen Patent- und Markenamt unter http://www.dpma.de, Zweibrückenstr. 12, 80331 München, Telefon: 089 2195-0,

❑   unter http://www.marken-recht.de/markenrecherchen.html,

❑   im elektronischen Unternehmensregister, https://www.unternehmensregister.de,

❑   in branchenspezifischen Adressverzeichnissen.

Ansprechpartner sind auch die Industrie- und Handelskammern oder spezialisierte Rechtsanwälte.

Partnerschaftsgesellschaften: Die Zusätze »Partner«, »& Partner« oder »Partnerschaft« ist Partnerschaftsgesellschaften vorbehalten. Und die ist nur bei Freiberuflern möglich!

Welche Firmierungsalternativen das HGB vorsieht

❑   Namens- oder Personenfirma: Name der Inhaberin oder einer Gesellschafterin, Beispiel: »Anna Anders e.K.«.

❑ Sachfirma: Branchenbezeichnungen oder Beschreibung der Tätigkeit des Unternehmens, Beispiel: »Glasreinigung Blitzblank OHG«.

❑ Fantasiefirma: ein frei erfundener Name, Beispiel: »Kamm + Bürste e.K.«

❑ Gemischte Firma: Die Firma kann auch aus den einzelnen Elementen gemischt werden, Beispiel: »Anders Reisen GmbH«

Ausnahmen:

❑ Einzelunternehmerinnen dürfen keine Sachfirma wählen. Es muss immer der Vor- und Zuname der Einzelunternehmerin genannt sein. Beispiel: Glasreinigung Blitzblank, Inh. Dietlinde Durchblick e.K.

❑ Die Firma einer Partnerschaftsgesellschaft darf keine anderen Namen als die der Partner enthalten. Allerdings – Ausnahme von der Ausnahme – darf eine Partnerschaftsgesellschaft auch einen Fantasienamen führen, wenn er zu den vorgenannten Bestandteilen hinzutritt.

Bei Unternehmensübernahme: Eine Käuferin kann das erworbene Unternehmen unter der bisherigen Firma oder auch mit einem Nachfolgezusatz weiterführen, auch wenn die Firma den Namen des bisherigen Inhabers enthält. Wenn ein Unternehmen erst einmal ins Handelsregister eingetragen ist, ist die Firma von der Person des Inhabers völlig losgelöst. Der bisherige Inhaber oder ggfs. dessen Erben müssen aber der Beibehaltung des Firmennamens ausdrücklich zustimmen.

Nicht im Handelsregister eingetragene Unternehmen

Kleingewerbetreibende und BGB-Gesellschaften dürfen keine Firma führen, das ist nur Kaufleuten erlaubt. Sie müssen am Markt immer mit dem bürgerlichen Namen auftreten, haben aber das

Recht, sich eine sogenannte Geschäftsbezeichnung oder Etablissementbezeichnung zuzulegen:

❏ Einzelunternehmen: mindestens ein ausgeschriebener Vorname und Zuname der Inhaberin
❏ Gesellschaften des bürgerlichen Rechts (GbR): mindestens ein ausgeschriebener Vorname und Nachname aller Gesellschafterinnen
❏ Als Zusatzbezeichnungen sind Fantasiebezeichnungen, Buchstabenkombinationen, Branchenbezeichnungen, Tätigkeitsangaben, auch Logos möglich.

Hinweis: Die Zusatzbezeichnungen werden nicht in die Gewerbeanmeldebescheinigung aufgenommen.

Wichtig: Auch nicht im Handelsregister eingetragene Unternehmen müssen sich bei der Namenswahl an gesetzliche Vorschriften halten:

❏ Sie müssen das Irreführungsverbot beachten. Der Namenszusatz darf zum Beispiel keine falsche Vorstellung über die Größe des Unternehmens hervorrufen oder eine Handelsregistereintragung vortäuschen (also keine Zusätze wie e.K., OHG oder GmbH).
❏ Sie dürfen nicht Namens- und Markenrechte anderer Unternehmen verletzen, indem sie zum Beispiel gleiche oder ähnliche Zusatzbezeichnungen wie ein branchengleiches Unternehmen nutzen.

Also: Prüfen Sie vor Gebrauch einer Geschäftsbezeichnung, ob sie nicht bereits als Firma oder Marke eingetragen ist oder als Logo verwendet wird (Recherchemöglichkeiten wie unter den eingetragenen Unternehmen).

Beispiele für Unternehmensbezeichnungen:

❏ Dekotivo, Inh. Esther Everding
❏ Martina Sancar, Dreamdancer

Unternehmerinnen mit Geschäftslokal: Wer seine geschäftlichen Aktivitäten in einem Geschäftslokal betreibt und wenn es sich dabei um eine sogenannte »offene Betriebsstätte« handelt, also zum Beispiel Einzelhandelsgeschäft, Gaststätte, Dienstleistungsunternehmen mit Publikumsverkehr (Immobilienmakler, Schreibbüro, Reinigung), muss am Eingang gut sichtbar Vor- und Zunamen anbringen. Die Geschäftsbezeichnung darf zusätzlich angebracht sein.

Freie Berufe

Freiberufler müssen bei der Namenswahl weitestgehend auch die für nicht eingetragene Unternehmen genannten Vorschriften einhalten. Sie brauchen aber nur unter ihrem Familiennamen aufzutreten. Auf die Angabe des Vornamens können sie verzichten. Auch Zusätze wie Branchenbezeichnungen und Fantasienamen sind erlaubt.

Wichtig: Vermeiden Sie unbedingt, dass Missverständnisse über Ihre freiberufliche Tätigkeit aufkommen, und benutzen Sie keine Zusatzbezeichnung, die den Eindruck einer gewerblichen Tätigkeit vermitteln könnte. Sonst könnte das Finanzamt auf die Idee kommen, die Tätigkeit nachträglich als gewerblich einzustufen, und Sie zur Zahlung von Gewerbesteuer verpflichten. Wenn es auch auf die tatsächlich ausgeübte Tätigkeit ankommt, müssen Sie doch mit zeitraubenden Auseinandersetzungen mit dem Finanzamt oder sogar mit einer Betriebsprüfung rechnen.

Für die Kammerberufe gilt zusätzlich: Sie müssen sich an das Standesrecht halten. Auch Namenszusätze sind – in Grenzen – erlaubt, wenn es nicht unseriös wirkt. Die zuständigen Kammern haben ein Auge darauf.

Für die Partnerschaftsgesellschaft (PartG) gilt: Der Gesellschaftsname muss den Namen mindestens eines Partners und alle in der Partnerschaft ausgeübten Berufe enthalten. Vornamen müssen nicht genannt sein.

Beispiele für freiberufliche Unternehmensbezeichnungen:

❑ Gabriele Engelmann, Kommunikationsberatung
❑ Dr. Kirsten Hüttner – Rus Expert
❑ Petra Hildebrand-Blume, Rechtsanwältin/Vereidigte Buchprüferin
❑ Petra Grabowski, Steuerberaterin & Dipl.-Betriebsw. (FH)

Namensschutz

Genauso, wie Sie darauf achten müssen, keine Namens-, Kennzeichen- oder Markenrechte anderer Unternehmen (aus Zivil , Handels-, Marken- oder Wettbewerbsrecht) zu verletzen, profitieren Sie selbst von diesen Schutzrechten gegenüber Dritten.

Die Schutzrechte wirken, wenn Sie als Kauffrau starten oder ein kaufmännisches Unternehmen gründen, wenn die Firma im Handelsregister eingetragen ist, oder wenn Sie als nicht eingetragenes (Einzel-)Unternehmen mit Ihrer Geschäftsbezeichnung nach außen in Erscheinung getreten sind.

Übrigens: Auch eine Internet-Domain kann namens- und markenrechtlich geschützt sein, wenn sie zur Kennzeichnung des Unternehmens verwendet wird.

Einen besonders starken Schutz erhalten Sie durch Eintragen der Firma als Marke beim Deutschen Patent- und Markenamt.

Beispiel: Der geschützte Unternehmensname von Kerstin Zahrndt: BÜROCHAOS ADE!® • Kerstin Zahrndt

Pflichtangaben auf Geschäftsbriefen

Der Gesetzgeber schreibt sogenannte Pflichtangaben in Geschäftsbriefen vor:

Kaufleute und Unternehmen aller Rechtsformen, die im Handelsregister eingetragen sind, Einzelkaufleute, Personenhandelsgesellschaften wie OHG und KG, GmbHs, die englische Limited, Aktiengesellschaften, Partnerschaftsgesellschaften, eingetragene Genossenschaften müssen folgende Pflichtangaben machen:

- ❏ Firma entsprechend Eintragung im Handelsregister
- ❏ Rechtsformzusatz
- ❏ Sitz der Gesellschaft
- ❏ Zuständiges Registergericht
- ❏ Handelsregisternummer, zum Beispiel HRA 1234
- ❏ Namen aller Geschäftsführer beziehungsweise Vorstände
- ❏ Name des Aufsichtsratsvorsitzenden, falls ein Aufsichtsrat besteht
- ❏ Für vertretungsberechtigte Personen beziehungsweise Aufsichtsräte müssen mindestens der Familienname und ein Vorname genannt sein. Und mindestens ein Vorname pro Person muss ausgeschrieben werden.

Einzelunternehmer, die keine Kaufleute sind, und Gesellschaften bürgerlichen Rechts, auch die Freiberufler-GbR, müssen neben den bürgerlichen Vor- und Zunamen (s.o.) eine ladungsfähige Anschrift (vollständige Adresse, kein Postfach!) angeben.

Geschäftsbriefe sind Schreiben, aber auch geschäftliche E-Mails, Faxe, Postkarten, die an einen bestimmten Empfänger außerhalb des Unternehmens, also an Geschäftspartner, Kunden oder Behörden, gerichtet sind. Keine Geschäftsbriefe sind daher zum Beispiel unternehmensinterne Mitteilungen, Postwurfsendungen oder Zeitungsanzeigen.

Beispiele für Geschäftsbriefe: Angebots- und Annahmeschreiben, Bestell- und Lieferscheine, Quittungen, Bestätigungsschreiben (zum Beispiel Auftrags-, Versandbestätigungen), Reklamationen.

Übrigens: Freiberufler sind nicht verpflichtet, ihre Geschäftsbriefe mit besonderen Angaben zu versehen, gleich, ob diese in Papier- oder elektronischer Form vorliegen.

Dennoch ist es empfehlenswert, denn die Angaben schaffen Vertrauen beim Kunden/Mandanten, beugen Missverständnissen vor und erleichtern im Falle eines Rechtsstreits die Beweisführung.

»Unternehmensstrategische« Namenswahl

Auch Ihr Unternehmensname ist nicht »Schall und Rauch« – er ist einer der Erfolgsfaktoren für Ihre Existenzgründung.

Beziehen Sie die Namenswahl in Ihre Marketingstrategien ein. Dazu gehört die Überlegung, ob Sie sich als Unternehmerin mit Ihrer Kernkompetenz und all Ihren Erfahrungswerten, sowie Ihrem Know-how in den Vordergrund stellen wollen. Oder ob Sie Ihre Geschäfts-idee betonen, Ihr Angebot … In diesem Fall kommt es besonders auf die Originalität und Differenzierbarkeit Ihres Namens an.

Um die Möglichkeiten innerhalb der rechtlichen Vorschriften auszuschöpfen, sind Kreativität und Fantasie gefragt.

Der Name sollte zu Ihrem gesamten Marktauftritt, zu Ihrem Unternehmensleitbild, Ihrem Unternehmensimage, Ihren Unterneh-menszielen passen, Vertrauen gegenüber Ihren Geschäftspartnern schaffen und Ihre Glaubwürdigkeit unterstreichen.

Und: Achten Sie darauf, Ihre Unternehmensbezeichnung so zu wählen, dass sich Ihre Geschäftspartner, natürlich vor allem die Kunden, leicht daran erinnern.

Tipp: Abgesehen von der rechtlichen Prüfung testen Sie den Namen immer vorher, zum Beispiel mit Freunden oder Geschäftspartnern, ob er auch wirklich »den Nagel auf den Kopf trifft« – also Ihre Kernaussage auf den Punkt bringt, ob zum Ausdruck kommt, was Sie beabsichtigen, und ob der Name nicht Anlass zu Missverständ-nissen ist. Auch auf den Klang kommt es an. Probieren Sie das einmal am Telefon aus.

Privater Kapitalbedarf/Unternehmerinnenlohn

Ausgaben für die private Lebensführung, die durch die Selbststän-digkeit finanziert werden müssen beziehungsweise sollen. Die Summe entspricht dem »Unternehmerinnenlohn (auch als Privat-entnahmen bezeichnet, da diese Ausgaben aus dem Unternehmen »entnommen« werden).

Beispielhaft sind verschiedene Positionen für Ausgaben und Einnahmen aufgelistet, die Sie auf Ihre Situation anpassen können.

Monatliche Ausgaben	Ihre Zahlen (Euro)
Miete einschl. Nebenkosten	
Oder Eigentumsfinanzierung + Wohnungs-, Hauskosten (u.a. Gebäudeversicherung, Heizung, Wasser, Müllabfuhr, Grundsteuer, Schornsteinfeger, Reparaturrücklage)	
Strom, Gas	
Telekommunikation, GEZ	
Lebenshaltung, täglicher Bedarf (Lebensmittel, Kleidung, Hausrat, Schulbedarf etc.)	
Freizeit, Kultur, Zeitschriften-Abos	
Wohnungs-, Hausreinigung	
Kinderbetreuung, Kindergarten	
Sachversicherungen (Hausrat, Privathaftpflicht, Rechtsschutz)	
Kfz beziehungsweise privater Kfz-Nutzungsanteil	
Sonstige Transportkosten	
Gebühren Bankkonto	
Sonderausgaben (Weihnachten, Geburtstage, Urlaub, Anschaffungen, Reparaturen u.a.)	

Rücklagen (Unvorgesehenes, Krankheit u.a.)	
Unterhaltszahlungen an andere Personen (zum Beispiel Kinder, Eltern, getrennt lebende beziehungsweise geschiedene Ehepartner)	
Zinsen und Tilgung für private Kredite	
Vermögensaufbau, Sparverträge	
Renten-, Lebensversicherungsbeiträge	
Kranken-, Pflegeversicherungsbeiträge	
Einkommensteuer, Vorauszahlungen beziehungsweise Rücklage, Solidaritätszuschlag, Kirchensteuer	
Summe monatliche Ausgaben	
Monatliche Einnahmen	
Nettoeinkommen aus nebenberuflicher Tätigkeit, Minijob	
Nettoeinkommen des Ehe-/ Lebenspartners	
Kindergeld, Erziehungs- beziehungsweise Elterngeld	
Unterhaltszahlungen von Dritten (für die Gründerin selbst beziehungsweise für Kinder)	
Einnahmen aus Vermietung und Verpachtung	

Kapitalerträge	
Sonstige Einnahmen	
Summe monatliche Einnahmen	
abzgl. Summe monatliche Ausgaben	
Summe Unternehmerinnenlohn	
abzgl. Gründungszuschuss/Einstiegsgeld	
abzgl. sonstige Zuschüsse zum Lebensunterhalt (nicht rückzahlbar)	
Summe privater Kapitalbedarf während der Anlaufphase	

Kostenplan/Betriebliche fixe Kosten

Fixe Kosten sind Kosten, die unabhängig von der Kapazitätsauslastung immer anfallen. Sie gewährleisten die Aufrechterhaltung des Betriebsablaufs. Einige der Positionen lassen sich auch kurzfristig nicht ändern oder abschaffen. Wählen Sie aus den beispielhaft aufgeführten Positionen, die auf Ihr Unternehmen zutreffen.

	1. Jahr	2. Jahr	3. Jahr
Personalkosten einschl. Sozialabgaben + Nebenkosten wie Weihnachts-, Urlaubsgeld			
Gehalt als Geschäftsführerin einer GmbH			
Miete, Pacht einschl. Nebenkosten			

	1. Jahr	2. Jahr	3. Jahr
Strom, Gas, Wasser			
Telekommunikation, GEZ			
Marketing, Werbung			
Reisekosten			
Büromaterial, Porto			
Firmen-PKW			
Instandhaltung und Reparaturen			
Beiträge (zum Beispiel Kammern)			
Versicherungen			
Betriebliche Steuern			
Leasing-, Franchisegebühren			
Beratung (Recht, Steuern), Buch-führung			
Weiterbildung			
Kinderbetreuung			
Sonstige Kosten			
Zinsen			
Sonstige Finanzierungskosten			
Kontoführungsgebühren			
Abschreibungen			
Summe betriebliche fixe Kosten			

Was sind Abschreibungen? Warum gehören sie in die Planung?
Die Anschaffungskosten für Investitionsgüter, die länger als ein
Jahr in einem Unternehmen genutzt werden, zum Beispiel Schreib-

tisch, Aktenschrank, Maschinen, Geschäftswagen, dürfen nicht sofort und in einem Betrag steuerlich geltend gemacht werden, das heißt, als Betriebsausgaben abgezogen werden. Das Finanzamt schreibt vor, dass die Kosten über mehrere Jahre auf die Lebensdauer des Wirtschaftsgutes verteilt und nur diese Teilbeträge abgesetzt werden dürfen. Der Zeitraum der Abschreibungen wird vom Bundesfinanzministerium in sogenannten AfA-Tabellen (AfA = Absetzung für Abnutzung, herunterzuladen auf der Website http://www.bundesfinanzministerium.de) festgelegt. Achtung: Die steuerrechtliche Nutzungsdauer entspricht nicht immer der wirtschaftlichen oder technischen Lebensdauer von Anlagegütern.

Abschreibungen stellen also keine realen Geldausgaben dar. Sie sind in die Verkaufspreise einkalkuliert und fließen über die Umsatzerlöse in das Unternehmen zurück.

Ausnahmen von der Abschreibung nach AfA-Tabellen:

❑ Sogenannte »geringwertige Wirtschaftsgüter« (GWG), das sind Ge- und Verbrauchsgüter, die nicht mehr als 150 Euro kosten. Sie dürfen sofort in voller Höhe als Betriebsausgaben abgesetzt werden.

❑ Sammelposten: Wirtschaftsgüter, die mehr als 150 Euro und bis zu 1000 Euro kosten, müssen jahresweise zu sogenannten Sammelposten zusammengefasst und pauschal über fünf Jahre abgeschrieben werden.

Tipps:

❑ Schätzen Sie die Kosten lieber etwas höher und planen Sie Reserven (zum Beispiel 5 Prozent der Gesamtkosten) ein. Kosten werden häufig unterschätzt.

❑ Versuchen Sie vor allem in der Anlaufphase, in der die Einnahmen nicht oder nur spärlich fließen, den Fixkostenblock möglichst niedrig zu halten.

❑ Kostenplanung bedeutet auch immer Kontrolle der Wirtschaftlichkeit des Unternehmens und ist eine permanente Aufgabe

für jede/n Unternehmer/in. Nehmen Sie also später, wenn Ihr Unternehmen läuft, regelmäßig einen Kosten-Check-up vor und suchen Sie nach Sparmöglichkeiten.

Gewinnplan – Ihre Rentabilitätsvorschau

Stellen Sie Ihre nach umfassenden Marktrecherchen geschätzten Umsätze den erwarteten Kosten gegenüber. Wie stehen die Erfolgschancen Ihrer Geschäftsidee »unter dem Strich«?

	1. Jahr	2. Jahr	3. Jahr
Umsatzerlöse			
abzgl. Waren-, Materialeinsatz (entfällt für Dienstleisterinnen)			
Rohgewinn			
abzgl. Aufwendungen (Positionen laut Kostenplan)			
Personalkosten einschl. Sozialabgaben + Nebenkosten wie Weihnachts-, Urlaubsgeld			
Gehalt als Geschäftsführerin einer GmbH			
Miete, Pacht einschl. Nebenkosten			
Strom, Gas, Wasser			
Telekommunikation, GEZ			
Marketing, Werbung			
Reisekosten			
Büromaterial, Porto			

	1. Jahr	2. Jahr	3. Jahr
Firmen-PKW			
Instandhaltung und Reparaturen			
Beiträge (zum Beispiel Kammern)			
Versicherungen			
Betriebliche Steuern			
Leasing-, Franchisegebühren			
Beratung (Recht, Steuern), Buchführung			
Weiterbildung			
Kinderbetreuung			
Sonstige Kosten			
Zinsen			
Sonstige Finanzierungskosten			
Kontoführungsgebühren			
Abschreibungen			
Summe Aufwendungen			
= Betriebsergebnis			
abzgl. Gewerbesteuern bei gewerblichen Unternehmen			
abzgl. Körperschaftsteuern bei Kapitalgesellschaften			
= Jahresergebnis			

Ihr neu gegründetes Unternehmen wird dann wirtschaftlich erfolgreich und zukunftsfähig sein, wenn das Jahresergebnis – Ihr Gewinn – ausreicht, um

- ❑ Ihre private Lebensführung zu bestreiten (und ggfs. die Ihrer Familie),
- ❑ die Einkommensteuer zu bezahlen,
- ❑ Ihre soziale Vorsorge – Kranken- und Pflegeversicherung, Unfallversicherung, Altersvorsorge – zu finanzieren,
- ❑ Kredite zu tilgen,
- ❑ neue Investitionen zu finanzieren,
- ❑ ein Eigenkapitalpolster aufzubauen,
- ❑ eine Risikoprämie zu erwirtschaften.

Umsatzprognose

Schätzen Sie die Marktaussichten Ihrer Geschäftsidee: Gibt der Markt einen so hohen Umsatz her, dass Sie nach Abzug aller betrieblichen Kosten den von Ihnen gewünschten und kalkulierten Gewinn erzielen?
Dazu gehen Sie, wie in Kapitel 3 beschrieben, in zwei Schritten vor:

1. Schritt: Errechnen Sie ausgehend von Ihren Gewinnerwartungen den erforderlichen Umsatz, das heißt Ihren Mindestumsatz.
2. Schritt: Recherchieren und schätzen Sie: Können Sie diesen Mindestumsatz unter Berücksichtigung aller betrieblichen Voraussetzungen am Markt erzielen?

Wenn Sie diese Pflichten hinter sich gebracht haben und zu einem positiven Ergebnis kommen, können Sie die »Kür« der Umsatzplanung in Angriff nehmen.

1. Schritt: Berechnung Mindestumsatz

Wie hoch muss der Umsatz mindesten sein, damit Sie »auf Ihre Kosten« kommen, das heißt Ihre private Lebensführung finanzieren und die betrieblichen Kosten bezahlen können? Je nach Ihrer individuellen wirtschaftlichen Situation und Ihren Vorstellungen müssen Sie kurz-, mittel- und langfristig weitere unternehmerische Kosten abdecken und Zukunftsvorsorge, sprich Kapitalaufbau, betreiben.

Berechnungsschema

Unternehmerinnenlohn

(einschl. private Steuern + Reserve)

+ Betriebliche Kosten

(+ Reserve von zum Beispiel 5 - 10 Prozent)

+ eventuell Kapitaldienst für geplante Finanzierung

+ eventuell Liquiditätsreserve

+ Rücklagen für Investitionen

+ Eigenkapitalaufbau

+ eventuell weitere Posten

Summe = Rohgewinn

Gründerinnen im Dienstleistungsbereich haben hier den ersten Schritt erfolgreich gemeistert: Sie haben ihren Mindestumsatz schon berechnet. Denn der sogenannte Rohgewinn ergibt sich aus dem Umsatz abzüglich der umsatzabhängigen Kosten, die bei Dienstleistern vernachlässigbar sind. Also: Der Rohgewinn entspricht hier dem Mindestumsatz.

Beispiel A: Eine Gründerin, alleinstehend, möchte sich im Dienstleistungssektor selbstständig machen. Am Anfang nutzt sie einen

Raum in ihrer Mietwohnung als Büro mit der vorhandenen
Büroausstattung. So rechnet sie:

	Monatsbeträge		Jahresbetrag
Unternehmerinnenlohn			
Kosten der Lebensführung	1.500 Euro		
Reserve von 10 Prozent	150 Euro		
	1.650 Euro		
Steuern überschlägig pau- schal 20 Prozent	330 Euro		
Vorsorgeversicherungen	470 Euro		
Summe	2.450 Euro	x 12	29.400 Euro
Betriebliche Kosten			
(einschl. anteilige Miete und Energie)	1.200 Euro		
+ 10 Prozent Reserve für betriebliche Kosten	120 Euro		
Summe	1.320 Euro	x 12	15.840 Euro
Mindestumsatz	3.770 Euro	x 12	**45.240 Euro**

Gründerin A müsste also einen Mindestumsatz von 45.240 Euro im
Jahr erzielen, um ihre betrieblichen und privaten Kosten zu
bezahlen. Da steckt noch kein Gewinn drin!
Alternative: Sie nimmt ein Darlehen von 10.000 Euro auf, um ihr
Büro optimal auszustatten. Zum Beispiel KfW- Startgeld, Laufzeit 5
Jahre; Zinssatz 6,75 Prozent p.a.; monatliche Zins- und Tilgungs-
zahlungen; 1 tilgungsfreies Jahr, nur Zahlung von Zinsen in Höhe
von gerundet 60 Euro; ab dem 2. Jahr Tilgungen, Kapitaldienst
durchschnittlich etwa 260 Euro.

Wenn die Zahlen ansonsten gleich bleiben, würde sich der Mindestumsatz im ersten Tilgungsjahr um den Kapitaldienst von 12 x 260 Euro = 3120 Euro auf dann 48.360 Euro erhöhen. In den folgenden drei Tilgungsjahren wäre der Betrag wegen der Tilgungsraten dann niedriger.

Sie sehen also, Investitionen sollten wohl überlegt und einkalkuliert werden.

Gründerinnen in Handwerk, produzierendem Gewerbe, Handel müssen noch einen weiteren Planungsfaktor einbeziehen, um den ersten Schritt zu beenden: Sie müssen noch umsatzabhängige Kosten wie Material- beziehungsweise Wareneinsatz, Transport und Verpackung, Einkaufskonditionen etc. berücksichtigen. Diese Kosten müssen sie zum Rohgewinn addieren, damit sie auf den Mindestumsatz kommen.

Also: Der Rohgewinn ergibt sich, vereinfacht gesagt, aus dem Umsatz abzüglich Material- beziehungsweise Wareneinsatz:

  Umsatz
– Material- beziehungsweise Wareneinsatz
= Rohgewinn.

Handwerk und Gewerbe: Für alle Branchen stehen sogenannte durchschnittliche »Rohgewinnsätze« zur Verfügung, zum Beispiel in den Richtsatzsammlungen des Bundesministeriums für Finanzen, die den prozentualen Anteil des Rohgewinns am Umsatz ausdrücken und damit gleichzeitig eine Aussage über den prozentualen Anteil des Materialeinsatzes am Umsatz treffen (vereinfacht dargestellt).

Bei Kenntnis des Rohgewinns und des Rohgewinnsatzes lässt sich auf den dazugehörigen Umsatz »zurückrechnen«:

$$\text{Umsatz} = \frac{\text{Rohgewinn in Euro} \times 100}{\text{Rohgewinnsatz}}$$

Beispiel B: Existenzgründerin B, Handwerksmeisterin, verheiratet, will sich eine Werkstatt einrichten und mit einer Teilzeitmitarbeiterin

arbeiten. Sie nimmt ein Darlehen in Höhe von 10.000 Euro für die Werkstattausrüstung auf (Konditionen s. Beispiel A). So geht sie vor:

	Monatsbeträge		Jahresbetrag
Unternehmerinnenlohn			
Kosten der Lebensführung	2.000 Euro		
Steuern überschlägig pauschal 10 Prozent	200 Euro		
Versicherungen	500 Euro		
Summe	2.700 Euro	x 12	32.400 Euro
Betriebliche Kosten	2.500 Euro		
(einschl. Miete, Teilzeitkraft)			
+ 5 Prozent Reserve für betriebliche Kosten	125 Euro		
Summe betriebliche Kosten	2.625 Euro	x 12	31.500 Euro
Jahr der Gründung			
Zinsen Darlehen, gerundet	60 Euro	x 12	720 Euro
Summe zu verrechnende Kosten			
im Jahr der Gründung	5.385 Euro	x 12	64.620 Euro
1. Jahr nach der Gründung			
Kapitaldienst Darlehen, gerundet	260 Euro	x 12	3.120 Euro
Summe zu verrechnende Kosten			
im 1. Jahr nach der Gründung	5.585 Euro	x 12	67.020 Euro

Für ihr Geschäftsmodell kennt sie den Rohgewinnsatz von 70 Prozent, das heißt umsatzabhängige Kosten für Materialeinsatz etc. von 30 Prozent vom Umsatz.

$$\text{Mindestumsatz im Jahr der Gründung } = \frac{64.620 \text{ Euro} \times 100}{70} = \text{circa } 92.300 \text{ Euro}$$

Also: Bei einem Rohgewinn von 64.620 Euro und einem Rohgewinnsatz von 70 Prozent, das heißt umsatzabhängigen Kosten von 30 Prozent vom Umsatz, müsste Gründerin B einen Mindestumsatz von circa 92.300 Euro realisieren, um die betrieblichen Kosten einschließlich Zinsen zu decken und den privaten Lebensunterhalt zu finanzieren.

$$\text{Im 1. Jahr nach der Gründung } = \frac{67.020 \text{ Euro} \times 100}{70} = \text{circa } 95.700 \text{ Euro}$$

Und: Bei einem Rohgewinn von 67.020 Euro müsste Gründerin B im ersten Jahr nach der Gründung wegen der dann einsetzenden Tilgung des aufgenommen Darlehens einen Mindestumsatz von circa 95.700 Euro erzielen, um die betrieblichen und privaten Kosten zu decken und den Kapitaldienst für das Darlehen aufzubringen.

Angenommen, Gründerin B möchte ab dem zweiten Jahr der Gründung zusätzlich eine Rücklage für den Eigenkapitalaufbau von 200 Euro monatlich erwirtschaften. Dann müsste sie sich schon einen Mindestumsatz von knapp 100.000 Euro als Ziel setzen.

Handel: Im Handel kommt statt Rohgewinnsatz der Begriff »Handelsspanne« ins Spiel. Auch die Handelsspanne vieler Branchen sind den Richtsatzsammlungen des Bundesministeriums für Finanzen zu entnehmen, außerdem auch aus Branchenvergleichen.

Handelsspanne ist die Differenz zwischen Einkaufs- beziehungsweise Einstandspreisen (einschließlich Bezugskosten, bereinigt um

Preisnachlässe) und Verkaufspreisen der abgesetzten Waren eines Handelsbetriebes (Einzelhandel, Großhandel), meist in Prozent des Verkaufspreises ausgedrückt. Man kann die Handelsspanne für den gesamten Betrieb, aber auch für einzelne Artikel (Artikelspanne) oder Warengruppen (Warengruppenspanne) berechnen. Die Höhe der betriebsindividuellen Handelsspanne hängt von den Besonderheiten der jeweiligen Branche ab, außerdem noch zum Beispiel von Einkaufskonditionen und Rabattgewährungen oder auch von der Diebstahlquote.

$$\text{Umsatz} = \frac{\text{Rohgewinn in Euro} \times 100}{\text{Handelspanne Prozent}}$$

Beispiel C: Gründerin C möchte einen Laden eröffnen, ebenfalls wie Gründerin B eine Teilzeitmitarbeiterin einstellen und sie nimmt auch ein Darlehen von 10.000 Euro auf, um ihren Laden einzurichten und Waren zu kaufen.
Für ihr Geschäftsmodell recherchiert sie eine durchschnittliche Handelsspanne von 45 Prozent, das heißt, die umsatzabhängigen Kosten für Wareneinsatz, Bezugskosten, Rabatte etc. liegen bei 55 Prozent vom Umsatz.

$$\text{Mindestumsatz im Jahr der Gründung} = \frac{64.620 \text{ Euro} \times 100}{45} = \text{circa } 143.600 \text{ Euro}$$

Also: Bei einem Rohgewinn von 64.620 Euro und einer Handelsspanne von 45 Prozent, das heißt umsatzabhängigen Kosten von 55 Prozent vom Umsatz, braucht Gründerin C schon einen Mindestumsatz von circa 143.600 Euro, um die betrieblichen Kosten einschließlich Zinsen und den privaten Lebensunterhalt zu bezahlen.

$$\text{Im 1. Jahr nach der Gründung} = \frac{67.020 \text{ Euro} \times 100}{45} = \text{circa } 148.900 \text{ Euro}$$

Und: Bei einem Rohgewinn von 67.020 Euro müsste Gründerin C im ersten Jahr nach der Gründung dann schon einen Mindestumsatz von knapp 149.000 Euro realisieren, um die betrieblichen und privaten Kosten zu decken und den Kapitaldienst für das Darlehen aufzubringen.

Gründerin C müsste also einen viel höheren Mindestumsatz anpeilen als Gründerin B, da ihre Einstandskosten wesentlich höher sind als bei Gründerin B.

Wichtig: Finden Sie möglichst genau den auf Ihr Produkt, Ihre Dienstleistung, Ihre Ware zutreffenden Rohgewinnsatz beziehungsweise die Handelsspanne heraus.

2. Schritt: Umsatzschätzung

Hier geht es darum, realistisch abzusetzende Verkaufsmengen und am Markt erzielbare Preise festzustellen.

Gründerinnen im Dienstleistungsbereich und von Handwerksbetrieben

Neben Ihrem »Know-how« verkaufen Sie auch Ihre Zeit. Die Zeit, die Sie brauchen, um Ihre Dienstleistung oder Handwerksleistung zu erbringen, Ihre Beratung oder Ihr Seminar durchzuführen. »Geschäfte machen«, das heißt Umsatz erzielen können Sie nur in der Zeit, in der Sie für Ihre Kunden oder Auftraggeber tätig sind. Und nur diese Zeit werden Ihnen die Kunden oder Auftraggeber auch bezahlen.

Also überlegen Sie, wie viel Zeit Sie überhaupt produktiv tätig sein können, damit die Kasse klingelt. Sicher nicht 365 Tage im Jahr, sieben Tage die Woche und 24 Stunden täglich. Denn Sie wollen in Urlaub fahren, betreuen Ihre Kinder oder pflegen Angehörige, werden vielleicht auch einmal wegen Krankheit ausfallen und möchten auch noch Zeit für eine ehrenamtliche Tätigkeit erübrigen. Also stehen Ihnen die Wochenenden, Feiertage, Urlaubs-, Krankheits- und sonstige Ausfalltage nicht zum »Geldverdienen« zur Verfügung. Doch auch nicht alle Stunden, die Sie »auf der

Arbeit« sind, können Sie Ihren Kunden beziehungsweise Auftraggebern in Rechnung stellen. Denn Sie haben eine ganze Reihe
unternehmerischer Aufgaben zu erledigen, welche die Kunden nicht
honorieren, sprich bezahlen: akquirieren, Angebote und Rechnungen schreiben, Buchhaltung und Ablage erledigen, die Umsatzsteu-
ervoranmeldung abgeben, Tagungen und Messen besuchen, sich
auf Seminaren weiterbilden. Dazu kommen Fahrtzeiten und Leer-
laufzeiten, wenn Sie oder Ihr Betrieb nicht voll ausgelastet sind.

In vielen Branchen wird zu Stundensätzen abgerechnet. Aufgabe ist,
zu überlegen, wie viele Stunden Ihrer Arbeitszeit – Ihre sogenannten
fakturierfähigen Stunden – Sie zu welchen Preisen verkaufen
können, um auf Ihren Mindestumsatz zu kommen. Dazu ermitteln
Sie erst einmal Ihren sogenannten Stundenverrechnungssatz, den
Sie Ihren Kunden oder Auftraggebern berechnen müssten, um alle
Ihre Kosten zu bezahlen. Danach beurteilen Sie aufgrund Ihrer
Markt- und Branchenkenntnisse oder recherchieren, ob dieser
Stundenverrechnungssatz auch tatsächlich von Kunden oder Auf-
traggebern bezahlt wird. Die Beispiele:

Gründerin A überlegt ihre fakturierfähigen Stunden:

		365 Tage pro Jahr
abzgl.		115 Sa., So., Feiertage
abzgl.		20 Urlaubstage
abzgl.		10 Krankheitstage, sonstige Aus-falltage
ergibt		220 »Anwesenheitstage«
	x	8 Stunden pro Tag
ergibt Stundenkapazität		1.760 »Anwesenheitsstunden« jährlich

Sie schätzt, dass sie durchschnittlich nur 80 Prozent ihrer Arbeitszeit auch tatsächlich für ihre Kunden arbeiten kann, also wird sie maximal 1408 Stunden fakturieren können.

Um auf ihren Mindestumsatz von 45.240 Euro zu kommen, müsste Gründerin A ihren Kunden einen Stundenverrechnungssatz von 32 Euro in Rechnung stellen:

$$\frac{45.240 \text{ Euro}}{1.408 \text{ Std.}} = 32 \text{ Euro (gerundet)}$$

Achtung: Bei diesem Stundensatz sind die Kosten gedeckt, einen Gewinn hat Gründerin A dabei noch nicht erzielt. Wenn sie einen Gewinnzuschlag von zum Beispiel 20 Prozent kalkuliert, müsste sie einen Stundensatz von mindestens 38 Euro verlangen.

Voraussetzung: Sie muss auch tatsächlich so viele Aufträge erhalten, dass ihre jährliche »fakturierfähige« Stundenzahl mit Arbeit ausgelastet ist. Und weitere Voraussetzung: Die Kunden müssen ihren Stundensatz auch bezahlen.

Gründerin B plant ihre fakturierfähigen Stunden so:

	365 Tage pro Jahr	
abzgl.	115 Sa., So., Feiertage	
abzgl.	20 Urlaubstage	
abzgl.	10 Krankheitstage, sonstige Ausfalltage	
ergibt	220 »Anwesenheitstage«	
x	10* Stunden pro Tag	*(6 Stunden Gründerin, 4 Stunden Teilzeitkraft)
ergibt Stundenkapazität	2.220 »Anwesenheitsstunden« jährlich	

Sie schätzt, dass sie durchschnittlich nur 80 Prozent ihrer Arbeitszeit auch tatsächlich für ihre Kunden arbeiten kann, also wird sie maximal 1776 Stunden fakturieren können.

Die Kosten von 64.620 Euro in Beziehung gesetzt zu den fakturierfähigen Stunden ergibt einen Stundenverrechnungssatz von circa 36 Euro. Mit diesem Stundensatz kommt Gründerin B auf ihren Mindestumsatz von 92.300 Euro.

Sie stellt fest, dass sie einen Stundensatz von 38 Euro erzielen könnte.

Den damit erreichbaren Umsatz errechnet sie so:

Stunden	1776
x Stundensatz von	38 Euro
Erreichbarer Rohgewinn	67.500 Euro (gerundet)
+ Materialeinsatz (30 Prozent)	28.900 Euro
= am Markt erreichbarer Umsatz	96.400 Euro

Also kann Gründerin B mit diesem am Markt bezahlten Stundensatz ihren Mindestumsatz sogar noch übertreffen. Sie erwirtschaftet damit auch Gewinn.

Anders, wenn sich herausstellt, dass sie zum Stundensatz von 37 Euro ihre Leistung nicht verkaufen kann, sondern nur maximal 35 Euro erhält.

Stunden	1776
x Stundensatz von	35 Euro
Erreichbarer Rohgewinn	62.160 Euro
+ Materialeinsatz (30 Prozent)	26.640 Euro
= am Markt realisierbarer Umsatz	88.800 Euro

Gründerin B kann also bei einem Preis unter ihrem Stundenverrechnungssatz ihren Mindestumsatz nicht realisieren. Sie kommt nicht auf ihre Kosten, sie macht Verlust.

Hier erwarten Sie Ihre schwierigsten Planungs- und Rechercheaufgaben:

- ❑ Wie viele Stunden pro Tag können Sie tatsächlich produktiv arbeiten?
- ❑ Wie wird Ihre Auslastung sein? Wie viele Aufträge mit welcher Stundenzahl an Arbeit werden Sie erhalten? Wie hoch also ist das Absatzpotenzial in Ihrem Zielmarkt? Mit wie vielen Konkurrenten müssen Sie rechnen?
- ❑ Werden Sie Kunden finden, die Ihre Stundensätze bezahlen? Können Sie Auftraggeber durch Ihren USP überzeugen, bei Ihnen die gewünschten Leistungen zu Ihrem geforderten Preis zu kaufen? Wie hoch sind die am Markt üblichen Stundensätze? Welche Preise berechnen Ihre Wettbewerber?
- ❑ Zu welchen Preisen können Sie Material und Rohstoffe beziehen? Wie sind die Einkaufskonditionen?

Gründerinnen im Handel

Gründerin C muss das Einschätzen ihres Absatzpotenzials ganz anders angehen: Sie verkauft ihre Produkte, das heißt Waren, nicht nach geleisteten produktiven Stunden, sondern nach Stück. Sie setzt ihre Preise auf Basis der Bezugspreise und der Handlungskosten mit einem Kalkulationsaufschlag fest. Ihre »produktiven Stunden« entsprechen sozusagen den Ladenöffnungszeiten. Ihr erreichbarer Umsatz hängt von einer Vielzahl von Faktoren ab: Größe der Geschäftsräume, Warenumschlagshäufigkeit, Wareneinsatzhöhe, Durchschnittsumsätze und Kaufkraft der Kunden, Geschäftslage, Einwohnerzahl, Branchenmix am Standort, Einzugsgebiet, Verkehrsanbindung etc. Sie sollte über sehr gute Branchenkenntnisse verfügen oder sich kompetente Beratung zur Unterstützung holen.

3. Schritt: »Die Stunde der Wahrheit«

Wenn Sie festgestellt haben, dass Sie Ihren notwendigen Mindestumsatz erzielen können und darüber hinaus das Marktpotenzial für Ihr Angebot so vielversprechend ist, dass Ihre Gewinnerwartungen auch langfristig realisierbar sind, gehen Sie abschließend an die Umsatzplanung.

Falls Ihre Berechnungen und Recherchen allerdings ergeben, dass Sie den kalkulierten Gewinn nicht erzielen oder Sie sogar den Mindestumsatz nicht realisieren können, müssen Sie überlegen, in welchen Bereichen Sie Ihre Planungen ändern können:

- ❑ Angebot oder Angebotsprogramm
- ❑ Zielgruppen und Marketingstrategie
- ❑ Kosten
- ❑ Anzahl der produktiven Stunden
- ❑ Outsourcing an Dienstleister
- ❑ Stundensatz, Gewinnerwartungen
- ❑ Erhöhung der Eigenmittel

Und: Überlegen Sie auch ganz ehrlich und realistisch, ob Ihre Geschäftsidee vielleicht doch nicht den erhofften Markterfolg erringen wird. Oder zu so hohen »persönlichen«, »immateriellen« oder »sozialen« Kosten, dass Sie Ihre persönlichen Ziele mit einem Angestelltenjob besser verwirklichen können.

Kapitalbedarfsplan

Planen Sie, wie viel Geld Sie für den Start brauchen, kurz- und langfristig.
Suchen Sie die für Ihr Geschäftsmodell passenden Positionen heraus.

Langfristiger Kapitalbedarf	Ihre Zahlen (Euro)
Investitionen in Anlagevermögen	
Betriebs-, Geschäfts-, Büroausstattung, Ladeneinrichtung	
Anlagen, Maschinen, Werkzeuge, Geräte	
Fahrzeuge	
Grundstücke/Gebäude einschl. Nebenkosten, Umbau	
Kaufpreis für Erwerb eines Unternehmens/einer Unternehmensbeteiligung	
Patent-, Lizenz-, Franchisegebühren	
Summe langfristiger Kapitalbedarf	
Kurzfristiger Kapitalbedarf	**Ihre Zahlen (Euro)**
1. Umlaufvermögen	
Material- und Warenlager	
Forderungen	
(= Vorfinanzierung von Außenständen)	
Summe Umlaufvermögen	
2. Betriebsmittelbedarf für Anlaufphase	
(Ausgaben bis zum ersten Geldeingang, zum Beispiel 3 bis 6 Monate, Positionen laut Kostenplan)	
Personalkosten einschl. Nebenkosten	
Gehalt als Geschäftsführerin einer GmbH	
Miete, Pacht einschl. Nebenkosten	
Strom, Gas, Wasser	

Telekommunikation, GEZ	
Marketing, Werbung	
Reisekosten	
Büromaterial, Porto	
Firmen-PKW	
Instandhaltung und Reparaturen	
Beiträge (zum Beispiel Kammern)	
Versicherungen	
Betriebliche Steuern	
Leasing-, Franchisegebühren	
Beratung (Recht, Steuern), Buchführung	
Weiterbildung	
Kinderbetreuung	
Sonstige Kosten	
Kontoführungsgebühren	
Reserve für unvorhergesehene Ausgaben	
Summe betriebliche Kosten für Anlaufphase	
3. Gründungskosten	
Anmeldungen/Genehmigungen	
Eintrag ins Handelsregister, Notar	
Beratungen	
Seminare, Fachliteratur	
Kosten für Markterschließung und Geschäftseröffnung, zum Beispiel Erstellung Werbekonzept, Marktuntersuchungen	

Geschäftspapiere	
Internet-Auftritt	
Eröffnungswerbung	
Anbahnung von Geschäftskontakten	
Teilnahme an beziehungsweise Besuch von Fachmessen	
Sonstige	
Summe Gründungskosten	
4. Unternehmerinnenlohn (für 6 – 12 Monate)	
(bei Einzelunternehmen und Personengesellschaften zur Sicherstellung der privaten Lebenshaltungskosten)	
5. Kapitaldienst	
(Zinsen, Tilgung für Existenzgründungsdarlehen)	
Summe kurzfristiger Kapitalbedarf (1 + 2 + 3 + 4 + 5)	

Tipp: Falls Sie schon direkt nach der Gründung die ersten Einnahmen erwarten, würden diese Einnahmen zur Deckung des Kapitalbedarfs beitragen und diesen reduzieren. Nehmen Sie in diesem Fall die Liquiditätsplanung zur Berechnung des Kapitalbedarfs zu Hilfe.

Finanzierungsplan

Ist Ihr Gründungsvorhaben finanzierbar? Stellen Sie zusammen, aus welchen Quellen Sie sich Finanzierungsmittel besorgen können.

	Ihre Zahlen	
	Euro	**Euro**
Langfristiger Kapitalbedarf		
Investitionen in Sachanlagen		
Kaufpreis für Erwerb eines Unternehmens/ einer Unternehmensbeteiligung		
Einmalige Franchisegebühr		
Summe langfristiger Kapitalbedarf		
Langfristiges Fremdkapital		
Bankdarlehen (Investitionskredite)		
Privatdarlehen (Familie und Freunde)		
Öffentliche Fördermittel		
Summe langfristiges Fremdkapital		
Kurzfristiger Kapitalbedarf		
Umlaufvermögen		
Betriebsmittelbedarf		
Reserven für Unvorhergesehenes		
Gründungskosten		
Kapitaldienst		
Summe kurzfristiger Kapitalbedarf		
Kurzfristiges Fremdkapital		

Betriebsmittelkredite		
Bankenkredite		
Öffentliche Fördermittel		
Lieferantenkredite		
Summe kurzfristiges Fremdkapital		
Eigenkapital		
Ersparnisse		
Kapitalanlagen, kurzfristig verfügbar		
Sacheinlagen		
Privateinlagen (Familie und Freunde)		
Beteiligungskapital		
Zuschüsse		
Summe Eigenkapital		
Summe Kapitalbedarf		
Summe Finanzierungsmittel		

»Unter dem Strich« muss der gesamte Kapitalbedarf durch Finanzierungsmittel gedeckt sein. Sonst ist eine Finanzierungslücke vorhanden!

Sicherheiten: Erstellen Sie im Vorfeld auch eine Liste von Sicherheiten, die Sie stellen könnten:

	Nominalwert	Bewertung
	Euro	Euro
Grundschuld auf Grundstücke und Gebäude		
Bankguthaben, Sparverträge, Wertpapiere		
Lebensversicherungen		
Bürgschaften		
Sicherungsübereignung (zum Beispiel Maschinen, Kfz, Warenlager, Ladeneinrichtung)		
Forderungsabtretung		

Liquiditätsplan

Planen Sie, ob Ihr Unternehmen jederzeit »flüssig« ist – in der Anlaufphase und später, wenn die »Geschäfte laufen«.

Empfehlenswert: Führen Sie den Liquiditätsplan monatsweise, eventuell auch wochenweise – und das für einen Zeitraum von mindestens sechs, besser zwölf Monaten im Voraus.

Beispielhaft sind verschiedene Positionen für Einzahlungen und Ausgaben aufgeführt. Schneiden Sie den Plan passend auf die Situation Ihres Unternehmens zu.

	1. Monat	2. Monat	3. Monat
	Euro	Euro	Euro
	Ihre Zahlen		
Zahlungseingänge			
Umsatzerlöse (Warenverkäufe, Honorare, Provisionen)/Anzahlungen netto			

Vereinnahmte Umsatzsteuer			
Erstattete Umsatzsteuer			
Sonstige betriebliche Erträge			
Zuschüsse			
Privateinlage, Gesellschaftereinlagen			
Kredite/Darlehen Dritter			
Summe Zahlungseingänge			
Ausgaben			
Waren-, Materialeinkauf			
Sonstige Lieferanten			
Personalausgaben einschl. Nebenkosten			
Gehalt als Geschäftsführerin einer GmbH			
Miete, Pacht einschl. Nebenkosten			
Strom, Gas, Wasser			
Telekommunikation, GEZ			
Marketing, Werbung			
Reisekosten			
Büromaterial, Porto			
Firmen-PKW			
Instandhaltung und Reparaturen			
Beiträge (zum Beispiel Kammern)			
Versicherungen			
Betriebliche Steuern			
Leasing-, Franchisegebühren			
Beratung (Recht, Steuern), Buchführung			
Weiterbildung			

Kinderbetreuung			
Sonstige Ausgaben			
Kontoführungsgebühren			
Gezahlte Vorsteuer			
Abgeführte Umsatzsteuer			
Gewerbesteuer			
Zinsen			
Tilgung			
Sonstige Finanzierungsausgaben			
Investitionen			
In der Startphase: Gründungskosten			
Summe Ausgaben			
Zahlungseingänge			
abzgl. Ausgaben			
Überschuss (+)/Fehlbetrag (-) Monat			
abzgl. Privatentnahmen			
abzgl. private Einkommensteuer			
Überdeckung (+)/Unterdeckung (-) (Monat)			
Saldorechnung kumuliert			
Liquide Mittel (Kasse, KK-Konto) = Übertrag aus dem Vormonat			
+ Überdeckung/Unterdeckung Monat			
Liquiditätssaldo kumuliert = Übertrag liquide Mittel in den Folgemonat			
+ Liquiditätsreserve (nicht ausgenutzte Kreditlinie, Bankguthaben)			
Verfügbare Liquidität			

Wichtig: Die verfügbare Liquidität muss immer positiv sein! Falls nicht, sofort Gegenmaßnahmen in Angriff nehmen.
Tipp: In den Liquiditätsplan können Sie auch gleich Ist-Zahlen einbauen.
Beispiel:

1. Monat	2. Monat	3. Monat
Plan/Ist/Abweichung	Plan/Ist/Abweichung	Plan/Ist/Abweichung

Existenzgründungsfinanzierung

Beteiligungskapital

KfW-Mittelstandsbank

ERP-Startfonds
Beteiligungskapital für junge Technologieunternehmen, die nicht älter als 10 Jahre sind und die Kriterien für kleine Unternehmen im Sinne der EU-Definition* erfüllen.
Voraussetzung für die Beteiligung der KfW ist, dass ein weiterer Kapitalgeber sich in mindestens gleicher Höhe beteiligt. Die KfW ist im Regelfall nicht in die Geschäftsführung des Unternehmens involviert.

ERP-Beteiligungsprogramm
Förderung von Kapitalbeteiligungsgesellschaften, die kleineren und mittleren Unternehmen Haftkapital zur Stärkung der Eigenkapitalbasis zur Verfügung stellen

High-Tech Gründerfonds
Risikokapital für junge, chancenreiche Technologieunternehmen, deren Gründung maximal ein Jahr zurückliegt und welche die Kriterien für kleine Unternehmen im Sinne der EU-Definition* erfüllen; eingeschlossen Betreuung und Unterstützung des Managements.

ERP-Kapital für Gründung
Nachrangkapital*** für Existenzgründer, Freiberufler und junge Unternehmen (kleine oder mittlere Unternehmen nach EU-Definition*) der gewerblichen Wirtschaft bis zwei Jahre nach Geschäftsaufnahme.

Adresse und Links
KfW Bankengruppe
Palmengartenstraße 5 - 9
60325 Frankfurt am Main
Telefon: 069 74 31-0
Telefax: 069 74 31-29 44
Infocenter: Telefonische Beratung Programme der KfW Mittelstandsbank
Telefon 0180 1 24 11 24
Informationen im Internet
http://www.kfw.de
http://www.high-tech-gruenderfonds.de

Öffentlich geförderte mittelständische Beteiligungsgesellschaften

Beteiligungsgesellschaften der Länder zur Finanzierung von mittelständischen Unternehmen und Existenzgründern
Mitgliedschaft im Bundesverband Deutscher Kapitalbeteiligungsgesellschaften (BVK)

Adresse
Bundesverband Deutscher Kapitalbeteiligungsgesellschaften - German Private Equity and Venture Capital Association e.V.
Residenz am Deutschen Theater
Reinhardtstraße 27c
10117 Berlin
Telefon: 030 30 69 82 - 0
Telefax: 030 30 69 82 - 20
http://www.bvkap.de

Kredite

KfW Mittelstandsbank

KfW-StartGeld
Wer kann Anträge stellen? Existenzgründer, Freiberufler und kleine Unternehmen nach EU-Definition* der gewerblichen Wirtschaft, die weniger als drei Jahre am Markt tätig sind.
Was wird finanziert?

❑ Neugründung, Übernahme eines Unternehmens, Erwerb einer tätigen Beteiligung
❑ Nebenerwerb, der mittelfristig auf Vollerwerb ausgerichtet ist
❑ Festigungsmaßnahmen innerhalb von drei Jahren nach Aufnahme der Geschäftstätigkeit

Finanzierungsgegenstand: Investitionen, u.a.

❑ Grundstücke, Gebäude und Baunebenkosten,
❑ Maschinen, Anlagen und Einrichtungsgegenstände,
❑ Betriebs- und Geschäftsausstattung,
❑ Erstausstattung und betriebsnotwendige langfristige Aufstockung des Material-, Waren- oder Ersatzteillagers,
❑ Betriebsmittel (inklusive Wiederauffüllung des Warenlagers).

Wie viel wird finanziert?

❑ Kreditbetrag maximal 50.000 Euro, bis zu 100 Prozent des Gesamtfinanzierungsbedarfs (nach Abzug der Eigenmittel)
❑ Betriebsmittel bis maximal insgesamt 20.000 Euro

Tipp: Vonseiten der KfW gibt es keinen Mindestbetrag! Die »Engstelle« einer möglichen Untergrenze liegt bei den Hausbanken!
Sicherheiten: Keine Vorgaben seitens der KfW; Ausnahme: bei Unternehmen mit haftungsbeschränkter Rechtsform (zum Beispiel GmbH) Mithaftung der Anteilseigner des Unternehmens entspre-

chend ihrer Beteiligungsquote. Ansonsten liegt die Vereinbarung von Sicherheiten im Ermessen der Hausbank, die von der KfW eine Haftungsfreistellung** in Höhe von 80 Prozent erhält.

Unternehmerkredit

Wer kann Anträge stellen? Existenzgründer, Freiberufler und Unternehmen der gewerblichen Wirtschaft. Unternehmen, welche die Kriterien der EU-Kommission für kleine und mittlere Unternehmen (KMU)* erfüllen, können Anträge zu günstigeren Zinskonditionen stellen.

Was wird finanziert? Neugründung, Übernahme eines bestehenden Unternehmens oder der Erwerb einer tätigen Beteiligung durch eine natürliche Person (grundsätzlich mindestens 10 Prozent Gesellschaftsanteil und Geschäftsführerbefugnis).

Finanzierungsgegenstand: Investitionen, u.a.

❑   Grundstücke und Gebäude, gewerbliche Baukosten,
❑   Maschinen, Anlagen, Fahrzeuge und Einrichtungen,
❑   Betriebs- und Geschäftsausstattung,
❑   Erwerb eines Unternehmens oder Unternehmensteils,
❑   Kosten für erste Messeteilnahmen,
❑   Betriebsmittel.

Wie viel wird finanziert? Maximal 10 Millionen Euro pro Vorhaben, kein Mindestbetrag, bis zu 100 Prozent der förderfähigen Investitionskosten beziehungsweise der Betriebsmittel.

Sicherheiten: banküblicher Sicherheiten; Art und Höhe der Besicherung liegen im Ermessen der Hausbank.

50-prozentige Haftungsfreistellung** möglich, allerdings nur bei Krediten an Unternehmen und freiberuflich Tätige, die bereits zwei Jahre bestehen beziehungsweise seit zwei Jahren am Markt tätig sind, ausgenommen Betriebsmittelkredite.

ERP-Kapital für Gründung
(im Rahmen des Programms Unternehmerkapital als Nachrangdarlehen)
Wer kann Anträge stellen? Existenzgründer, Freiberufler und junge Unternehmen (kleine oder mittlere Unternehmen nach EU-Definition*) der gewerblichen Wirtschaft bis zwei Jahre nach Geschäftsaufnahme.
Was wird finanziert?

❏ Neugründung, Übernahme eines bestehenden Unternehmens, Erwerb einer tätigen Beteiligung
❏ Festigungsmaßnahmen mit einem Vorhabensbeginn innerhalb von zwei Jahren nach Aufnahme der Geschäftstätigkeit

Finanzierungsgegenstand: Investitionen, u.a.

❏ Grundstücke, Gebäude und Baunebenkosten,
❏ Maschinen, Anlagen und Einrichtungsgegenstände,
❏ Betriebs- und Geschäftsausstattung,
❏ Erwerb eines Unternehmens oder Unternehmensteils,
❏ Material-, Waren- und Ersatzteillager (Erstausstattung oder betriebsnotwendige, langfristige Aufstockung),
❏ Kosten für erste Messeteilnahmen.

Wie viel wird finanziert? Maximal 500.000 Euro insgesamt je Antragsteller.
Finanzierungsanteil: Aufstockung der Eigenmittel bis auf 45 Prozent (alte Länder) beziehungsweise 50 Prozent (neue Länder und Berlin) der förderfähigen Kosten, eigener Anteil nicht weniger als 15 Prozent (alte Länder) beziehungsweise 10 Prozent (neue Länder und Berlin).
Voraussetzung für eine Kreditgewährung ist der Einsatz eigener Mittel des Antragstellers. Die eingesetzten eigenen Mittel sollen 15 Prozent (alte Länder) beziehungsweise 10 Prozent (neue Länder und Berlin) der förderfähigen Kosten nicht unterschreiten. Sie

können mit dem Nachrangdarlehen bis auf 45 Prozent (alte Länder) beziehungsweise 50 Prozent (neue Länder und Berlin) der förderfähigen Kosten aufgestockt werden.

Sicherheiten: Persönliche Haftung der Antragstellerin, Mithaftung des Ehepartners oder Lebenspartners (bei wesentlichen Vermögensverfügungen zu seinen Gunsten).

100 Prozent Haftungsfreistellung** für die Hausbank.

ERP-Regionalförderprogramm

Wer kann Anträge stellen? Existenzgründer, Freiberufler und Unternehmen der gewerblichen Wirtschaft (kleine oder mittlere Unternehmen nach EU-Definition*) in deutschen Regionalfördergebieten (alle Standorte in den neuen Ländern und Berlin sowie die Regionalfördergebiete in den alten Ländern). Für kleine Unternehmen nach EU-Definition* zusätzlich vergünstigter Zinssatz.

Was wird finanziert? Neugründung, Übernahme eines bestehenden Unternehmens oder der Erwerb einer tätigen Beteiligung durch eine natürliche Person (grundsätzlich mindestens 10 Prozent Gesellschaftsanteil und Geschäftsführerbefugnis).

Finanzierungsgegenstand: Investitionen, u.a.

- ❏ Grundstücke und Gebäude, gewerbliche Baukosten,
- ❏ Maschinen, Anlagen, Fahrzeuge und Einrichtungen,
- ❏ Betriebs- und Geschäftsausstattung,
- ❏ Erwerb eines Unternehmens oder Unternehmensteils,
- ❏ Kosten für erste Messeteilnahmen.

Wie viel wird finanziert? Maximal 3 Millionen Euro pro Vorhaben. Finanzierungsanteil:

- ❏ In den Regionalfördergebieten der alten Länder: bis zu 50 Prozent der förderfähigen Investitionskosten
- ❏ In den neuen Ländern und in Berlin: bis zu 85 Prozent der förderfähigen Investitionskosten

Sicherheiten: banktübliche Sicherheiten; Art und Höhe der Besicherung liegen im Ermessen der Hausbank.

Adresse und Links
KfW Bankengruppe
Palmengartenstraße 5 - 9
60325 Frankfurt am Main
Telefon: 069 74 31-0
Telefax: 069 74 31-29 44

Infocenter: Telefonische Beratung Programme der KfW Mittelstandsbank
Telefon: 0180 1 24 11 24*
Informationen im Internet
http://www.kfw.de

Wissenswertes, Erläuterungen
* Kleine und mittlere Unternehmen (KMU) im Sinne der Definition der EU:

❑   Kleinstunternehmen sind Unternehmen, die weniger als 10 Mitarbeiter und einen Jahresumsatz oder eine Jahresbilanzsumme von höchstens 2 Mio. Euro haben.
❑   Kleine Unternehmen sind Unternehmen, die weniger als 50 Mitarbeiter und einen Jahresumsatz oder eine Jahresbilanzsumme von höchstens 10 Mio. Euro haben.
❑   Mittlere Unternehmen sind Unternehmen, die weniger als 250 Mitarbeiter und einen Jahresumsatz von höchstens 50 Mio. Euro oder eine Jahresbilanzsumme von höchstens 43 Mio. Euro haben.

** Haftungsfreistellung: Die KfW übernimmt einen Teil des Hausbankrisikos, das heißt, sie befreit die Hausbank in Höhe des genannten Prozentsatzes von der Haftung für die Rückzahlung eines KfW-Kredits.

*** Nachrangdarlehen: Im Rahmen von Existenzgründungs- und Unternehmensfinanzierung haben Nachrangdarlehen sozusagen eine Zwischenstellung zwischen Eigen- und Fremdkapital (auch als Mezzaninefinanzierung bezeichnet, italienisch = Zwischengeschoss). Das Nachrangdarlehen haftet im Unternehmen unbeschränkt und erfüllt somit Eigenkapitalfunktion. Der Darlehensnehmer, das Unternehmen beziehungsweise die Existenzgründerin muss keine Sicherheiten stellen, jedoch die persönliche Haftung übernehmen. Unter bestimmten Voraussetzungen wird auch die Mithaftung des Ehepartners verlangt. Im Falle einer Insolvenz werden die Finanzierer von Nachrangdarlehen »nachrangig« befriedigt, das heißt, ihre Darlehensforderungen werden erst dann zurückgezahlt, nachdem den Forderungen aller anderen Kreditgeber entsprochen wurde (sofern dann überhaupt noch Mittel vorhanden sind). Dadurch sind die Zinsen für ein Nachrangdarlehen in der Regel höher als für einen Bankkredit.

Microlending
Kredite für Kleinstunternehmen in der Gründungs- und Nachgründungsphase
Deutsches Mikrofinanz Institut
Parchimer Allee 89a
12359 Berlin
Telefon: 030 69041070
http://www.mikrofinanz.net

Weitere Informationen und Adressen

Bundesministerium für Wirtschaft und Technologie
Infotelefon zu Mittelstand und Existenzgründung
Telefon: 0180 5 615 001 (0,14 Euro/Min.)

Gründerinnen-Hotline des Bundesministeriums für Wirtschaft und Technologie
Telefon: 0180 5 615 002 (0,14 Euro/Min.)

BMWi-Finanzierungshotline
Telefon: 03018 615 8000

Existenzgründungsportal des Bundesministeriums für Wirtschaft und Technologie
http://www.existenzgruender.de

Förderprogramme des Bundes, der Länder und der Europäischen Union
www.foerderdatenbank.de

GründerZeiten – Infoletter für Existenzgründer und junge Unternehmen

GründerZeiten 06 Existenzgründungsfinanzierung

GründerZeiten 21 Beteiligungskapital

Downloaden oder bestellen auf der Website des Existenzgründungsportals

http://www.existenzgruender.de/publikationen/gruender_zeiten/index. php

oder per Post bei

Bundesministerium für Wirtschaft und Technologie
Referat Öffentlichkeitsarbeit
11019 Berlin
Bestell-Fax: 03018 615-5208

Zuschüsse zu Beratungen

Förderung von Unternehmensberatungen

Vor der Gründung

Förderung von Existenzgründungsberatungen in der Vorbereitungsphase.
Eine Reihe von Bundesländern bietet einen Zuschuss zu den Beratungskosten von Unternehmens- beziehungsweise Existenzgründungsberatern an.
Adressen unter dem Existenzgründungsportal des Bundeswirtschaftsministeriums
http://www.existenzgruender.de

Nach der Gründung

Der Bund bietet einen Zuschuss zu den Beratungskosten von Unternehmensberatungen für kleine und mittlere Unternehmen (nach KMU- Definition der EU) sowie freie Berufe an.
Gefördert werden:

❑ Allgemeine Beratungen zu allen wirtschaftlichen, technischen, finanziellen, personellen und organisatorischen Fragen der Unternehmensführung.

❑ Spezielle Beratungen, u.a. Beratungen für Unternehmerinnen zu allen Fragen der Unternehmensführung, Beratungen zur Vereinbarkeit von Familie und Beruf sowie Beratungen von Migranten und Migrantinnen.

Wichtig: Die Förderung erhalten nur Unternehmer beziehungsweise Freiberufler, die mindestens ein Jahr am Markt tätig sind.
Weitere Informationen bei der Bewilligungsbehörde:

Bundesamt für Wirtschaft und Ausfuhrkontrolle (BAFA)
Frankfurter Str. 29 - 35

65760 Eschborn
Telefon: 06196 908-570
Telefax: 06196 908-800
foerderung@bafa.bund.de
www.bafa.de

und bei den sogenannten Leitstellen (Liste bei dem BAFA), u.a.

DIHK – Service GmbH
Breite Straße 29
10178 Berlin
Telefon: 030 2030823-53 und -54
Telefax: 030 20308-2352
foerderung@berlin.dihk.de
www.dihk.de

Zentralverband des Deutschen Handwerks
Leitstelle für freiberufliche Beratung und Schulungsveranstaltungen
Mohrenstraße 20-21
10117 Berlin
Telefon: 030 20619-341 und 342
Telefax: 030 20619-5934
werner@zdh.de
www.zdh.de

Förderung von Coachingmaßnahmen

Gründercoaching Deutschland der KfW

Unternehmern und Freiberuflern wird ein Zuschuss zu den Beratungskosten für Coachingmaßnahmen gezahlt.
Wichtig: Ausgeschlossen von der Förderung sind Coachingmaßnahmen vor der Gründung! Es muss zumindest eine Gewerbeanmeldung, ein Handelsregistereintrag etc. erfolgt sein.
Gefördert werden: Coachingmaßnahmen zu allen wirtschaftlichen, finanziellen und organisatorischen Fragen zur Steigerung der Wett-

bewerbsfähigkeit für die Dauer von 12 Monaten. Die Existenzgründung beziehungsweise Unternehmensübernahme darf nicht länger als fünf Jahre zurückliegen und die Gründung muss auf eine Vollexistenz ausgerichtet sein.

Die Zuschusshöhe richtet sich nach dem Unternehmensstandort, 50 Prozent oder 75 Prozent einer maximalen Bemessungsgrundlage von 6000 Euro bei maximal förderfähigem Tageshonorar von 800 Euro.

Informationen bei der KfW (www.kfw-mittelstandsbank.de).

Zuschuss für Gründungen aus der Arbeitslosigkeit ab 1. Oktober 2008: Gründer, die vorher arbeitslos waren, können einen höheren Zuschuss zu den Beratungskosten für Coachingmaßnahmen erhalten: 90 Prozent des Beratungshonorars werden bezuschusst, wenn es nicht mehr als 4000 Euro beträgt. Pro Tag dürfen nicht mehr als 800 Euro berechnet werden. Der Zuschuss beträgt höchstens 3600 Euro.

Wichtig: Der Zuschuss wird nur dann gezahlt, wenn die Beratung innerhalb des ersten Jahres nach der Gründung in Anspruch genommen wird.

Anträge bei der zuständigen Industrie- und Handelskammer, Handwerkskammer oder Wirtschaftsfördereinrichtung, die als KfW-Regionalpartner benannt worden sind.

Informationen bei der KfW (www.kfw-mittelstandsbank.de).

Coachingförderung der Bundesagentur für Arbeit

Existenzgründer, die den Gründungszuschuss beziehen, können bei der zuständigen Agentur für Arbeit einen Zuschuss zu den Beratungskosten eines Unternehmens- oder Steuerberaters beantragen.

Wichtig: Die Coachingförderung der BA wird ebenfalls nur nach Aufnahme der selbstständigen Tätigkeit gezahlt und hier nur innerhalb des ersten Jahres. Auf diese Leistung besteht kein Rechtsanspruch.

Informationen unter dem Existenzgründungsportal des Bundeswirtschaftsministeriums (http://www.existenzgruender.de).

Zuschüsse zum Lebensunterhalt

Gründungszuschuss

Arbeitslose Gründerinnen können für den Schritt in die Selbstständigkeit bei der Bundesagentur für Arbeit einen Zuschuss zur Sicherstellung des Lebensunterhalts und für die soziale Absicherung beantragen. Unter bestimmen Bedingungen kann der Zuschuss auch bei Gründung mit einem oder mehreren Partnern oder bei einer Beteiligung an einem bestehenden Unternehmen gezahlt werden.

Die Förderung durch den Gründungszuschuss läuft in zwei Phasen über insgesamt 15 Monate: In der ersten Förderphase von 9 Monaten wird ein Zuschuss in Höhe des monatlichen Arbeitslosengeldes gezahlt. Zusätzlich erhält die Gründerin eine Pauschale von 300 Euro für die Sozialversicherung.

Wichtig: Bei gegebenen Voraussetzungen besteht ein Rechtsanspruch auf den Gründungszuschuss in der Phase eins.

Wichtig: Ein erzielter Gewinn wird je nach Höhe auf das Arbeitslosengeld angerechnet und kann dann auch den Gründungszuschuss verringern.

Die Förderung kann um eine zweite Phase von 6 Monaten verlängert werden. Dann wird nur noch der Zuschuss von 300 Euro monatlich für die soziale Absicherung gezahlt.

Wichtig: Auf die Verlängerung besteht kein Rechtsanspruch. Wenn zum Beispiel keine Fördermittel mehr zur Verfügung stehen, kann abgelehnt werden.

Voraussetzungen für den Gründungszuschuss:

❑ Es besteht noch ein Anspruch auf mindestens 90 Tage Arbeitslosengeld.

❑ Die Selbstständigkeit muss als Haupterwerb ausgeübt werden und die Tätigkeit mindestens 15 Stunden wöchentlich betragen.

❑ Vor dem Antrag muss ein Tragfähigkeitsgutachten einer fachkundigen Stelle eingeholt und der Agentur für Arbeit ein Businessplan vorgelegt werden.

Soziale Absicherung: Bezieher des Gründungszuschusses

❏   haben keine Verpflichtung zur Mitgliedschaft in der gesetzlichen Rentenversicherung;
❏   können unter bestimmten Voraussetzungen bei ihrer Krankenkasse einen Antrag auf einen Mindestbeitrag für Kranken- und Pflegeversicherung stellen;
❏   können sich in der Arbeitslosenversicherung freiwillig weiterversichern. Den Antrag müssen sie spätestens innerhalb eines Monats nach Aufnahme der selbstständigen Tätigkeit stellen.

Steuern: Steuerlich wird der Gründungszuschuss nicht berücksichtigt. Er wird nicht in die Einkommensberechnung einbezogen und unterliegt auch nicht dem Progressionsvorbehalt. Allerdings müssen Gewinne in der Einkommensteuererklärung angegeben werden.
Eine fachkundige Stellungnahme erteilen:

❏   Industrie- und Handelskammer, Handwerkskammer
❏   Berufsständische Kammern (zum Beispiel Innung)
❏   Fachverbände (zum Beispiel freie Berufe)
❏   Banken beziehungsweise Sparkassen
❏   Sonstige fachkundige Stellen, zum Beispiel Steuerberater, Wirtschaftsprüfer, Steuerbevollmächtigter, Unternehmensberater, kommunale Wirtschaftsförderung

Einstiegsgeld

Arbeitslosengeld II-Empfängerinnen können für die Aufnahme einer selbstständigen Tätigkeit ein sogenanntes Einstiegsgeld als Zuschuss zum ALG II erhalten. Darüber entscheidet der zuständige Fallmanager bei der Agentur für Arbeit oder dem kommunalen Träger. Es können auch weitere Leistungen als Existenzgründungshilfen beantragt werden.
Wichtig: Es besteht kein Rechtsanspruch auf die Leistungen.

❑ Die Tätigkeit sollte hauptberuflich ausgerichtet sein und mindestens 15 Wochenstunden umfassen.

❑ Mit dem Antrag müssen dem Fallmanager ein Businessplan und ein Tragfähigkeitsgutachten einer fachkundigen Stelle eingereicht werden.

❑ Die Höhe des Einstiegsgeldes richtet sich nach Dauer der Arbeitslosigkeit und der Größe der Familie (Bedarfsgemeinschaft).

❑ Der Zuschuss wird in der Regel für 12 Monate genehmigt und kann verlängert werden; der maximale Förderzeitraum beträgt 24 Monate.

❑ Es besteht Pflichtversicherung in der gesetzlichen Rentenversicherung und der Pflegeversicherung. Die zuständige Krankenversicherung entscheidet über gesetzlichen oder freiwilligen Versicherungsstatus.

❑ Das Einstiegsgeld muss nicht versteuert werden. Gewinne aus der selbstständigen Tätigkeit müssen jedoch in der Einkommensteuererklärung angegeben werden.

Nachteil: Ein Gewinn wird ab einer bestimmten Höhe auf das ALG II und das Einstiegsgeld angerechnet. Und falls vor Ablauf des Förderzeitraums nach Ansicht des zuständigen Trägers keine Hilfebedürftigkeit mehr vorliegt, also kein Anspruch mehr auf ALG II besteht, wird auch kein Einstiegsgeld mehr gezahlt.

Bankgespräche führen

Gewiefte Gründerinnen verhandeln »auf Augenhöhe«. So kommen Sie zum Ziel:

❑ Überzeugen Sie die Bank von Ihrer fachlichen Qualifikation und Kompetenz. Werfen Sie Ihre Persönlichkeit als Unternehmerin mit Ihrem unbedingten Willen zum Erfolg in die Waagschale.

❑ Überzeugen Sie die Bank von den Erfolgsaussichten Ihres Vorhabens. Präsentieren Sie ein gut durchdachtes und verständlich aufbereitetes Geschäftskonzept.

Optimale Vorbereitung

Was für die Gründung insgesamt gilt, gilt auch für das Bankgespräch.

Je sorgfältiger Sie das Kreditgespräch vorbereiten, desto größer sind die Erfolgsaussichten. Überlegen Sie, was Sie konkret von der Bank wünschen und erwarten beziehungsweise wie viel Geld Sie beantragen wollen. Stellen Sie aussagefähige Unterlagen zusammen, die Sie auch optisch übersichtlich aufbereiten:

❑ Einen Businessplan mit
   ● Darstellung Ihrer Geschäftsidee, Kundennutzen Ihres Angebots, Zielgruppe und Wettbewerbern, Marktperspektiven und Branchenentwicklung;
   ● nachvollziehbaren und realistischen Planungsrechnungen: Rentabilitätsvorschau, Kostenschätzung, Preiskalkulation und Umsatzerwartung, Kapitalbedarfs- und Finanzierungsplan;
   ● Hinweis auch auf Risiken Ihres Geschäftskonzepts.
❑ Aufstellung über Ihr Eigenkapital und Ihre Verbindlichkeiten, eventuell Einkommen des Ehepartners. Übersicht über mögliche Sicherheiten und deren Wert.

Bereiten Sie sich im Vorfeld auf mögliche Fragen zu Ihrer Geschäftsidee vor. Informieren Sie sich vorher umfassend über alle Finanzierungsmöglichkeiten und Förderprogramme – nicht nur um im Gespräch zu zeigen, dass frau gut informiert ist, sondern um kontern zu können, falls der Banker/die Bankerin öffentliche Fördermittel nicht in seinem/ihrem »Repertoire« hat.

»Terminmanagement«

- ❏ Vereinbaren Sie frühzeitig einen Gesprächstermin. Denn Sie müssen mindestens einige Wochen Zeit einplanen, bis die Finanzierung steht. Damit beweisen Sie auch Ihre unternehmerische Weitsicht.
- ❏ Fragen Sie, ob und welche Unterlagen notwendig sind.
- ❏ Falls gewünscht, reichen Sie Unterlagen rechtzeitig und vollständig vor dem vereinbarten Termin ein.
- ❏ Lassen Sie sich Namen und Stellung/Funktion des oder der Gesprächspartner nennen.

»Gesprächsmanagement«

- ❏ Präsentieren Sie sich selbstbewusst und souverän – in einem gekonnten Business-Outfit. Hier ist Ihre Selbstvermarktungsstärke gefragt!
- ❏ Stellen Sie auf jeden Fall Ihr Vorhaben selbst vor, auch wenn Sie eine/n Berater/in oder den Ehemann zum Gespräch mitnehmen. Sonst traut Ihnen der Gesprächspartner keine unternehmerischen Kompetenzen zu. Es gibt durchaus noch Banker, die Frauen nicht als ernsthafte Gesprächspartnerinnen wahrnehmen, wie das auch Cornelia Brucks schildert. Bestehen Sie dann freundlich, aber hartnäckig darauf, die Gesprächsführung zu behalten.
- ❏ Üben Sie vorher das Gespräch mit Beratern, Freunden, Geschäftspartnern, Netzwerkkollegen, anderen Gründerinnen. (Tipp: E-Training und Broschüre »Vorbereitung auf das Bankgespräch« des Bundeswirtschaftsministeriums, Existenzgründungsportal http://www.existenzgruender.de)
- ❏ Fragen Sie offensiv nach öffentlichen Fördermitteln und der Bürgschaftsbank.
- ❏ Scheuen Sie sich nicht, auf die Hinzuziehung des Vorgesetzten zu bestehen, wenn Sie den Eindruck haben, der Gesprächspartner bei der Bank hat sachlich nicht begründete Vorbehalte.
- ❏ Bringen Sie die Kreditkonditionen zur Sprache.

❑   Bestehen Sie darauf, dass Sie bei einer Ablehnung Ihres Kreditwunsches die Gründe erfahren.

Tipp: Gehen Sie nicht davon aus, dass eine Kreditverhandlung einfacher sein wird, wenn Ihr Gegenüber eine Frau ist. Setzen Sie nicht auf »weibliche Solidarität«. Denn auch eine Bankerin vertritt die Interessen ihres Arbeitgebers. Sie muss wie ihr männlicher Kollege den Kredit bei ihren Vorgesetzten verkaufen und will vermeiden, dass ein geplatzter Kredit »auf ihr Konto geht«. Sie will ihre eigene Kompetenz bei Kollegen und Vorgesetzten unter Beweis stellen und wird ganz sicher nicht ihre Karriere gefährden.

Auswahl der Bank

Als erste Adresse empfiehlt sich die Hausbank, weil Sie dort schon bekannt sind. Das kann von Vorteil sein. Aber überlegen Sie bei der Auswahl der Bank für Ihre Unternehmensfinanzierung:

❑   Ist die Bank auch für Ihr Business geeignet?
❑   Kennt der Ansprechpartner Ihren Markt und die Branche?
❑   Ist der Ansprechpartner kompetent, kooperativ, informiert er über öffentliche Fördermittel?
❑   Wie sind die Kreditkonditionen?
❑   Wie ist der Service?
❑   Sprechen Sie auf jeden Fall bei verschiedenen Banken vor und vergleichen Sie Leistungen, Konditionen und Service.
❑   Fragen Sie nach den Erfahrungen von Geschäftspartnern, anderen Gründerinnen mit ihren Banken.

Professionelle Nachbereitung

❑   Notieren Sie sich wichtige Einzelheiten des Gesprächs.
❑   Bei Zusage: Welche Schritte müssen Sie jetzt vornehmen?
❑   Bei Ablehnung: Fragen Sie nach den Gründen. Je nach Ursache überarbeiten Sie Ihr Unternehmenskonzept entsprechend, lassen Sie sich beraten, bleiben Sie hartnäckig und lassen Sie sich

nicht entmutigen, trainieren Sie Ihr Durchhaltevermögen, suchen Sie kreativ nach anderen Finanzierungsquellen. Allerdings: Seien Sie auch ehrlich und realistisch: Vielleicht ist Ihre Geschäftsidee doch nicht finanzierbar?

Steuervorteile für Unternehmerinnen im Privatbereich

Überblick über die staatliche Förderung von Familien mit Kindern. Auch Paare ohne Kinder, »Single-Unternehmerinnen« und selbstständige Frauen, die Angehörige in ihrem Haushalt pflegen, können sich Hilfe im Haushalt und bei der Pflege zum Teil durch das Finanzamt bezahlen lassen.

Kindergeld und Kinderfreibeträge

Alle Eltern erhalten

- ❑ Kindergeld von 1848 Euro je Kind und Jahr für die ersten drei Kinder, für alle weiteren Kinder 2148 Euro je Kind und Jahr, mindestens bis zum 18. Lebensjahr;
- ❑ alternativ (Günstigerprüfung, das heißt, das Finanzamt prüft automatisch, was für die Steuerzahler günstiger ist): einen Kinderfreibetrag in Höhe von 3648 Euro bei Ehepaaren und 1824 Euro bei Alleinerziehenden und einen Freibetrag für Betreuung und Erziehung oder Ausbildung in Höhe von 2160 Euro bei Ehepaaren und 1080 Euro bei Alleinerziehenden;
- ❑ zusätzlich: Alleinerziehende mit Kindern und eigenem Haushalt einen Entlastungsbetrag von 1308 Euro jährlich.

Kinderbetreuungskosten

Selbstständige können Kinderbetreuungskosten wie Betriebsausgaben oder Werbungskosten betrieblich absetzen.

Bei der steuerlichen Förderung unterscheidet der Staat zwischen Alleinerziehenden und Paaren, bei denen beide Partner erwerbstätig sind, und Paaren, bei denen ein Elternteil erwerbstätig ist (»Alleinverdiener-Ehe«).

So sieht die steuerliche Begünstigung aus:

- ❏ Berufstätige Alleinerziehende und Paare, bei denen beide Teile berufstätig sind, können ab dem ersten Euro für jedes Kind von 0 bis 14 Jahren zwei Drittel aller Kosten bis maximal 4000 Euro pro Jahr steuerlich wie Betriebsausgaben oder Werbungskosten geltend machen.
- ❏ Paare, bei denen nur ein Elternteil erwerbstätig ist, der andere Elternteil sich in der Ausbildung befindet oder dauerhaft krank beziehungsweise behindert ist, können für alle Kinder zwischen 0 und 14 Jahren ebenfalls zwei Drittel aller Kosten bis zu 4000 Euro pro Jahr und Kind absetzen, jedoch als Sonderausgaben. Für Kinder zwischen 3 und 6 Jahren können sie Sonderausgaben in Höhe von zwei Dritteln der Betreuungskosten bis zu 4000 Euro geltend machen – ohne weitere Voraussetzungen an die Berufstätigkeit der Eltern.
- ❏ Es spielt keine Rolle, wo das Kind betreut wird, ob im Kindergarten, bei Tageseltern oder ob eine Betreuungsperson, zum Beispiel eine Kinderfrau, ins Haus kommt.

Wie wird der Begriff »Erwerbstätigkeit« ausgelegt? Nach der Definition des Gesetzes ist ein Steuerpflichtiger dann erwerbstätig, »wenn er einer Tätigkeit nachgeht, mit der er Einkünfte erzielen will«. Es fallen also auch Minijobs und nicht sozialversicherungspflichtige Tätigkeiten darunter. Der Betriebsausgaben- beziehungsweise Werbungskostenabzug kann auch dann angesetzt werden, wenn in der Familie ein Elternteil Vollzeit und der andere Teilzeit arbeitet.

Tipp: Die steuerliche Begünstigung könnte auch bei nebenberuflicher Selbstständigkeit eines Partners in Anspruch genommen werden, wenn der andere Partner Vollzeit arbeitet, ob selbstständig oder angestellt.

Wichtig: Für die steuerliche Anerkennung von Kinderbetreuungskosten müssen Sie alle Ausgaben einzeln nachweisen. Und der Gesetzgeber verlangt ausdrücklich, dass der Rechnungsbetrag überwiesen wird. Bei Barzahlung keine steuerliche Anerkennung!

Absetzbar sind nicht: zum Beispiel Kosten für die Verpflegung des Kindes, Nachhilfeunterricht oder für sportliche und andere Freizeitbeschäftigungen.

Tipp: Unter Umständen können Sie von weiteren steuerlichen Erleichterungen für haushaltsnahe Dienstleistungen profitieren, wenn Ihr Kind im eigenen Haushalt zum Beispiel durch eine Tagesmutter betreut wird.

Tipp für selbstständige Anbieterinnen von Kinderbetreuung: Werben Sie zum Beispiel als selbstständige Tagesmutter oder als Anbieterin von Hausaufgabenbetreuung mit der steuerlichen Förderung.

Tipp: Angestellte Geschäftsführerinnen (auch geschäftsführende Gesellschafterinnen) können sich vom Finanzamt auf der Lohnsteuerkarte alle Freibeträge eintragen lassen, auf die sie Anspruch haben. Dann sparen sie bereits unterjährig Steuern, weil weniger Lohnsteuer anfällt.

Haushaltsnahe Beschäftigungen, Dienstleistungen und Handwerkerleistungen

Als Steuerzahlerin profitieren Sie von steuerlicher Begünstigung, wenn Sie sich in Ihrer Privatwohnung oder Ihrem Haus bei der Haus- oder Gartenarbeit helfen lassen, Personen zur Kinderbetreuung oder Pflege von alten, kranken oder behinderten Menschen engagieren oder Renovierungs- und Modernisierungsarbeiten durchführen lassen.

Der Staat fördert sogenannte haushaltsnahe Beschäftigungen, Dienstleistungen und Handwerkerleistungen:

❑	Sie dürfen 20 Prozent der Kosten für die Inanspruchnahme von haushaltsnahen Dienstleistungen, mit Ausnahme von Handwerkerleistungen für Renovierungen und Modernisierungen,

maximal 600 Euro pro Jahr, von der Einkommensteuer abziehen.

❑ Bei Pflegeleistungen dürfen noch einmal zusätzlich die gleichen Beträge abgezogen werden, also maximal insgesamt dann 1200 Euro.

❑ Es ist gleich, ob Sie eine Hilfe, zum Beispiel Tagesmutter oder Pflegerin, in einem sozialversicherungspflichtigen Beschäftigungsverhältnis, auch Mini-Job, anstellen oder ein selbstständiges Dienstleistungsunternehmen beauftragen.

❑ Darüber hinaus können Sie 20 Prozent der Handwerkerrechnungen (ohne Materialkosten), maximal 600 Euro pro Jahr, von der Steuer abziehen.

Voraussetzung: Die Aufwendungen stellen nicht Betriebsausgaben oder Werbungskosten dar und sind auch nicht als Sonderausgaben oder außergewöhnliche Belastung berücksichtigt worden.

Wichtig: Den Steuerabzug für haushaltsnahe Dienstleistungen und für Handwerkerleistungen erkennt das Finanzamt nur an, wenn

❑ Sie eine Rechnung vorlegen können,

❑ die Rechnung von einem Unternehmen ausgestellt ist, nicht von einer Privatperson,

❑ die Rechnung durch Überweisung und nicht bar bezahlt wird (Nachweis über Kontoauszug).

Tipp für selbstständige Dienstleisterinnen und Handwerkerinnen: Werbewirksam für Ihr Angebot, wenn Sie Ihre Kunden auf die Steuervorteile aufmerksam machen.

Elterngeld

Auch Selbstständige, natürlich auch selbstständige GmbH-Geschäftsführerinnen, können Elterngeld beantragen. Sie dürfen dann aber nur bis zu 30 Stunden wöchentlich (Teilzeit) erwerbstätig sein.

Als Elterngeld werden monatlich mindestens 67 Prozent des wegfallenden Nettoeinkommens der letzten 12 Monate gezahlt, höchstens 1800 Euro, mindestens aber 300 Euro. Elterngeld können Sie 12 Monate lang beziehen. Wenn beide Partner für die Kindererziehung ihre Erwerbstätigkeit einschränken, kommen für den zweiten Elternteil zwei weitere Monate hinzu. Alleinerziehende können die 14 Monate allein in Anspruch nehmen.

Auf Wunsch können Sie das Elterngeld halbieren – der nach den oben genannten Regeln ermittelte Betrag wird nur zur Hälfte ausgezahlt – und dafür aber für die doppelte Bezugsdauer, also 24 beziehungsweise 28 Monate, erhalten.

»Nettoeinkommen« heißt bei Selbstständigen Betriebsgewinn abzüglich Steuern und gesetzlicher Sozialversicherungsbeiträge. Den Betriebsgewinn müssen Sie durch Steuerbescheid des letzten Kalenderjahres oder durch eine vorläufige Einnahmen-Überschuss-Rechnung der letzten zwölf Monate nachweisen. Wenn Sie während der Bezugszeit des Elterngeldes weiter selbstständig arbeiten, verlangt das Finanzamt für den Verdienst während des Bezugs des Elterngeldes ebenfalls eine (voraussichtliche) Einnahmen-Überschuss-Rechnung.

Achtung: Wenn Sie eine voraussichtliche Einnahmen-Überschuss-Rechnung einreichen, wird das Elterngeld zunächst nur vorläufig berechnet und gezahlt. Nach Ende des Zahlungszeitraums wird auf Basis der entsprechenden Steuerbescheide eine Endabrechnung vorgenommen, die dann eine Nachzahlung oder Rückforderung zur Folge haben kann!

Das Elterngeld ist steuerfrei (unterliegt aber dem Progressionsvorbehalt) und nicht sozialversicherungspflichtig. Eine bestehende Kranken- und Pflegepflichtversicherung läuft während des Bezugs von Elterngeld weiter, ohne dass Sie dafür Beiträge bezahlen müssen. Wer Mutterschaftsgeld bezieht, hat für diese Zeit keinen Anspruch auf Elterngeld.

Mutterschaftsgeld

Anspruch auf Mutterschaftsgeld haben in der Regel auch selbstständige Frauen, sofern sie zum Beginn der Mutterschutzfrist – also am 42. Tag vor der voraussichtlichen Entbindung – Mitglied der gesetzlichen Krankenversicherung sind (freiwillig oder über die Künstlersozialkasse).

Die Krankenkasse zahlt 14 Wochen lang – sechs Wochen vor und acht Wochen nach der Entbindung – ein Mutterschaftsgeld in Höhe des Krankengeldes (also 70 Prozent des Einkommens, das dem Krankenkassenbeitrag im Durchschnitt der letzten zwölf Monate zugrunde lag). Das Mutterschaftsgeld ist steuerfrei. Freiwillig Versicherte bleiben während dieser Zeit für einen Mindestbeitrag Mitglied in ihrer Krankenkasse. Über die KSK Versicherte bleiben sogar beitragsfrei renten-, pflege- und krankenversichert.

Achtung: Führen sie Ihre Krankenversicherung auf jeden Fall zunächst fort, sonst besteht die Gefahr, dass die Voraussetzung nicht mehr erfüllt ist und dadurch der gesamte Anspruch auf Mutterschaftsgeld verloren geht!

Privatversicherte Unternehmerinnen müssen sich auch privat für den Fall einer Schwangerschaft versichern.

Stichwortverzeichnis

Über die Autorin

Sylvia Hipp-Wallrabe, Diplom-Volkswirtin, ist freiberuflich als Beraterin für kleine und mittelständische Unternehmen tätig – mit Schwerpunkt auf Rating, Finanzierung und Risikomanagement. Zudem gibt sie in ihrer Beratungspraxis, zusammen mit anderen Fachautorinnen, den Wirtschaftsbrief *FiRST Finanzen Recht Steuern* für Selbstständige heraus.